Eva Sachs

Die fünf Platonischen Körper
Zur Geschichte der Mathematik und
der Elementenlehre Platons und der
Pythagoreer

I0054506

SE**V**ERUS Verlag

Sachs, Eva: Die fünf Platonischen Körper: Zur Geschichte der Mathematik und der Elementenlehre Platons und der Pytagoreer **Hamburg, SEVERUS Verlag 2010. Nachdruck der Originalausgabe von 1917**

ISBN: 978-3-86347-009-8
Druck: SEVERUS Verlag, Hamburg, 2010

Der SEVERUS Verlag ist ein Imprint der Diplomica Verlag GmbH.

Bibliografische Information der Deutschen Nationalbibliothek:
Die Deutsche Nationalbibliothek verzeichnet diese Publikation in der Deutschen Nationalbibliografie; detaillierte bibliografische Daten sind im Internet über http://dnb.d-nb.de abrufbar.

SE**V**ERUS
Verlag

Vorwort.

Es wäre mein Wunsch gewesen, diese Arbeit den Lesern ohne persönliche Bemerkungen vorzulegen. Nun bringen es die Umstände mit sich, daß ich doch mit etwas Persönlichem beginnen muß: mit der Bitte um Entschuldigung dafür, daß ich eine lange versprochene und lange abgeschlossene Untersuchung erst jetzt veröffentliche.

Dieses Buch war im Sommer 1913 fertig und hat zusammen mit meiner Dissertation „de Theaeteto mathematico" dem Urteil der philosophischen Fakultät der Universität Berlin vorgelegen. Im Sommer 1914 habe ich zu der sonst unveränderten Arbeit einige Einzelinterpretationen und das Kapitel über das Werk des Theaetet hinzugefügt. Das Ganze war zum Druck bestimmt und vom Verlage angenommen, als der Krieg ausbrach. Das hatte zunächst zur Folge, daß das Buch nicht gedruckt werden konnte. Im Herbst 1915 aber entschloß sich der verehrte Herr Verleger trotz aller Schwierigkeiten die Arbeit in Druck zu geben; ich wiederhole auch an dieser Stelle den aufrichtigen Dank für das Opfer, das er damit gebracht hat. Daß die Herausgabe dann noch so lange dauerte, lag hauptsächlich an den durch den Krieg geschaffenen Verhältnissen.

So muß ich den Leser bitten, zu berücksichtigen, daß er ein vor vier Jahren geschriebenes Buch vor sich hat. Ich habe wenig und nur in Anmerkungen ändern können und wollen. Aber die Grundgedanken sind mir jetzt klarer, als da ich vor vier Jahren die Einleitung schrieb.

Meine Arbeit ist von Anfang an nicht als ein Beitrag zur Geschichte der Stereometrie gedacht, wie man nach dem

Titel vermuten könnte. Sie ist entstanden als Nebenuntersuchung zu der ganz anders gearteten Frage, ob der Dialog Theaetet uns in einer von Platon überarbeiteten Gestalt vorliege, und als ein Stück Platoninterpretation soll auch dieses Buch gelten. Es führt ja auch den Leser auf einem weiten Umwege zu seinem Ausgangspunkte, dem Timaios des Platon, zurück.

Es kam mir darauf an, im Timaios an einem Beispiel zu zeigen, welchen Wust von Überlieferung und entstellender Ausdeutung man fortschaffen müsse, um schließlich zu dem zu gelangen, was Platon selbst gewollt hat. Die Geschichte der Timaiosinterpretation muß einmal geschrieben werden, damit der Zugang zu Platons eigenen Gedanken wieder frei werde.

Dieser Gesichtspunkt brachte es mit sich, daß ziemlich lange bei den Aufräumungsarbeiten verweilt werden mußte, denn überall hinderte der Schutt und das Schlinggewächs der neuplatonischen und neupythagoreischen Tradition, die bis auf die unmittelbaren Platonschüler zurückgeht, die Erkenntnis des Echten. Aber erst die Beseitigung der mathematischen Pythagorasfabel, die Einsicht, daß Platons sogenanntes Pythagoreertum nur von den Erklärern in den Timaios hineingedeutet ist, wird einmal zum Verständnis des ganzen Werkes führen.

Das Verständnis aber hängt wesentlich ab von der richtigen Einschätzung des Einflusses, den die große zeitgenössische Mathematik auf Platon geübt hat, und den er auf sie geübt hat. Darum habe ich auch die Gestalt des Theaetet in den Vordergrund gestellt und die Einzelinterpretationen der auf die Mathematik bezüglichen Partien aus dem „Staate" und den „Gesetzen" hinzugefügt.

Beides nun, die Beseitigung der falschen pythagoreischen Interpretation und die Erkenntnis des Wertes, den für Platon von Beginn seines selbständigen wissenschaftlichen Schaffens an die Mathematik gehabt hat, soll hier für die Erklärung eines kleinen Abschnittes des Timaios, für die Elementenlehre, nutzbar gemacht werden. Es sind nur wenige Kapitel des

großen Werkes, auf die, wie ich hoffe, ein neues Licht fallen
wird, aber sie sind für Platons naturwissenschaftliches Denken
von zentraler Bedeutung. Nachdem durch Ingeborg Hammer-
Jensen erkannt war, daß Platon in seiner Elementenlehre
von Demokrit abhängig sei, galt es sich seine Stellung zur
Atomistik klar zu machen. Dabei kam es nicht auf die äußer-
lichen Kleinigkeiten an, in denen er von seiner Vorlage abweicht, und in denen man nur „seine Liebe zu hübschen Zahlenverhältnissen" hat sehen wollen. Die Motive seines Abweichens
von Demokrit mußte man erfassen, und das ist möglich,
weil Platon selbst sich über sie ausgesprochen hat. Ob er
sich seine Feueratome als Oktaeder oder als Tetraeder gedacht hat, ob seine Theorie zur Erklärung aller Einzelheiten
ausreichte, das war unwesentlich, nicht gleichgültig aber
war, daß er als erster die Elemente als Aggregatzustände
einer qualitätslosen Materie gefaßt hat, und nicht gleichgültig
war, daß er als erster in seiner Konstruktion und Erklärung
der Elemente die mathematische Formensprache benutzt hat,
und das mathematisch festgelegte Gesetz gesucht hat. Und
dies erst gibt seiner Auseinandersetzung mit Demokrit ihren
ewigen Wert; hier wird in klassischer Weise der große Unterschied zwischen einer auf Mathematik basierten Naturwissenschaft und der rein empirischen Forschung erkannt. Gesetz
gegen Willkür, Einheit gegen Vielheit, $\grave{\epsilon}\pi\iota\sigma\tau\acute{\eta}\mu\eta$ gegen
$\grave{\alpha}\lambda\eta\vartheta\grave{\eta}\varsigma\ \delta\acute{o}\xi\alpha$ zu verteidigen, das war die Aufgabe, die der
Schöpfer der Ideenlehre in diesen Teilen des Timaios sich
gestellt hatte. In Demokrit und Platon, die doch in vielem
so tief verwandt sind, stehen zwei Weltanschauungen einander gegenüber. Das hat Platon erkannt, und wenn er
von seinem großen Gegner gelernt hat, so wußte er, daß
er dem Grundgedanken dieser Physik nie folgen durfte.
Nicht, weil es ihm an Verständnis für die Grenzen zwischen
Physik und Philosophie fehlte, sondern weil er als erster
und einziger im Altertum den Begriff des Naturgesetzes
erfaßt hatte und weil er eingesehen hatte, daß alle Naturwissenschaft nur so weit Wissenschaft ist, als sie Mathematik ist.

Es war mir angenehm zu sehen, daß ich mit dieser Auffassung von Platons Stellung zum Pythagoreertum einerseits,
zu Demokrit andrerseits nicht allein stehe. Auf zwei Abhandlungen, die ähnliche Gedanken wie die hier ausgesprochenen
verfolgen, möchte ich deshalb den Leser an dieser Stelle
verweisen: auf die Arbeit von Ernst Hoffmann „über die
Weltseele bei Platon" im „Sokrates" 1915 Heft 18, und den
Aufsatz von Walther Kranz „über die ältesten Farbenlehren
der Griechen" im Hermes 47, 1912 S. 126 ff.

Zum Schluß erfülle ich mit Freude die Pflicht, meinen
Freunden Walther Kranz in Charlottenburg und Eduard
Fraenkel in Berlin für ihre treue Hilfe bei der Arbeit des
Korrekturlesens warmen Dank zu sagen.

Zu eigen ist dieses Buch, auch ohne Widmung, meinem
Lehrer Ulrich von Wilamowitz-Moellendorff.

Wilmersdorf 2. Januar 1917.

Inhalt.

Die fünf platonischen Körper.

(Zur Geschichte der Mathematik und der Elementenlehre der Pythagoreer und Platons.)

In Platons Timaios 53 c ff. wird eine Lehre vorgetragen, nach der die vier Elemente aus den regulären Körpern gebildet werden; das Feuer aus dem Tetraeder (55 a), die Luft aus dem Oktaeder, das Wasser aus dem Ikosaeder, die Erde aus dem Würfel. Das Dodekaeder wird erwähnt, ohne bei der Gestaltung der Elemente Verwendung zu finden. Die Frage nach dem Ursprung dieser Lehre geht die Mathematik- und die Philosophiegeschichte an, die Mathematikgeschichte, denn die Behandlung Platons setzt die Kenntnis der Konstruktion jener fünf Polyeder voraus und die Geschichte der Philosophie, d. h. hier der Lehre vom Weltbild, weil die Theorie Platons auf die Elementenlehre des Empedokles basiert ist.

Diese Lehre ist nach dem übereinstimmenden Urteil der Antiken und Modernen pythagoreischen Ursprunges. Daß sie von pythagoreischen Ideen beeinflußt sei, ist noch nie von jemandem in Zweifel gezogen worden; dagegen existieren über den Ursprung der Lehre und das Maß der Abhängigkeit Platons von seinen Vorgängern Meinungsdifferenzen. Was die mathematische Seite der Frage anlangt, so wird fast ausnahmslos dem Pythagoras[1]) die empirische Kenntnis der sämtlichen Polyeder zugeschrieben, von den meisten Mathema-

---

[1]) Junge, Nov. Symbolae Joachimicae, Halle 1907: „Wann haben die Griechen das Irrationale entdeckt?" S. 253 nimmt an, er habe das Dodekaeder noch nicht gekannt; ebenso Vogt, Bibl. Math., 3. F. IX, „Geometrie des Pythagoras" S. 42.

tikern wird auch vorausgesetzt, er habe sie konstruiert[1]).
Die physikalische Seite der Frage wird meist so behandelt,
daß man die Lehre von den Elementen, die die Gestalt
der Polyeder haben, dem Philolaos zuschreibt, da erst Empedokles die vier Elemente, die in der pythagoreischen
Lehre vorausgesetzt sind, eingeführt hat (Aristoteles Met.
985a 31).

Der Grund für diese allgemein geltende Auffassung lag
in der Tatsache, daß Platon diese Lehre dem Pythagoreer
Timaios in den Mund legt und in der nie angezweifelten
antiken Überlieferung, für die als wichtigste Zeugnisse Diels,
Vors. (D. V.) 32B12 und D. V. 45B1 vorlagen. Das eine
war das wörtlich erhaltene Fragment des Philolaos: καὶ
τὰ μὲν τᾶς σφαίρας σώματα πέντε ἐντί, τὰ ἐν τᾷ σφαίρᾳ πῦρ
⟨καὶ⟩ ὕδωρ καὶ γᾶ καὶ ἀήρ, καί, ὃ τᾶς σφαίρας ὁλκάς, πέμπτον.
Hier fand man schon im Altertum (D. V. 32Á 15) die Lehre
von den regulären Körpern als den Formen der Elemente
ausgesprochen. Das zweite, ebenso wichtige Zeugnis, auf
das sich besonders die Historiker der Mathematik stützten,
war das Urteil des Proklos über Pythagoras im „Geometerverzeichnis" seines Euklidkommentares (ed. Friedlein 1873,
S. 65, 15—20) Πυθαγόρας τὴν περὶ αὐτὴν (nämlich die Mathematik) φιλοσοφίαν εἰς σχῆμα παιδείας ἐλευθέρου μετέστησεν,
ἄνωθεν τὰς ἀρχὰς αὐτῆς ἐπισκοπούμενος καὶ ἀΰλως καὶ νοερῶς
τὰ θεωρήματα διερευνώμενος, ὃς δὴ καὶ τὴν τῶν ἀλόγων
πραγματείαν καὶ τὴν τῶν κοσμικῶν σχημάτων σύστασιν ἀνεῦρεν.
Hier wird dem Pythagoras die Konstruktion der regulären
Körper zugeschrieben, und da das Geometerverzeichnis im

---

[1]) Zweifel an der Konstruktion bei: Günther, Gesch. d. Math.,
Berlin 1908, S. 59; Hankel, Zur Gesch. d. Math., S. 95 Anm. 3, der
zweifelt, ob die Pythagoreer das Fünfeck und Dodekaeder konstruieren konnten; Cantor, Gesch. d. Math. I, 3. Aufl., S. 175. Cantor
bestreitet die Konstruktion des Dodekaeders; Junge S. 254 u. Vogt
S. 41 leugnen überhaupt die Möglichkeit, daß er sie konstruiert habe;
Heiberg, Gesch. d. Math. bei Norden-Gercke, Handb. d. kl. Altert. II
S. 427 hält die Konstruktion des Ikosaeders u. Dodekaeders für
unmöglich; Zeuthen, Gesch. d. Math. (Kultur der Gegenwart III, 1
1912 S. 40B) gibt keine Entscheidung.

allgemeinen auf Eudems Geschichte der Mathematik, also
die reinste und zuverlässigste Quelle, zurückgeführt wird,
so hielt man dieses Zeugnis für unbedingt sicher.
Durch Forschungen auf dem Gebiete der Mathematik-
und Philosophiegeschichte, die in den letzten Jahren ver-
öffentlicht wurden, scheint nun aber die früher allgemein
geltende Meinung erschüttert worden zu sein. Zwei Arbeiten
der Mathematiker Junge und Vogt[1]) haben durch eindringende
Kritik erwiesen, daß unsere Kenntnis von der Mathematik
des Pythagoras, über die Tannery in der Géom. Grecque
S. 87 noch sagen konnte: „l'histoire de la géometrie, pour
ce qui regarde Pythagore, semble se trouver dans une situa-
tion plus favorable que l'histoire de la philosophie", in Wahrheit um nichts besser bestellt ist als unser Wissen von seiner
sonstigen Lehre. Die Arbeit Junges hatte zu zeigen versucht, daß „in dem halben Jahrhundert nach Pythagoras'
Tode nicht die kleinste geometrische Entdeckung von ihm
mit einiger Sicherheit festzustellen sei" (S. 250), daß das
oben zitierte Zeugnis des Proklos nicht auf Eudem zurückgehen könne (S. 256) und daß die „drei Behauptungen:
Pythagoras habe die kosmischen Körper, den Satz vom
Hypotenusenquadrat und das Irrationale gefunden, neupythagoreische oder spätere Erfindungen" seien.
Mit noch umfänglicherem Material, noch schärferer philo-
logischer Kritik hat dann namentlich durch eingehende Interpretation einzelner Stellen Heinrich Vogt dieselbe Frage nach
dem Ursprung jener angeblichen Entdeckungen des Pythagoras von neuem behandelt. Er hat mit völliger Sicherheit
nachgewiesen, daß die Bemerkung des Geometerverzeichnisses über Pythagoras nicht von Eudem stamme, daß bei
Philolaos von den regulären Körpern nicht die Rede sei
und daß dem Pythagoras nach dem Ausweis der im Geometerverzeichnis erwähnten späteren Entdeckungen die Bedin-

---

[1]) G. Junge, „Wann haben die Griechen das Irrationale entdeckt?" Halle 1907 (siehe S. 1 Anm. 1) S. 223; H. Vogt, Bibl. Math.,
3. F., IX, S. 15; Bibl. Math., 3. F., X, S. 97, „Entdeckungsgeschichte
des Irrationalen nach Platon" 1910.

gungen fehlten, diese ihm zugeschriebenen Entdeckungen zu
machen. Indem er auf die Mathematikgeschichte dieselbe
Methode anwandte, durch die Zeller und Rohde die Wert-
losigkeit der Tradition über die pythagoreische Philosophie
erwiesen hatten, erreichte er das negative Resultat, daß von
der Entdeckung des Irrationalen und der Konstruktion der
regulären Körper durch Pythagoras nicht die Rede sein kann.
Er hat für die Entdeckungsgeschichte des Irrationalen daran
den positiven Beweis geknüpft, daß erst Ende des 5. Jahrhunderts die allgemeine Tatsache der Irrationalität gefunden
wurde. Er hat für die Konstruktion der regulären Körper
auf die Nachricht des Suidas verwiesen, daß Theaetet von
Athen als erster die fünf regulären Körper konstruiert habe.

Da die Resultate dieser Untersuchungen von den Histo-
rikern der Mathematik teils mit Schweigen übergangen
wurden[1]), teils mit berechtigter Kritik eingeschränkt wurden[2]), teils mit völliger Verkennung des Wertes der Methode
und der Ergebnisse ungerecht verurteilt worden sind[3]), so
war eine Prüfung dieser Ergebnisse geboten.

Denn wenn bei Philolaos noch nicht von den regulären
Körpern die Rede ist und Platon diese Polyeder doch bei
seiner Weltbildung verwandt hat, so mußte gefragt werden,
woher Platon diese Lehre hat und wann diese Körper bekannt wurden.

Die Untersuchung, die hier angestellt wurde, ging von
einer nochmaligen Prüfung der Stelle im Geometerverzeichnis
des Proklos aus. Die Interpretation ergab, daß es sich um
ein Zeugnis nicht des Eudem, sondern des Proklos selbst

---

[1]) Simon, Gesch. d. Math., Berlin 1909; Hoppe, Math. u.
Astronomie im Altert., Heidelberg 1912.

[2]) Zeuthen, Livres arithmétiques d'Euclide (Oversigt over de
Kgl. Danske Videnskabernes Selskabs Forhandl. 1910 S. 394).

[3]) T. L. Heath, Bollettino di bibliografia delle scienze mat.
1911 S. 1—4, eine Kritik, die nur in Einzelheiten recht behält und
deren Ton, um nicht mehr zu sagen, schwer zu erklären ist. — Auch
Günther, Gesch. d: Math., redet von der „radikalen, aber durchaus
nicht planlos ihre negativen Ziele verfolgenden Richtung" Junges;
zurückgewiesen v. Wendland, Berl. Phil. Wochenschr. 1908, S. 1402.

handelte, wie das Junge und Vogt gezeigt hatten. Da auch das Philolaosfragment von Vogt in das rechte Licht gerückt war, so mußte die Aufgabe der folgenden Prüfung über die Einzelinterpretation hinausgehen. Sie mußte zeigen, ob das Philolaosfragment Anlaß zu der Deutung des Proklos gegeben oder wie sonst die Tradition über die pythagoreische Mathematik und Elementenlehre — die zusammen gehören — entstanden war. Das bedeutete nichts anderes als den Versuch, die Geschichte der Tradition über die Elementenlehre der Pythagoreer von der Zeit des Philolaos (5. Jahrhundert v. Chr.) bis zur Epoche des Proklos (5. Jahrhundert n. Chr.) soweit es sich tun ließ, zu verfolgen. Erst auf diese Weise ließ sich in Wahrheit das Zeugnis des Geometerverzeichnisses völlig begreifen. Diese Prüfung der Überlieferungsgeschichte scheint zu einem Resultat zu führen, das noch über die Annahmen von Vogt und Junge hinausgeht. Es zeigt sich nämlich, daß erstens alle mathematische Tradition über die regulären Körper nur von der pythagoreischen Elementenlehre abhängt, zweitens, daß alle Tradition über die pythagoreische Elementenlehre, die sich bis ins 4. Jahrhundert v. Chr. hinaufverfolgen ließ, in Wahrheit abhängig von Platons Timaios ist. Der Vergleich mit der Tradition über die platonische Elementenlehre zeigte die völlige Identität beider Überlieferungen und drängte zu der Annahme, daß es eine pythagoreische Elementenlehre gar nicht gegeben habe. Was man dafür hielt, war in Wirklichkeit nur mit Hilfe von Platons Timaios interpretierter Philolaos. Damit fiel auch jeder Zusammenhang der mathematischen Entdeckung mit den Pythagoreern fort. Durch diese Untersuchung über die Elementenlehre scheint die negative Erkenntnis Vogts und Junges voll bestätigt. Durch Heranziehung eines noch nicht genügend beachteten Scholions zum 13. Buch des Euklid im Zusammenhang mit dem von Vogt besonders hervorgehobenen Zeugnis des Suidas scheint erwiesen, daß Theaetet die regulären Körper nicht nur als erster konstruiert, sondern daß er zwei von ihnen überhaupt erst gefunden hat. Bei den Pythagoreern dagegen wird man nur die empirische Kenntnis von drei Körpern (Tetraeder, Würfel, Dodekaeder) voraussetzen können. Diese Betrachtung führte sodann zu der Erwägung, daß Platons Elementenlehre unmöglich pythagoreischen Ursprungs sein könne. Hier trat nun eine zweite Quelle der Erkenntnis hinzu, die uns durch die so viele neue Ausblicke eröffnende Arbeit Ingeborg Hammer-Jensens über „Demokrit und Platon"[1]) zugänglich geworden ist. Während man im allgemeinen den Timaios für ein „physikalisches Märchen" hielt, in dem geistreiche ästhetisierende Konstruktionen mit geheimnisvollem pythagoreischen Mystizismus ein Bündnis geschlossen hätten, trat auf einmal die Einsicht hervor, daß im Timaios eine wirkliche Naturwissenschaft zu finden sei, daß Platon, „als er die erste wirkliche Physik fand, so klar und stark dachte, so große Liebe zur Wahrheit hatte, daß er bei ihr in die Lehre ging und ihr alle Anerkennung zeigte".

Wenn man den Gedanken, den die Arbeit von Ingeborg Hammer-Jensen angeregt hatte, weiter verfolgt, so ergibt sich in einem Punkte — der Elementenlehre — ein Resultat, das mit den Aufstellungen der Verfasserin im Widerspruch steht: die Abweichung Platons von der atomistischen Elementenlehre, die sie auf ein „mangelhaftes Verständnis Platons für die Grenzen zwischen Philosophie und exakten Wissenschaften" zurückführt, ist wahrscheinlich eine Änderung, die auf Grund wohl berechtigter Kritik an der Lehre Demokrits vorgenommen wurde.

So führt die Prüfung der Überlieferung schließlich auf beiden Punkten, wie man hoffen kann, zu positiven Resultaten: sie wird dazu helfen, die Entdeckung der regulären Körper — durch Heranziehung platonischer Dialoge — annähernd chronologisch zu fixieren und den Entdecker, Theaetet von Athen, Platons Freund, mit Sicherheit festzustellen. Andererseits ergibt sich wohl auf die Frage nach dem Ursprung der Elementenlehre des Timaios eine positive Antwort. Diese wird sich als eine — von pythagoreischer

---

[1]) Arch. f. Gesch. d. Phil. 1910 Heft 1 u. 2.

Symbolik ganz freie — Korrektur, die Platon an der Elementenlehre der Atomisten vornahm, und bei der er die mathematischen Hilfsmittel benutzte, die ihm die neue stereometrische Entdeckung des Theaetet bot, erweisen. Unsere Darstellung setzt eine beträchtliche Geduld des Lesers voraus. Sie wird den Vorwurf der „intollerabile longhezza", der Vogts Arbeiten unverdienterweise durch Heath gemacht wurde, auf sich nehmen müssen. Wenn aber die Grundauffassung richtig ist, die den platonischen Timaios von dem dunklen Gewölk des Pythagorismus befreien möchte und das klare Licht echt wissenschaftlicher Forschung in diesem Punkte auch in dem Alterswerke Platons nachweisen will, dann wird der Lösungsversuch dieser „piccola questione" wenigstens denen, die sich um das Verständnis Platons mühen, nicht als ganz wertlos erscheinen.

Der Nebel des pythagoreischen Mystizismus, der über dem Timaios ruht, ist das Werk der Nachfolger Platons, von Speusipp, Xenokrates, Philipp angefangen. Sie sind schuld an vielfachem Mißverständnis und mancher Entstellung, sie deuteten die Wissenschaft in Mystizismus um, und in dem Mythos sahen sie die Offenbarung der Wahrheit.

Kapitel I.

Die Pythagoreer und die fünf regulären Körper.

Die Aufgabe des folgenden Kapitels soll sein, die Überlieferungsgeschichte über die geometrische Konstruktion der
regulären Körper, die eng verbunden ist mit der Tradition
von der Elementenlehre der Pythagoreer, zu verfolgen. Es
sind zu diesem Zwecke unter dem Buchstaben A alle erreich-
baren[1]) Zeugnisse über die pythagoreische Elementenlehre,
unter B alle Zeugnisse über Platons Elementenlehre, unter
C die wenigen Nachrichten über pythagoreische Elementenlehren, die von der hier betrachteten abweichen, gesammelt[2]).
Von diesen Zeugnissen sollen die wichtigsten interpretiert
werden, und zwar in der Reihenfolge, daß erst die Stelle im
„Geometerverzeichnis" des Proklos, die ja für die Mathematiker im Mittelpunkt ihrer Geschichtsbetrachtung stand,
eingehend geprüft werden soll. Es wird sich zeigen, daß
es sich — wie dieß schon von Vogt und Junge behauptet
und bewiesen wurde — in Wahrheit nicht um einen Ausspruch des Eudem (4. Jahrhundert v. Chr.), sondern um eine
Äußerung des Proklos selbst (5. Jahrhundert n. Chr.) handelt.

---

[1]) Die Sammlung ist sicher weit davon entfernt, vollständig
zu sein. Ich glaube aber, daß sich auch mit dem notgedrungen un-
vollständigen Material ein klares Bild der Überlieferung gewinnen
läßt. Hauptquellen waren neben Diels, Doxographen (D. D.) u. D. V,
die Aristoteleskommentare, die dank ihrer vorzüglichen Indices
leicht zu benutzen waren; Simplikios, de caelo und Johannes Philoponos (zur Meteorologie und de aeternitate mundi) verdanke ich die
meisten Nachweise.
[2]) Ich zitiere z. B. A 1 = Philolaosfragment usw.

Dann sollen die wirklich ältesten Zeugnisse (A 1 und B 1), d. h. das Philolaosfragment und Platons Timaios 53 c ff., soweit er für diese Lehre in Betracht kommt, interpretiert werden. Nachdem diese Zeugen ohne Rücksicht auf alle späteren Deutungen verhört sind, wird die Überlieferungsgeschichte über die Elementenlehre der Pythagoreer einerseits, die Platons andererseits[1]) durch die zwischen diesen ältesten und dem jungen Zeugnis des Proklos liegenden Jahrhunderte verfolgt werden. Das Resultat soll eine Entscheidung der beiden Fragen, von wem die Elementenlehre des Timaios stamme, und wer die regulären Körper entdeckt habe, vorbereiten.

Sammlung der antiken Zeugnisse über die Fünfelementenlehre der Pythagoreer und Platons.

A.

Die Tradition über die Pythagoreer.

1. **Philolaos** (D. V. 32 B 12) καὶ τὰ μὲν τᾶς σφαίρας σώματα πέντε ἐντί, τὰ ἐν τᾷ σφαίρᾳ πῦρ ⟨καὶ⟩ ὕδωρ καὶ γᾶ καὶ ἀήρ, καὶ, ὃ τᾶς σφαίρας ὁλκάς, πέμπτον.

2. **Speusippos** (D. V. 32 A 13 = Lang, frg. Speus. Bonn 1911, S. 63) Σπεύσιππος ... ἐκ τῶν ἐξαιρέτως σπουδασθεισῶν ἀεὶ Πυθαγορικῶν ἀκροάσεων, μάλιστα δὲ τῶν Φιλολάου συγγραμμάτων, βιβλίδιόν τι συντάξας γλαφυρὸν ἐπέγραψε μὲν αὐτὸ Περὶ Πυθαγορικῶν ἀριθμῶν, ἀπ' ἀρχῆς δὲ μέχρι ἡμίσους περὶ τῶν ἐν αὐτοῖς γραμμικῶν ἐμμελέστατα διεξελθὼν πολυγωνίων τε καὶ παντοίων τῶν ἐν ἀριθμοῖς ἐπιπέδων ἅμα καὶ στερεῶν, περί τε τῶν πέντε σχημάτων, ἃ τοῖς κοσμικοῖς ἀποδίδοται στοιχείοις, ἰδιότητός ⟨τε⟩ αὐτῶν καὶ πρὸς ἄλληλα κοινότητος, ἀναλογίας τε καὶ ἀνακολουθίας . . .

3. **Aristoteles** kennt keine Fünfelementenlehre der Pythagoreer (vgl. z. B. de caelo Γ 306 b ff.).

4. **Theophrast**, Φυσικῶν δόξαι zu rekonstruieren aus Aëtios (D. V. 32 A 15) und Achilles Isag. (D. D. S. 334,

---

[1]) Es wird sich zeigen, daß beide zusammen gehören.

Anm. 6 = Maaß, Comm. in Aratum. 1898, Berl. S. 37,
29—38, 2) οἱ δὲ Πυθαγόρειοι, ἐπεὶ πάντα ἐξ ἀρθμῶν καὶ γραμμῶν συνεστάναι θέλουσι, τὴν μὲν γῆν φασιν ἔχειν σχῆμα κυβικόν,
τὸ δὲ πῦρ πυραμοειδές, τὸν δὲ ἀέρα ὀκτάεδρον, τὸ δὲ ὕδωρ
εἰκοσάεδρον, τὴν δὲ τῶν ὅλων σύστασιν δωδεκάεδρον.

Aëtios Πυθαγόρας πέντε σχημάτων ὄντων στερεῶν, ἅπερ
καλεῖται καὶ μαθηματικά, ἐκ μὲν τοῦ κύβου φησὶ γεγονέναι τὴν
γῆν, ἐκ δὲ τῆς πυραμίδος τὸ πῦρ, ἐκ δὲ τοῦ ὀκταέδρου τὸν
ἀέρα, ἐκ δὲ τοῦ εἰκοσαέδρου τὸ ὕδωρ, ἐκ δὲ τοῦ δωδεκαέδρου
τὴν τοῦ παντὸς σφαῖραν. Πλάτων δὲ καὶ ἐν τούτοις πυθαγορίζει.

5. Alexander Polyhistor[1]), bei Diog. Laert. VIII, 1,
24—25 φησὶ ὁ Ἀλέξανδρος ἐν ταῖς τῶν φιλοσόφων διαδοχαῖς
καὶ ταῦτα εὑρηκέναι ἐν Πυθαγορικοῖς ὑπομνήμασιν. (25) ἀρχὴν μὲν ἁπάντων μονάδα· ἐκ δὲ τῆς μονάδος ἀόριστον δυάδα
ὡς ἂν ὕλην τῇ μονάδι αἰτίῳ ὄντι ὑποστῆναι· ἐκ δὲ τῆς μονάδος
καὶ τῆς ἀορίστου δυάδος τοὺς ἀριθμούς· ἐκ δὲ τῶν ἀριθμῶν
τὰ σημεῖα· ἐκ δὲ τούτων τὰς γραμμάς, ἐξ ὧν τὰ ἐπίπεδα σχήματα·
ἐκ δὲ τῶν ἐπιπέδων τὰ στερεὰ σχήματα· ἐκ δὲ τούτων τὰ αἰσθη-
τὰ σώματα, ὧν καὶ τὰ στοιχεῖα εἶναι τέτταρα; πῦρ, ὕδωρ, γῆν,
ἀέρα· μεταβάλλειν δὲ καὶ τρέπεσθαι δι' ὅλων, καὶ γίγνεσθαι ἐξ
αὐτῶν κόσμον ἔμψυχον, νοερόν, σφαιροειδῆ, μέσην περιέχοντα
τὴν γῆν καὶ αὐτὴν σφαιροειδῆ.

6. Poseidonios zu rekonstruieren aus Aëtios und
Achilles (s. o. A 4).

7. Okkelos[2]), Mull. Frag. I Paris 1860 S. 392ff., περὶ
τῆς τοῦ παντὸς φύσεως § 12—13: τὰ μὲν γὰρ πρῶτα (Äther)
κινούμενα κατὰ τὰ αὐτὰ καὶ ὡσαύτως κύκλον ἀμείβοντα, διέξοδον
οὐκ ἐπιδεχόμενα τῆς οὐσίας· τὰ δὲ δεύτερα, πῦρ καὶ ὕδωρ καὶ γῆ
καὶ ἀήρ, ὅρον ἀμείβουσι ἐφεξῆς καὶ συνεχῶς, οὐ μὴν τὸν κατὰ
τόπον, ἀλλὰ τὸν κατὰ μεταβολήν. πῦρ μὲν γὰρ εἰς ἓν συνερχό-
μενον ἀέρα ἀπογεννᾷ, ἀὴρ δὲ ὕδωρ, ὕδωρ δὲ γῆν· ἀπὸ δὲ γῆς
ἡ αὐτὴ περίοδος τῆς μεταβολῆς μεχρὶ πυρός, ὅθεν ἤρξατο μεταβάλλειν. § 14 τὸ μὲν ὅλον καὶ τὸ περιέχον μένειν ἀεὶ καὶ σῴζε-

---

[1]) 1. Jahrhundert v. Chr. Mischung aus Platon Tim. (53cff.)
und Philolaos.

[2]) Fälschung 1. Jahrhundert v. Chr., Zeit vor Varro.

σϑαι, (d. h. der Äther des Himmels) τὰ δὲ ἐπὶ μέρους καὶ ἐπι-
γινόμενα αὐτοῦ φϑείρεσϑαι καὶ διαλύεσϑαι. § 15 ἔτι δὲ τὸ
ἄναρχον καὶ ἀτελεύτητον καὶ τοῦ σχήματος καὶ τῆς κινήσεως
καὶ τοῦ χρόνου καὶ τῆς οὐσίας τοῦτο πιστοῦται, διότι ἀγέννητος
ὁ κόσμος καὶ ἄφϑαρτος· ἥ τε γὰρ τοῦ σχήματος ἰδέα κύκλος.
... ἥ τε τῆς κινήσεως κατὰ κύκλον¹).

8. **Vitruv**, de architect. VIII, praef. 1: Pythagoras
vero, Empedocles, Epicharmos aliique physici et philo-
sophi haec principia esse quattuor proposuerunt: aerem,
ignem, terram, aquam, eorumque inter se cohaerentiam
naturali figuratione e generum discriminibus efficere quali-
tates.

9. **Ps. Timaios Lokros**, Περὶ ψυχᾶς κόσμω καὶ φύ-
σιος ed. Valken.-de Gelder Leiden. 1836²). 95 c (S. 7) εὖ
δὲ ἔχει (sc. ὁ κόσμος) καὶ καττὸ σχῆμα καὶ καττὰν κίνασιν,
καττὸ μέν, σφαῖρα ὄν, ὡς ὅμοιον αὐτὸ αὐτῷ παντᾷ εἶμεν
καὶ πάντα τ'ἄλλα ὁμογενέα σχήματα χωρεῖν δύνασϑαι³)...
98 a ff. (S. 17) Ableitung der körperlichen Figuren,
Zusammensetzung der Elemente usw. genau wie Platon
Timaios.
98 e τὸ δὲ δωδεκάεδρον εἰκόνα τῶ παντὸς ἐστάσατο, ἔγγιστα
σφαίρας ἐόν.

10. **Nikomachos**, Phot. Bibl. Cod. CLXXXVII
S. 144a, 28 καὶ τὰ στοιχεῖα δὲ τοῦ παντὸς κατὰ τὴν πεν-
τάδα· προστίϑησι γὰρ τοῖς τέσσαρσι καὶ τὸν αἰϑέρα ὃ οὐκ ἂν
ἀνέξοιτο ὑμνῶν τὴν τετράδα (Referat, aus dem zweiten Buch
der Theologumena).

11. **Aëtios** Placita (D. D.). a) S. o. A 4.

b) D. D., S. 333b 19 (Πυϑαγόρας) [ἄρξασϑαι δὲ τὴν
γένεσιν τοῦ κόσμου] ἀπὸ πυρὸς καὶ τοῦ πέμπτου στοιχείου.

---

¹) Daß περιέχον der Äther ist, zeigt Arist. Meteor. 339b; περὶ
κόσμου 392a 6.
²) Fälschung aus der Zeit vor Plinius.
³) Dies setzt die Einbeschreibung in die Kugel, also die mathematische Konstruktion voraus.

c) Plut. = D. D. S. 312a 11
οἱ ἀπὸ Πυθαγόρου σφαιρι
κὰ τὰ σχήματα τῶν τεττάρων
στοιχείων, μόνον δὲ τὸ ἀνώ
τατον πῦρ¹) κωνοειδές.

Stob. = D. D. S. 312b 14
οἱ ἀπὸ Πυθαγόρου τὸν κό
σμον σφαῖραν κατὰ σχῆμα τῶν
τεττάρων στοιχείων· μόνον δὲ
τὸ ἀνώτατον πῦρ κωνοειδές.

12. Irenaeus, adv. haeret. I, 10 ed. Harvey S. 164²)
πρῶτον μὲν τὰ τέσσαρα στοιχεῖά φασιν πῦρ ὕδωρ γῆν ἀέρα
εἰκόνα προβεβλῆσθαι τῆς ἄνω πρώτης τετράδος.

13. Porphyrios, ἐν τοῖς πρὸς τὸν Τίμαιον (sc. Platons
Dial.) ὑπομνήμασιν, zitiert bei Joh. Philoponos, de aetern.
mundi ed. Rabe, S. 522, 20, wörtlich: „τὸ πέμπτον σῶμα ...
τὸ ὑπὸ Ἀριστοτέλους καὶ Ἀρχύτου εἰσαγόμενον."

14. Jamblichos, V. Pyth. § 88ff. aus Nikomachos(?)³)
περὶ δὲ Ἱππάσου μάλιστα, (sc. φασίν) ὡς ἦν μὲν τῶν Πυθα
γορείων, διὰ δὲ τὸ ἐξενεγκεῖν καὶ γράψασθαι πρῶτος σφαῖ
ραν τὴν ἐκ τῶν δώδεκα πενταγώνων ἀπώλετο κατὰ θά
λασσαν ὡς ἀσεβήσας, δόξαν δὲ λάβοι ὡς εὑρών, εἶναι δὲ πάντα
ἐκείνου τοῦ ἀνδρός· προσαγορεύουσι γὰρ οὕτω τὸν Πυθαγόραν.
καὶ οὐ καλοῦσι ὀνόματι .... οἱ δέ φασιν⁴) καὶ τὸ δαιμόνιον νεμεσῆ
σαι τοῖς ἐξώφορα τὰ Πυθαγόρου ποιησαμένοις· φθαρῆναι γὰρ
ὡς ἀσεβήσαντα ἐν θαλάσσῃ τὸν δηλώσαντα τὴν τοῦ εἰκοσαγώνου
σύστασιν, τοῦτο δὲ ἦν δωδεκάεδρον, ἓν τῶν πέντε λεγομένων
στερεῶν σχημάτων, εἰς σφαῖραν ἐντείνεσθαι. ἔνιοι δὲ τὸν περὶ
τῆς ἀλογίας καὶ τῆς ἀσυμμετρίας ἐξειπόντα τοῦτο παθεῖν ἔλεξαν.

Theol. arithm. ed. Ast. S. 25 (Schule des Jamblichos)
πέντε οὖν τὰ καθόλου στοιχεῖα τοῦ παντός, γῆ, ὕδωρ, ἀήρ,

---

¹) τὸ ἀνώτατον ist der Äther; Diels hält im Stob. τὸν κόσμον
σφαῖραν für interpoliert; aber es ist wahrscheinlich, daß dies sogar
die bessere Fassung ist. S. unten S. 68; vgl. dazu περὶ κόσμου
393a 1.

²) Lehre der Markosischen Gnostiker; dies ist pythagoreisch,
vgl. Diels, Elementum S. 55; auf die gnost. Lehre von der Tetras
bezieht sich die Bemerkung bei Photius in dem Referat über Nikomachos: s. oben A 10, „ὑμνῶν τὴν τετράδα".

³) Vgl. Rohde, Kl. Schr. II S. 139; angeführt um der mathematischen Frage willen.

⁴) V. Pyth. § 247.

πῦρ, αἰθήρ. πέντε δὲ καὶ τὰ τούτων σχήματα, τετράεδρον, ἑξάεδρον, ὀκτάεδρον, δωδεκάεδρον, εἰκοσάεδρον, οὗ¹) ἡ συγκορύφωσις πάλιν τῶν βάσεων εἰς τὸν πεντάδος διπλασιάζεται λόγον.

15. Epiphanios, adv. haer. S. 1087b Pet. = D. D. S. 590, 11 (Πυθαγόρας) ἔλεγε δὲ τὰ ἀπὸ σελήνης κάτω παθητὰ εἶναι πάντα, τὰ δὲ ὑπεράνω τῆς σελήνης ἀπαθῆ εἶναι²).

16. Proklos, in Eucl. ed. Friedl. S. 65, 15 Πυθαγόρας τὴν περὶ αὐτὴν (die Mathematik) φιλοσοφίαν εἰς σχῆμα παιδείας ἐλευθέρου μετέστησεν, ἄνωθεν τὰς ἀρχὰς αὐτῆς ἐπισκοπούμενος καὶ ἀΰλως καὶ νοερῶς τὰ θεωρήματα διερευνώμενος, ὃς δὴ καὶ τὴν τῶν ἀλόγων πραγματείαν καὶ τὴν τῶν κοσμικῶν σχημάτων σύστασιν ἀνεῦρεν³).

17. Simplikios, in Arist. Phys. I S. 35, 41 ed. Diels. οἱ περὶ τὸν Λεύκιππόν τε καὶ Δημόκριτον καὶ τὸν Πυθαγορικὸν Τίμαιον οὐκ ἐναντιοῦνται μὲν πρὸς τὸ τὰ τέτταρα στοιχεῖα τῶν συνθέτων εἶναι σωμάτων ἀρχάς. καὶ οὗτοι δέ, ὥσπερ οἱ Πυθαγόρειοι καὶ Πλάτων καὶ Ἀριστοτέλης, ὁρῶντες εἰς ἄλληλα μεταβάλλοντα τὸ πῦρ καὶ τὸν ἀέρα καὶ τὸ ὕδωρ, ἴσως δὲ καὶ τὴν γῆν, ἀρχοειδέστερά τινα τούτων καὶ ἁπλούστερα ἐζήτουν αἴτια, δι' ὧν καὶ τὴν κατὰ τὰς ποιότητας τῶν στοιχείων τούτων διαφορὰν ἀπολογήσονται. καὶ οὕτως ὁ μὲν Τίμαιος καὶ ὁ τούτῳ κατακολουθῶν Πλάτων τὰ ἐπίπεδα βάθος τι ἔχοντα καὶ σχημάτων διαφορὰς στοιχεῖα πρῶτα τῶν τεττάρων τούτων ἔθετο στοιχείων τὴν σωματικὴν φύσιν μετὰ τῶν σωματικῶν σχημάτων ἀρχοειδεστέραν καὶ αἰτίαν τῆς τῶν ποιοτήτων διαφορᾶς νομίζων (vgl. in de cael. S. 565/66).

Da er den Timaios Lokros für eine echt pythagoreische Schrift hält, so nimmt er alles, was dort — nach Platon —

---

¹) Natürlich ist das Dodekaeder die Form des Äthers; die Reihenfolge ist die aristotelische: das Ikosaeder zuletzt genannt, um die Zahlenspielerei (besteht aus 4 × 5 gleichs. △) anzubringen. ὧν ist überliefert; οὗ muß es heißen: bei dem die die beiden Spitzen bildenden Flächen 2 × 5 sind; κορυφαί sind die beiden Spitzen der fünfseitigen Pyramiden des Ikosaeders.

²) Dies ist die Aristotelische Lehre vom Äther.

³) Fünfelementenlehre (vgl. in Eucl. 71, 23; 423, 12).

— 14 —

gefälscht ist, für pythagoreisch; daß er den Pythagoreern
die Fünfelementenlehre zuschreibt, ist aus seinen Äußerungen
über Platon zu ergänzen (in de caelo ed. Heib. S. 2, 10 ff.;
S. 86 u. öfter).

18. Olympiodor, in Meteor. ed. Stüve S. 45, 24
Πυθαγόρας δὲ καὶ Ἱπποκράτης ... ἕκτον πλανήτην ἔλεγεν εἶναι
τὸν κομήτην ... ἀλλ᾽ ὁ μὲν Πυθαγόρας καὶ τὸν ἀστέρα καὶ
τὴν κόμην ἐκ τῆς πέμπτης ἔλεγε γενέσθαι οὐσίας.

19. Hermias, irrisio gent. phil. ed. Otto, 8 (S. 24)
= D. D. S. 655, 10 ff. (Πυθαγόρας καὶ οἱ τούτου συμφυλέται).
ἀρχὴ τῶν πάντων ἡ μονάς. ἐκ δὲ τῶν σχημάτων αὐτῆς καὶ
ἐκ τῶν ἀριθμῶν τὰ στοιχεῖα γίγνεται. καὶ τούτων ἑκάστου τὸν
ἀριθμὸν καὶ τὸ σχῆμα οὕτω πως ἀποφαίνεται. τὸ μὲν πῦρ
ὑπὸ τεσσάρων καὶ εἴκοσι τριγώνων ὀρθογωνίων συμπληροῦται,
τέσσαρσιν ἰσοπλεύροις περιεχόμενον. ἕκαστον ⟨δὲ⟩ ἰσόπλευρον σύγ-
κειται ἐκ τριγώνων ὀρθογωνίων ἕξ, ὅθεν δὴ καὶ πυραμίδι προσει-
κάζουσι αὐτό. ὁ δὲ ἀὴρ ὑπὸ τεσσαράκοντα ὀκτὼ τριγώνων συμπληροῦται περιεχόμενον ἰσοπλεύροις ὀκτώ. εἰκάζεται δὲ ὀκταέδρῳ, ὃ
περιέχεται ὑπὸ ὀκτὼ τριγώνων ἰσοπλεύρων, ὧν ἕκαστον εἰς ἓξ ὀρθογώνια διαιρεῖται, ὥστε γίνεσθαι τεσσαράκοντα ὀκτὼ τὰ πάντα.
τὸ δὲ ὕδωρ ὑπὸ ἑκατὸν εἴκοσι ⟨τριγώνων⟩ συμπληροῦται, ἴσοις
καὶ ἰσοπλεύροις εἴκοσι⟩ περιεχόμενον, εἰκάζεται δὲ εἰκοσαέδρῳ,
ὃ δὴ συνέστηκεν ἐξ ἴσων καὶ ἰσοπλεύρων τριγώνων εἴκοσι [καὶ
ἑκατόν] ¹)· ὁ δὲ αἰθὴρ συμπληροῦται δώδεκα πενταγώνοις
ἰσοπλεύροις καὶ ὅμοιός ἐστι δωδεκαέδρῳ. ἡ ⟨δὲ⟩ γῆ συμπληροῦται ἐκ τριγώνων μὲν ὀκτὼ καὶ τεσσαράκοντα, περιέχεται
δὲ καὶ τετραγώνοις ἰσοπλεύροις ἕξ. ἔστι δὲ ὁμοία κύβῳ. ὁ
γὰρ κύβος ὑπὸ ἓξ τετραγώνων περιέχεται, ὧν ἕκαστον εἰς
ὀκτὼ τρίγωνα ⟨διαιρεῖται⟩ ὥστε γίνεσθαι τὰ πάντα ὀκτὼ καὶ
τεσσαράκοντα.

---

¹) Der Text bei Otto u. Diels ist nicht zu halten; das Ikosaeder besteht aus 20 und nicht 120 gleichseitigen Dreiecken:
καὶ ἑκατόν ist zu streichen; die Frage ist nur, ob nach εἴκοσι hinzu-
zufügen ist „⟨ὧν ἕκαστον εἰς ἓξ τρίγωνα ὀρθογώνια διαιρεῖται ὥστε γίνεσθαι τὰ πάντα εἴκοσι⟩ καὶ ἑκατόν", was mir bei der ausführlichen
Gewissenhaftigkeit des Berichtes wahrscheinlich ist; diese Annahme
erklärt den Ausfall und das ἑκατόν.

Zu Hermias vgl. Platon Tim. 53ff.; Plutarch Quaest. Plat. 1003 d hat auch das Dodekaeder in Elementardreiecke zerlegt, und zwar jedes der Fünfecke des Dodekaeders in 30 (ἐκ τριάκοντα τῶν πρώτων σκαληνῶν). Der mathematische Fehler, der bei Plutarch darin steckt, diese sechs Teildreiecke des „Bestimmungsdreiecks" im regulären Fünfeck denen der gleichseitigen Dreiecke von Ikosaeder, Tetraeder und Oktaeder gleichzusetzen, ist also von des Hermias Gewährsmann vermieden worden (s. unten B 5). — Beachte die Reihenfolge der Elemente: Feuer, Luft, Wasser, Erde wie bei Platon; der Äther ist — wegen der Dodekaederform — zwischen Erde (Würfel) und Wasser (Ikosaeder) gestellt.

B.
Platons Elementenlehre.

1. Platon, Tim. 53 e ff. Hervorzuheben:

   1) Definition des regulären Körpers: εἶδος στερεόν, ὅλου περιφεροῦς διανεμητικὸν εἰς ἴσα μέρη καὶ ὅμοια (eine körperliche Form, die so beschaffen ist, daß sie die ganze [ihr umbeschriebene] Kugel in kongruente Stücke teilt) (55 a).

   2) Beschreibung des Tetraeders, die die Kenntnis von Eukl. XIII epim. voraussetzt (54 e): μίαν στερεὰν γωνίαν ποιεῖ τῆς ἀμβλυτάτης τῶν ἐπιπέδων γωνιῶν (= 179°) ἐφεξῆς (= 180°) γεγονυῖαν (55 c).

   3) ἔτι δὲ οὔσης συστάσεως μιᾶς πέμπτης, ἐπὶ τὸ πᾶν ὁ θεὸς αὐτῇ κατεχρήσατο ἐκεῖνο διαζῳγραφῶν (55 c).

2. Philippos von Opus, Epinomis a) 984 b 4. Nachdem von den beiden äußeren Gliedern der Elementenreihe, Feuer und Erde (vgl. Tim. 31 b) die Rede war: τὰ τρία τὰ μέσα τῶν πέντε τὰ μεταξὺ τούτων σαφέστατα κατὰ δόξαν τὴν ἐπιεικῆ γεγονότα πειραθῆναι λέγειν[1]). αἰθέρα μὲν γὰρ μετὰ τὸ πῦρ θῶμεν — — μετὰ δὲ τὸν αἰθέρα ἐξ ἀέρος πλάττειν τὴν ψυχὴν καὶ τὸ τρίτον ἐξ ὕδατος. Reihenfolge also: F, Ä, L, W, E.

---

[1]) Nämlich ἐγχειρῶμεν.

b) 981 b. στερεὰ δὲ σώματα λέγεσθαι χρὴ κατὰ τὸν εἰκότα λόγον πέντε, ἐξ ὧν κάλλιστα καὶ ἄριστά τις ἂν πλάττοι
(sc. ψυχήν) c. 5 πέντε οὖν ὄντων τῶν σωμάτων, πῦρ χρὴ φάναι
καὶ ὕδωρ εἶναι καὶ τρίτον ἀέρα, τέταρτον δὲ γῆν, πέμπτον δὲ
αἰθέρα. Reihenfolge: F, W, L, E, Ä (wie Platon + Äther).
3. Xenokrates, Περὶ Πλάτωνος βίου zitiert bei Simpl.
(in de caelo S. 12, 24 = Phys. S. 1165, 35) Heinze, Xen.
frg. 53: Ξενοκράτης ὁ γνησιώτατος αὐτοῦ (des Platon) τῶν
ἀκροατῶν ἐν τῷ περὶ τοῦ Πλάτωνος βίου τάδε γράφων· „τὰ μὲν
οὖν ζῷα οὕτω διῃρεῖτο, εἰς ἰδέας τε καὶ μέρη πάντα τρόπον
διαιρῶν, ἕως εἰς τὰ πέντε στοιχεῖα ἀφίκετο τῶν ζῴων, ἃ δὴ
πέντε σχήματα καὶ σώματα ὠνόμαζεν, εἰς αἰθέρα καὶ πῦρ καὶ
ὕδωρ καὶ γῆν καὶ ἀέρα" (dies ist die Aristotelische Reihenfolge).
4. Aëtios, Plac. phil. a) Vgl. oben A 11 (= A 6 und
A 4). Zu beachten: Πλάτων καὶ ἐν τούτοις πυθαγορίζει.
b) Unter der Überschrift περὶ τάξεως τοῦ κόσμου D. D.
S. 336a, 8: Πλάτων πῦρ πρῶτον, εἶτα αἰθέρα, μεθ' ὃν ἀέρα,
ἐφ' ᾧ ὕδωρ, τελευταίαν δὲ γῆν· ἐνίοτε δὲ τὸν αἰθέρα τῷ πυρὶ
συνάπτει¹).
c) D. D. 315a, 14 Πλάτων τὰ μὲν τρία σώματα (οὐ γὰρ
θέλει κυρίως αὐτὰ εἶναι στοιχεῖα ἢ προσονομάζειν) τρεπτὰ εἰς
ἄλληλα, πῦρ ἀέρα ὕδωρ, τὴν δὲ γῆν εἴς τι τούτων ἀμετάβλητον.
5. Plutarch, de defectu orac. 423a (ed. Paton S. 90, 6)
a) οὕτω δὲ καὶ Πλάτων ἔοικε τὰ κάλλιστα καὶ πρῶτα σωμάτων εἴδη καὶ σχήματα συννέμων ταῖς τοῦ ὅλου διαφοραῖς
πέντε κόσμους καλεῖν (Plat. Tim. 55d) τὸν γῆς, τὸν ὕδατος,
τὸν ἀέρος, τὸν πυρός· ἔσχατον δὲ τὸν περιέχοντα τούτους
ᾧ ⟨τὸ⟩ τοῦ δωδεκαέδρου πολύχυτον καὶ πολύτρεπτον μάλιστα δὴ
ταῖς ψυχικαῖς περιόδοις καὶ κινήσεσι πρέπον σχῆμα καὶ συναρ-
μόττον ἀπέδωκε. (dies scheint Plutarchs eigene Meinung zu
sein, denn der Erzähler Lamprias verteidigt sie 423d).
(Vgl. auch 427a bis e.)

¹) Reihenfolge 1 der Elem. = Epinom. 984 b—c; Reihenfolge 2
Epinom. 981c: F W L E Ä, wo die Anfangs- u. Endglieder F und Ä
sich berühren; vgl. übrigens Xenokrates (B 3).

b) de E apud Delphos p. 389f.

τὸν Πλάτωνα προσάξομαι λέγοντα ⟨περὶ⟩ κόσμων ὡς, εἴπερ εἰσὶν παρὰ τοῦτον ἕτεροι καὶ μὴ μόνος οὗτος εἷς, πέντε τοὺς πάντας ὄντας καὶ μὴ πλείονας. — ὧν ὁ μέν ἐστι γῆς, ὁ δὲ ὕδατος, τρίτος δὲ καὶ τέταρτος ἀέρος καὶ πυρός· τὸν δὲ πέμπτον οὐρανὸν οἱ δὲ φῶς, οἱ δὲ αἰθέρα καλοῦσι, οἱ δὲ αὐτὸ τοῦτο πέμπτην οὐσίαν, ᾗ τὸ κύκλῳ περιφέρεσθαι μόνῃ τῶν σωμάτων κατὰ φύσιν ἐστίν. — διὸ δὴ καὶ τὰ πέντε κάλλιστα καὶ τελεώτατα σχήματα τῶν ἐν τῇ φύσει κατανοήσας, πυραμίδα καὶ κύβον καὶ εἰκοσάεδρον καὶ δωδεκάεδρον ἕκαστον εἰκότως ἑκάστῳ προσένειμεν. Darauf folgt ein Stück pythagorisierender Auseinandersetzung über die Verbindung der fünf Sinne mit den fünf Elementen, wo dem Gesichtssinn der Äther entspricht, 390 c—d folgt die Ableitung der Körper von der στιγμή und μονάς, über die auch Hermias zu vergleichen ist. Das Ganze trägt der Sprecher vor: deutlich ist die Vermischung Platonischer und Aristotelischer Gedanken.

c) Aber in den quaest. Platon. V. 1003 c ist seine Haltung in der Ätherfrage unsicher, so daß Philoponos de aetern. mundi S. 519 (Rabe) ihn mit Attikos zusammen unter denen aufzählt, die Platon vier Elemente geben: τὸ δωδεκάεδρον τῷ σφαιροειδεῖ προσένειμεν, εἰπὼν ὅτι τούτῳ „πρὸς τὴν τοῦ παντὸς ὁ θεὸς κατεχρήσατο φύσιν ἐκεῖνο διαζῳγραφῶν". καὶ γὰρ μάλιστα τῷ πλήθει τῶν στοιχείων ἀμβλύτητι δὲ τῶν γωνιῶν τὴν εὐθύτητα διαφυγὸν εὐκαμπές ἐστιν, καὶ τῇ περιτάσει καθάπερ αἱ δωδεκάσκυτοι σφαῖραι[1]) κυκλοτερὲς γίγνεται καὶ περιληπτικόν· ἔχει γὰρ εἴκοσι γωνίας στερεάς, ὧν ἑκάστην ἐπίπεδοι περιέχουσι ἀμβλεῖαι τρεῖς, ἑκάστη γὰρ ὀρθῆς ἐστι καὶ πέμπτου μορίου[2])· συνήρμοσται δὲ καὶ συμπέπηγεν ἐκ δώδεκα πενταγώνων ἰσογωνίων καὶ ἰσοπλεύρων, ὧν ἕκαστον ἐκ τριάκοντα τῶν πρώτων[3]) σκαληνῶν συνέστηκε. διὸ καὶ δοκεῖ τὸν

---

[1]) Vgl. Platon Phaidon 110 b.

[2]) Der Text ist in Ordnung: vgl. Eukl. (IV. ed. Heib. S. 340, 6): ὅλη ἄρα ἡ — — τοῦ πενταγώνου γωνία μιᾶς ἐστιν ὀρθῆς καὶ πέμπτου.

[3]) Die Bestimmungsdreiecke des Fünfecks lassen sich, da sie nicht gleichseitig sind, nicht in die πρῶτα σκαληνὰ Platons (Tim. 54 a, 54 d) zerlegen. Vgl. oben S. 15 zu Hermias.

ζῳδιακὸν ἅμα καὶ τὸν ἐνιαυτὸν ἀπομιμεῖσθαι ταῖς διανομαῖς τῶν μοιρῶν ἰσαρίθμοις οὔσαις.

Hier ist jedenfalls das Dodekaeder nicht die Form der Ätheratome, sondern wird bei der Anordnung des „Ganzen" verwandt, d. h. des Himmelsgewölbes.

5a. Apuleius de Platone I 7 referiert über den Inhalt des Timaios: initium omnium corporum materiam esse memoravit; hanc et signari impressione formarum. Hinc prima elementa esse progenita ignem et aquam et terram et aëra.

6. Tauros in seinem Kommentar zum Timaios Platons, bei Joh. Philoponos de aetern. mundi, ed. Rabe (S. 520, 4) ἐκ τοῦ πρώτου τῶν εἰς τὸν Τίμαιον ὑπομνημάτων zu Timaios 31b „σωματοειδὲς δὴ καὶ ὁρατὸν ἁπτόν τε γενόμενον" wird von Philoponos zum Zeugen dafür angeführt, daß Platon nur vier Elemente kennt. Θεόφραστός φησι „εἰ τὸ ὁρατὸν καὶ τὸ ἁπτὸν ἐκ γῆς καὶ πυρός ἐστιν, τὰ ἄστρα καὶ ὁ οὐρανὸς ἔσται ἐκ τούτων· οὐκ ἔστι δέ·" ταῦτα λέγει εἰσάγων τὸ πέμπτον σῶμα τὸ κυκλοφορητικόν. ὅταν οὖν ἐκεῖνο παραστήσῃ ὅτι ἔστιν, τότε πρὸς ταῦτα ἐνιστάσθω. Philoponos bemerkt dazu: „Es ist beachtenswert, daß Platons Interpret Tauros nicht nur meint, Platon habe recht, wenn er den Kosmos aus nur vier Elementen bestehen lasse, sondern, daß er auch gegen Theophrast polemisiert, der behauptet, der Himmel bestünde nicht aus den vier Elementen (Theophrast gehört ja zur Schule des Aristoteles,) und daß er nicht glaubt, daß Aristoteles die Existenz des fünften Elementes bewiesen habe. Denn er sagt: „Wenn er von diesem (d. h. dem fünften Element) beweisen kann, daß es existiert, so soll der Einwand gelten!"

Dann fährt er im Tauroszitate fort: — — — „φησίν τε (d. h. Platon) ὅτι ὁ θεὸς ἐν μέσῳ τῶν ἄκρων τοῦ πυρὸς καὶ τῆς γῆς ἔθηκεν ἀέρα καὶ ὕδωρ καὶ συνῆψεν ἀλλήλοις — — — ἐγένετο οὖν ἐκ τούτων συντεθεὶς ὁ οὐρανός, ἁπτὸς καὶ ὁρατός.

7. Attikos bei Eusebius praep. ev. XV 6, 17: „πρὸς τοὺς διὰ τῶν Ἀριστοτέλους τὰ Πλάτωνος ὑπισχνουμένους" (Titel ? zitiert XI 1 Schluß) [1]).

---

[1]) Es wäre auch denkbar, daß hier ein Abschnitt aus dem Timaioskommentare, den Proklos in Tim. oft benutzt, genommen ist.

— 19 —

p. 804d. εἰς τοίνυν τὴν ἀπόδειξιν τοῦ τέσσαρας εἶναι τὰς πρώτας τῶν σωμάτων φύσεις, ἧς δὴ χρεία τοῖς Πλατωνικοῖς, οὐ μόνον οὐκ ἂν συντελοῖ τι ὁ Περιπατητικός, ἀλλὰ σχεδὸν καὶ μόνος ἐναντιοῖτ᾽ ἄν. λεγόντων γοῦν ἡμῶν — — — ὡς οὐκ ἂν εἴη παρὰ ταῦτά τι σῶμα ἕτερον, οὗτος ἀνθίσταται μόνος, φάσκων σῶμα εἶναι τούτων ἄμοιρον. — — — ἔτι δὲ ὁ μὲν Πλάτων πάντα τὰ σώματα, ἅτε ἐπὶ μιᾶς ὁμοίας ὕλης θεωρούμενα, βούλεται τρέπεσθαι μεταβάλλειν τέ ἐς ἄλληλα· ὁ δὲ (Aristoteles) ἐπὶ μὲν τῶν ἄλλων[1] — — — οὐσίαν ⟨δὲ⟩ ἀπαθῆ τε καὶ ἄφθαρτον καὶ ἄτρεπτον πάντως ἀξιοῖ, ἵνα δὴ μὴ εὐκαταφρονήτου τινὸς πράγματος γεννητὴς εἶναι δοκῇ.

8. Albinos, διδασκαλικὸς τῶν Πλάτωνος δογμάτων XIII (Verfasser Albinos, nicht wie überliefert ist Alkinoos, vgl. Freudenthal, Hellen. Studien Heft 3 S. 275ff.) Plat. op. ed. Hermann VI S. 168. τὸ μὲν γὰρ σῶμα αὐτοῦ[2] ἐκ πυρὸς γέγονε καὶ γῆς, ὕδατός τε καὶ ἀέρος. ταῦτα δὴ τὰ τέτταρα συλλαβὼν ὁ δημιουργὸς τοῦ κόσμου οὐ μὰ Δία στοιχείων τάξιν ἐπέχοντα διεσχημάτισε πυραμίδι καὶ κύβῳ καὶ ὀκταέδρῳ καὶ εἰκοσαέδρῳ καὶ ἐπὶ πᾶσι (also kein gesondertes Element) δωδεκαέδρῳ.

9. Diogenes Laertios, III 70 τραπέσθαι δὲ τὴν οὐσίαν ταύτην (d. h. die ὕλη) εἰς τέτταρα στοιχεῖα, πῦρ, ὕδωρ,· ἀέρα, γῆν, ἐξ ὧν αὐτόν τε τὸν κόσμον καὶ τὰ ἐν αὐτῷ γεννᾶσθαι.

Nachdem die Formen der vier Elemente aufgezählt sind: σφαιροειδῆ δὲ ⟨τὸν κόσμον⟩ διὰ τὸ τὸν γεννήσαντα τοιοῦτον ἔχειν σχῆμα.

10. Anatolios, περὶ δεκάδος καὶ τῶν ἐντὸς αὐτῆς ἀριθμῶν (Heiberg Annales du Congrès international d'histoire, Paris 1901, Hist. des sciences S. 33 = Ast. Theol. arithm. S. 24) περὶ πεντάδος. ἔστι σχήματα πέντε στερεὰ ἰσόπλευρα καὶ ἰσογώνια, τετράεδρον ὅ ἐστι πυραμίς, ὀκτάεδρον, εἰκοσάεδρον, κύβος, ⟨δωδεκάεδρον, ὧν⟩ τὸ μὲν πυρὸς σχῆμά φησι ὁ Πλάτων, τὸ δὲ ἀέρος, τὸ δὲ ὕδατος, τὸ δὲ γῆς, τὸ δὲ τοῦ παντός.

11. Hippolytos, Ref. I 19 = D. D. S. 567 Πλάτων ἀρχὰς εἶναι τοῦ παντὸς θεὸν καὶ ὕλην καὶ παράδειγμα. — — ὕλην

---

[1] Text korrupt: Der Gegensatz zwischen den ἄλλα und der οὐσία ἀπαθής durch das μέν klar.

[2] τοῦ κόσμου.

2*

— 20 —

— τὴν πᾶσιν ὑποκειμένην, ἣν καὶ δεξαμενὴν καὶ τιθήνην καλεῖ,
ἐξ ἧς διακοσμηθείσης γενέσθαι τὰ τέσσαρα στοιχεῖα, ἐξ ὧν συνέστηκεν ὁ κόσμος, πυρὸς ἀέρος γῆς ὕδατος.
    12. Plotinos ennead. II 1, 2 Plotinos βουληθεὶς γὰρ κατὰ
Πλάτωνα ἐπιδεῖξαι τὴν τοῦ οὐρανοῦ ἀϊδιότητά φησιν[1]· „πῶς γὰρ
ἄν φησιν (d. h. Platon) σώματα ἔχοντα καὶ ὁρώμενα ἀπαραλλάκ-
τως ἕξει ἀεὶ ὡσαύτως[2]); συγχωρῶν καὶ[3]) ἐπὶ τούτων δηλονότι τῷ
Ἡρακλείτῳ, ὃς ἔφη ἀεὶ καὶ τὸν ἥλιον γίγνεσθαι. Ἀριστοτέλει
μὲν γὰρ οὐδὲν πρᾶγμα εἴη εἴ τις αὐτοῦ τὰς ὑποθέσεις τοῦ
πέμπτου παραδέξαιτο σώματος.“ Dazu Philoponos de aetern.
mundi ed. Rabe, S. 524 über Plotin ὃς εἴπερ τις ἄλλος τῆς
αἱρέσεως εἶναι Πλάτωνος ἀξιῶν οὐ προήκατο μὲν οὐδὲ αὐτὸς
τὸ πρὸς Ἀριστοτέλους ἐπεισκριθὲν τῷ παντὶ σῶμα πέμπτον,
ἐξ οὗ τὰ οὐράνια σώματα συνίστησι ἐκεῖνος, τῇ Πλάτωνος δὲ
σύμφωνα δόξῃ φθεγγόμενος ἐκ τῶν τεσσάρων καὶ αὐτὸς τὸ οὐράνιον σῶμα συνίστησι καὶ Πλάτωνος εἶναι τὴν δόξαν ἀποφαίνεται.
    13. Porphyrios bei Joh. Philop. de aetern. mundi ed. Rabe,
S. 521 καὶ ὁ Πορφύριος ἐν τοῖς πρὸς τὸν Τίμαιον ὑπομνήμασιν — — εἰπὼν περὶ τοῦ ἐκ τῶν τεσσάρων στοιχείων μόνον
συνεστάναι τὸν κόσμον προστίθησι ἐπὶ λέξεως καὶ ταῦτα·
    „τὰ δὲ οὐράνια φάναι μὴ ἐκ τῶν τεσσάρων συνεστηκέναι
οὐκ ἄρα κατὰ τὸ ἑπόμενον δόγμα τῷ Πλάτωνι λέγοντός ἐστιν
ἀλλ' ἰδίῳ ἑπομένῳ δόγματι, ἐπεί γε ὁ Πλάτων (Tim. 40 a) καὶ
τὰ οὐράνια ἐκ πλείονος μὲν πυρὸς γεγονέναι φησίν, ἐλαττόνων
δὲ τῶν ἄλλων καὶ εἰλικρινεστέρων καὶ καθαρωτέρων· κατὰ δὴ
Πλάτωνα δύο μὲν τὰ πρῶτα στοιχεῖα γῇ καὶ πῦρ, τὰ δὲ λοιπὰ
δεσμοῦ καὶ συνοχῆς χάριν προὐνοήθη“ — — — „τέτταρα
μόνα τὰ σώματα λέγει“.
    14. Jamblichos, Theol. arithm. S. 25 aus der Πεντάς[4])
πέντε οὖν καὶ τὰ καθόλου στοιχεῖα — — — λόγον. S. oben
A 14.

_____

[1]) Dieser Satz aus Simplik. de caelo, S. 12, der die Worte von
Ἀριστοτέλει bis σώματος zitiert.
    [2]) Nämlich τὰ οὐράνια σώματα.
    [3]) Im Gegensatz zu Aristoteles, der die οὐράνια aus dem
wandellosen Äther bestehen läßt.
    [4]) Vgl. im Gegensatz dazu Anatolios B 10 oben.

15. Proklos in Tim. ed. Diehl, I S. 6, 22 ff. δοκεῖ δέ μοι καὶ ὁ δαιμόνιος Ἀριστοτέλης τὴν τοῦ Πλάτωνος διδασκαλίαν κατὰ δύναμιν ζηλώσας οὕτω διαθεῖναι τὴν ὅλην περὶ φύσεως πραγματείαν — — — πρῶτα μὲν τὰ τῷ οὐρανῷ προσήκοντα, τῷ Πλάτωνι συμφώνως, καθ᾽ ὅσον ἀγέννητον τίθεται τὸν οὐρανὸν καὶ πέμπτης οὐσίας — τί γὰρ διαφέρει πέμπτον στοιχεῖον καλεῖν ἢ πέμπτον κόσμον [1]) καὶ σχῆμα πέμπτον [1]), ὡς ὁ Πλάτων ἐκάλεσεν.

16. Philoponos, de aeternitate mundi contra Proclum ed. Rabe, S. 479 ff. bis 537 hat einen ganzen Abschnitt seines Werkes der Frage nach der πέμπτη οὐσία bei Platon gewidmet [2]) und mit Berufung auf viele Vorgänger die Interpretation der betreffenden Timaiosstellen, besonders 55 c unter anderem ausführlich behandelt. Die Kapitelüberschriften schon sind charakteristisch: α) ὡς ἐν προοιμίῳ, ὅτι καὶ ἑαυτῷ ὁ Πρόκλος καὶ Πλάτωνι ἀντιφθέγγεται ἑτέρας οὐσίας εἶναι παρὰ τὰ τέσσαρα στοιχεῖα τὸν οὐρανὸν οἴεσθαι λέγων τὸν Πλάτωνα. — —

γι'. Πλάτωνος ἐκ Τιμαίου, ὅτι ὁ μὲν σύμπας κόσμος ἐκ τεσσάρων καὶ μόνον συνέστηκεν σωμάτων, ὁ δὲ οὐρανὸς ἐκ πυρὸς μάλιστα.

ει'. χρήσεις Ταύρου τοῦ Πλατωνικοῦ, Πορφυρίου, Πρόκλου, Πλωτίνου, ὅτι ἐκ τῶν τεσσάρων καὶ μόνον στοιχείων συνεστάναι τὸν κόσμον βούλεται ὁ Πλάτων ἀγνοῶν τὸ παρ᾽ Ἀριστοτέλει πέμπτον καλούμενον σῶμα.

ηι'. — — — Über die fünf regulären Körper, und daß auch aus der Verwendung des Dodekaeders nicht hervorgehe, daß Platon die πέμπτη οὐσία kenne.

17. Simplikios, heftige Erwiderung auf die von Philoponos gegen Proklos gerichteten Angriffe, besonders in de caelo, ed. Heib., S. 12, 16 ff. Vgl. auch oben A 17 = in Phys. I S. 35, 45. καὶ Πλάτων ἄλλην ἔοικεν οὐσίαν ἀποδιδόναι τῷ οὐρανῷ· εἰ γὰρ εἰδοποιὰ τὰ πέντε σχήματα τῶν πέντε σωμάτων νομίζει καὶ τῷ δωδεκαέδρῳ διεζωγραφῆσθαι κατὰ τὸν

---

[1]) Tim. 55 c—d.
[2]) „Über die von Proklos dem ‚Himmel' zugeschriebene ewige Kreisbewegung".

οὐρανὸν ὡρισμένον τὸ πᾶν φησι ἄλλῳ ὄντι παρὰ τὴν πυραμίδα
καὶ τὸ ὀκτάεδρον καὶ τὸ εἰκοσάεδρον καὶ τὸν κύβον, δῆλον ὅτι
καὶ κατ᾽ αὐτὸν ἄλλο τὴν οὐσίαν ἐστίν. Καὶ ὅτι καὶ Πλάτων
πέντε εἶναι τὰ ἁπλᾶ σώματα νομίζει κατὰ τὰ πέντε σχήματα,
ἀρκεῖ Ξενοκράτης ὁ γνησιώτατος αὐτοῦ τῶν ἀκροατῶν ἐν τῷ περὶ
Πλάτωνος βίου τάδε γράφων. Folgt das Zitat oben B 3; ὥστε
καὶ τὸ δωδεκάεδρον ἁπλοῦ σώματος ἦν σχῆμα κατ᾽ αὐτὸν τοῦ
οὐρανοῦ ὃν αἰθέρα καλεῖ¹).

18. Olympiodor zu Arist. Meteor. 339b 2, ed. Stüve,
S. 16, 27 ... τοῦ Πλάτωνος τὰ οὐράνια σώματα οὐκ ἐκ πέμπτου τινὸς σώματος λέγοντος εἶναι ἀλλ᾽ ἐκ τῶν τεσσάρων στοιχείων.

C.

Pythagoreische Elementenlehren außer der „Fünfkörperlehre".

Aus Sextus Empiricus Pyrrhon. Hypotyp. III 6, 30.
Ἵππασος Μεταποντῖνος πῦρ²).

Οἰνοπίδης ὁ Χῖος πῦρ καὶ ἀέρα.

Ἵππων ὁ Ῥηγῖνος πῦρ καὶ ὕδωρ³) (nämlich ἀρχὰς εἶναι).
Aët. Plac. I, 3, 19 = D. D. S. 286. 18 b.

Ἔκφαντος Συρακόσιος εἰς τῶν Πυθαγορείων πάντων (ἀρχὰς
εἶναι) τὰ ἀδιαίρετα σώματα καὶ τὸ κενόν. τὰς γὰρ Πυθαγορικὰς
μονάδας οὗτος πρῶτος ἀπεφήνατο σωματικάς⁴).

---

¹) Vgl. u. a. Simpl. in Phys. ed. Diels II S. 1165; in de caelo
S. 566 ff.

²) Arist. Met. 984 a 7; D. D. 283, 17.

³) Ἵππωνα γὰρ οὐκ ἄν τις ἀξιώσειε θεῖναι μετὰ τούτων (Thales,
Heraklit usw.) διὰ τὴν εὐτέλειαν αὐτοῦ τῆς διανοίας. — de anima
405 b 2 τῶν δὲ φορτικωτέρων καὶ ὕδωρ τινὲς ἀπεφήναντο (sc. τὴν ψυχήν)
καθ᾽ ἅπερ Ἵππων.

⁴) Vgl. Hippolytos ref. I 15 = D. D. 566 = D. V. 38, 1.

Das Zeugnis des Proklos (in Euclidem p. 65, 19).

Die Tradition über die Konstruktion der regulären Körper ist aufs engste mit der Überlieferung über die pythagoreische Elementenlehre verknüpft. Es gibt kein einziges Zeugnis des Altertums, das die beiden Nachrichten getrennt voneinander brächte. Eine Prüfung der Überlieferung über die mathematische Frage läßt sich also nicht trennen von der Betrachtung der Elementenlehre. Tatsächlich haben denn auch alle Mathematikhistoriker — Junge hat auch ausgesprochen, daß das nötig sei (S. 251) — beide Fragen zusammen behandelt. So wollen auch wir das tun. Wir wählen zum ersten Gegenstand der Untersuchung über die Tradition von den regulären Körpern das Zeugnis des Proklos. Sollte es wirklich auf Eudem zurückgehen, so gäbe die Tatsache, daß Pythagoras die regulären Körper gekannt hat, von vornherein für die Interpretation des Philolaosfragmentes eine andere Grundlage, als wenn uns bei Proklos ein späterer Autor dieses Urteil über Pythagoras mitteilte. Dies rechtfertigt die Stellung, die wir dieser Interpretation geben, gegenüber dem an sich berechtigten Verlangen, mit der Prüfung des chronologisch ältesten Zeugnisses, des Philolaosfragmentes, zu beginnen.

Auch das von uns hier zu interpretierende Stück zeigt die Verbindung der mathematischen Angabe über die Konstruktion mit der Elementenlehre in den Worten τὴν τῶν κοσμικῶν σχημάτων σύστασιν. Wir werden zunächst über den mathematischen Teil der Behauptung sprechen und hernach kurz auf die Elementenlehre eingehen.

Die Interpretation soll zu ermitteln versuchen, wer der Autor dieses Zeugnisses ist, und welches der Inhalt des kurzen Satzes ist, um daraus über den Wert dieses Zeugnisses für die Geschichte der uns beschäftigenden Entwicklung ein Urteil zu gewinnen.

Die erste und wesentliche Frage nach dem Urheber des Zeugnisses hängt eng zusammen mit der Untersuchung über den Ursprung und die Quellen von Proklos' Geometerverzeichnis, der wir uns nun zuwenden. Daß das Geometerverzeichnis in seinem Inhalt auf Eudem zurückgehe, ist nie bestritten worden. Proklos' Äußerung (S. 68, 4) οἱ μὲν οὖν τὰς ἱστορίας ἀναγράψαντες μέχρι τούτου (d. h. Philippos von Medma) προάγουσι τὴν τῆς ἐπιστήμης ταύτης τελείωσιν wiesen zu deutlich auf den Peripatetiker hin, der mit dem Zeitgenossen Philippos sein Werk abschloß. Daß auch die Form von Eudem herrühre, wird wohl niemand mehr annehmen; obwohl die meisten Mathematiker sich nicht ganz darüber klar sind, daß wir dann eben nur einen Auszug aus Eudem besitzen[1]), daß es also darauf ankommt, festzustellen, wer ihn gemacht hat; denn davon hängt ja die Glaubwürdigkeit des Berichtes ab.

Der erste, der die Bedeutung dieser Frage erfaßte und sie zu lösen suchte, war Tannery (Géom. Gr. Kap. V S. 66ff.). Er erkannte, daß das Geometerverzeichnis in den Teilen, für die Eudem nicht mehr vorliegen konnte, d. h. in dem Bericht über Euklid, denselben Charakter trägt wie in den vorangegangenen Partien: es war also von Einem Verfasser, und dieser mußte nach Euklid gelebt haben (S. 71). Tannery irrte aber in der Annahme, daß dieser Verfasser darum nicht Proklos sein könnte, weil Proklos das Werk des Eudem nicht gehabt habe. Dieser Irrtum ist durch van Pesch[2]) nach Heiberg (Philol. 43 S. 341) jetzt endgültig beseitigt. Es ist ferner Tannery der Beweis nicht gelungen, daß der Exzerptor des Eudem Geminus sei. Heath[3]) in seiner Euklidausgabe (I S. 37) sagt treffend: He failed to show why it should be Geminus rather than any other. Eines der Hauptargumente Tannerys für die Autorschaft des Geminus war ein Irrtum. Er meinte nämlich, daß im Anfange des Geometerverzeichnisses (S. 64, 10ff.) die stoische Lehre von der Wieder-

---

[1]) Cantor z. B. behandelt die Frage, ohne sich zu entscheiden und ohne zu sagen, was davon abhinge, einfach als ob Eudem selbst vorliege.

[2]) Van Pesch, De Procli fontibus. Leiden 1900.

[3]) Heath, The thirteen books of Euclid's elements. Cambr. 1908.

kehr des Gleichen vorgetragen würde. Abgesehen von der Tatsache, daß Aristoteles selbst hier für diese Lehre zitiert wird, wissen wir zufällig, daß Eudem (Frg. 51 bei Spengel) im 3. Buch der Physik diese Lehre vorgetragen hat, freilich mit leise ironischer Wendung, und daß er sie auf die Pythagoreer zurückgeführt habe. Der betreffende Passus wird also wahrscheinlich auf Eudem zurückgehen, wo nicht, so kann er gut dem Proklos angehören, der diese pythagoreische Lehre auch aus pythagoreischen Schriften entnommen haben kann.

Van Pesch neigte zu der Ansicht, daß das Exzerpt nicht von Proklos sei (S. 84), aber ohne sich entscheiden zu können[1]. Den Beweis dafür, daß Proklos entweder der Autor ist oder es wenigstens überarbeitet hat, ist von Vogt erbracht. Er fügt den Tanneryschen Argumenten dafür, daß Eudem hier nicht ungetrübt vorliege, neue hinzu. Das Werk des Eudem, von dem wir uns nach den Zitaten bei Proklos und den erhaltenen Fragmenten gut eine Vorstellung machen können, enthielt Angaben über einzelne geometrische Entdeckungen, „dagegen kommt als Beglaubigung von theoretischen Spekulationen, woran Proklos doch reich ist, ja selbst von Definitionen Eudems Geschichte der Geometrie nie vor" (S. 27, Bibl. Math. 3. F. IX). Im Geometerverzeichnis dagegen überwiegen methodische Betrachtungen, und nur an drei Stellen werden Einzelleistungen angeführt; dagegen fehlt jede Erwähnung von „gewissen Problemen, die Eudem besprochen hat, und welche die Geometrie der zweiten Hälfte des 5. Jahrhunderts beherrscht haben, Würfelverdoppelung, Kreisquadratur, Dreiteilung des Winkels" (S. 28); ferner: wir wissen aus Aristoteles und aus den Fragmenten aller

---

[1] Es ist möglich, daß das Exzerpt aus Eudem, in dem die Reihenfolge der Namen sicher auf die Geschichte der Geometrie zurückgeht, schon aus früheren Euklidkommentaren stammt, vielleicht von Heron, wahrscheinlicher aber von Pappos, dessen historisches Interesse wir kennen. Proklos muß aber wesentliche Zusätze gemacht haben.

seiner Schüler, daß sie es gemieden haben, dem Pythagoras
selbst irgendwelche speziellen wissenschaftlichen Leistungen
zuzuschreiben. Eudem spricht in seinen Fragmenten immer
nur von den Pythagoreern; es war ihm so wenig wie Aristoteles möglich, die Leistungen des Stifters von denen seiner
Schule zu trennen; das Geometerverzeichnis aber enthält
nicht bloß eine allgemeine Charakteristik des Pythagoras
als Geometer, sondern weist ihm zwei ganz bestimmte Entdeckungen zu. Dies alles beweist, daß an dem Texte des
Eudem, wenn er auch zugrunde lag, von dem Verfasser
des Verzeichnisses nicht bloß formale Veränderungen gemacht wurden. Daß der Verfasser dieses Verzeichnisses
oder wenigstens der beurteilenden Zusätze Proklos war, ergibt
sich aus folgender Erwägung. Auch Tannery hatte bemerkt,
daß im Geometerverzeichnis ein wesentlicher Teil der Beurteilung der genannten Geometer auf ihre Leistungen als
Vorgänger des Euklid gehe, sei es, daß auf die Abfassung
von Elementen hingewiesen wurde, sei es, daß die Vorarbeit
dieser Forscher für das Werk des Euklid besonders hervorgehoben wird (dreimal). Er übersah aber, was Vogt nicht
entging, daß diese Bemerkungen in einem Kommentare zu
Euklids Elementen namentlich in dem Teile des Prologes,
dessen Thema war: περί τε αὐτῆς τῆς γεωμετρίας εἰπεῖν καὶ τῆς
προκειμένης στοιχειώσεως, durchaus am Platze war. Aus eben
demselben Grunde ist die Lobrede auf Euklid, die den Schluß
dieses Abschnittes bildet, aufs beste mit dem Ganzen verbunden. Die Anlage dieser ganzen Partie konnte immerhin
einem früheren Euklidkommentar entnommen sein. Daß
aber die beurteilenden Zusätze wenigstens von Proklos sind,
das zeigt ein Vergleich der Ansichten, die er sonst über
das Wesen der Mathematik äußert mit dem, was an dieser
Stelle an den voreuklidischen Geometern besonders hervorgehoben wird. Für Proklos steht, wie er unter ausdrücklicher Berufung auf Platon (Politeia 511d) sagt, die Mathematik unter den Wissenschaften an zweiter Stelle; sie tritt
bei ihm hinter der πρώτη φιλοσοφία zurück. Demgemäß ist
sie ihm nicht Selbstzweck, sondern ein Mittel für die philo-

sophische Erziehung (Friedl. S. 20, 10; 21, 25; sehr gut
gewähltes Beispiel bei Heath I, S. 30), nicht um der mathematischen Einzelerkenntnis zu dienen, sondern als eine Art
Einleitung in die Philosophie hat er sein Buch geschrieben.
Er sagt (Friedl. S. 432): „Die sich für diese Betrachtung
interessieren, fordere ich auf, nach der gleichen Methode
auch die übrigen Bücher (des Euklid) zu kommentieren und
überall auf das Wesentliche und auf logische Gliederung zu
achten. Denn die jetzt im Umlauf befindlichen Kommentare
sind voll von aller Art Unklarheit und geben keinen Beitrag zur Zurückführung auf die wahren Gründe, noch logische Kritik oder philosophische Betrachtung." Deutlich
zeigt sich darin seine Tendenz. Aus ihr erklärt sich die seltsame Tatsache, daß in dem ganzen Verzeichnis nur dreimal
Einzelleistungen erwähnt werden, davon zwei nur ganz beiläufig, um der Charakteristik des dadurch bekannten Gelehrten zu dienen, und daß von den vorher genannten Problemen, die Eudem behandelt hatte, kein Wort gesagt wird;
dagegen wird der größte Wert auf methodische Leistungen
gelegt; doch hatte er „offenbar nicht die Absicht, eine vollständige Übersicht über die Methoden zu geben, aber bei
seinem einseitigen Interesse für methodische Leistungen
stellt sich ihm ganz von selbst das geschichtliche Resümee
unter das philosophische Leitmotiv ἀπὸ αἰσθήσεως οὖν εἰς
λογισμὸν καὶ ἀπὸ τούτου ἐπὶ νοῦν ἡ μετάβασις γένοιτο ἂν
εἰκότως (Frdl. 65, 1—3), wobei die Einteilung der vorher
oft zitierten platonischen in αἴσθησις, διάνοια und νοῦς an-
geglichen ist". Dementsprechend ist der Überblick über
die geschichtliche Entwicklung die von der αἴσθησις der
Ägypter zu der zwischen λόγος und αἴσθησις schwanken-
den Haltung des Thales und der übrigen Geometer bis zur
vollendeten Wissenschaft eines Theaetet und Eudoxos vor-
schreitet. Vogt kommt also zu dem Schluß (S. 29): „Bringt
das Geometerverzeichnis mithin gerade das, was Proklos
interessieren mußte, und läßt es weg, was für ihn nicht in
Betracht kam, so wird die andernfalls unverständliche Eigen-
art des Geometerverzeichnisses am besten durch die An-

nahme erklärt, daß Proklos selbst der Verfasser dieses Geometerverzeichnisses ist[1]).

Ist aber Proklos der Verfasser des Geometerverzeichnisses — wenigstens in seiner jetzigen Gestalt — so haben wir für keine einzige Stelle die Sicherheit, daß sie auf Eudem zurückgehe. Proklos kann die Tatsachen, die Eudem gab, benutzt haben, er kann aber auch Zusätze gemacht haben, deren Quellen man versuchen muß zu ermitteln. Diese Beobachtung an einem Dokument, das bisher für absolut zuverlässig galt, ist unbequem; man kann sich aber den Konsequenzen, die daraus folgen, nicht entziehen.

Daß im Geometerverzeichnis Stellen vorhanden sind, die nicht auf Eudem zurückgehen, ging bereits aus den Beobachtungen Tannerys hervor, der auf die Euklid berücksichtigenden Stellen hinwies (z. B. S. 68, 7 Frdl.). Nun könnte man ja annehmen, sie stammen von Proklos selbst, er habe sie aus dem Vergleich der Angaben des Eudem mit den Elementen des Euklid gefunden. Dies aber ist aus folgenden Gründen nicht wahrscheinlich. Wir wissen, daß Proklos den Kommentar des Pappos zum Euklid benutzt hat (van Pesch, de Procli font. S. 131ff.). Wir wissen, daß Pappos mit Interesse die Frage nach dem Verhältnis der Vorgänger des Euklid zu diesem behandelt hat. In seinem in arabischer Übersetzung[2]) erhaltenen Kommentar zum X. Buch des Euklid befindet sich eine Einleitung, die die Geschichte der im X. Buch des Euklid enthaltenen Theorie des Irrationalen von ihrem Ursprung bis auf Euklid verfolgt. In demselben Kommentar steht nach Woepkes Angabe der Vergleich der Theorie Theaetets über die irrationalen

---

[1]) Daß das Exzerpt aus Eudem direkt gemacht sei, ist damit nicht bewiesen, selbst wenn Proklos den Eudem benutzt hat. Sicher aber ist, daß er den Auszug, wenn er ihm bereits überliefert war, in seinem Sinne gründlich umgearbeitet hat.

[2]) Woepke, Mém. prés. à l'acad. des sciences Paris 1856 S. 691, 715. Daß der Kommentar von Pappos ist, hat Heiberg, Literargesch. Studien zu Euklid, Leipzig 1882, S. 169—171, bewiesen. Bestätigt ist es jetzt durch Suter, Mathem. und Astronomen der Araber, 1900, S. 211.

Größen mit der des Euklid. Ebenso tragen die Scholien
des Euklid noch Spuren der historischen Einleitungen, die auf
Pappos zurückgehen. Dahin gehören die beiden bemerkens-
wertesten Scholien, die die Einleitung zu Buch V und Buch XIII
bilden: Heib. V S.

282, 13 *τοῦτο τὸ βιβλίον Εὐδόξου τοῦ
Κνιδίου τοῦ μαθηματικοῦ τοῦ κατὰ τοὺς Πλάτωνος χρόνους γεγονότος εἶναι λέγεται· ἐπιγέγραπται δ' ὅμως Εὐκλείδου, ἀλλ' οὐ κατά
τινα ψευδῆ ἐπιγραφήν· εὑρέσεως μὲν γὰρ ἕνεκα ἄλλου τινὸς οὐδὲν
κωλύει εἶναι, τῆς μέντοι κατὰ στοιχεῖον αὐτῶν συντάξεως χάριν
καὶ τῆς πρὸς ἄλλα τῶν οὕτω ταχθέντων ἀκολουθίας ὡμολόγηται
παρὰ πᾶσιν Εὐκλείδου εἶναι. — Ἐν τούτῳ τῷ βιβλίῳ, τουτέστι
τῷ ιγ', γράφεται τὰ λεγόμενα Πλάτωνος ε σχήματα, ἃ αὐτοῦ μὲν
οὐκ ἔστιν, τρία δὲ τῶν προειρημένων ε σχημάτων τῶν Πυθαγορείων ἐστίν, ὅ τε κύβος καὶ ἡ πυραμὶς καὶ τὸ δωδεκάεδρον,
Θεαιτήτου δὲ τὸ ὀκτάεδρον καὶ τὸ εἰκοσάεδρον — — Εὐκλείδου δὲ ἐπιγράφεται καὶ τοῦτο τὸ βιβλίον διὰ τὸ στοιχειώδη τάξιν
ἐπιτεθεικέναι καὶ ἐπὶ τούτου τοῦ στοιχείου.* (Heib. V
S. 654, 1—10.) Dasselbe historische Interesse[1]), das die Leistungen Euklids gegen die seiner Vorgänger sorglich abwägt,
zeigt Pappos in der Collectio mathematica (ed. Hultsch II
S. 676—678), wo er über Aristaios, den Vorgänger Euklids,
in der Lehre von den Kegelschnitten redet. Es scheint
mir fast sicher, daß die Äußerungen des Geometerverzeichnisses, die Euklid berücksichtigen, auf Pappos' Kommentar
zurückgehen. Proklos mag wohl den Eudem selbst nach-
geschlagen haben, darum wird er doch die bequemen Angaben, die in dem Kommentar des Pappos vorlagen, nicht
verschmäht haben. Seine Zusätze zeigen eine zu auffällige
Ähnlichkeit mit den eben zitierten Äußerungen des Pappos.
Noch zwei andere Stellen des Geometerverzeichnisses
können wir auf ihre nichteudemischen Quellen zurückverfolgen. Eine davon ist auch darum bemerkenswert, weil
sie Ähnlichkeit mit der uns beschäftigenden Stelle hat. Vogt
hat, wie gesagt, darauf aufmerksam gemacht, daß in dem

[1]) Auch dieselbe Liebe für Euklid, die sich in den halb ent-
schuldigenden Worten kundgibt.

ganzen Geometerverzeichnis nur dreimal spezielle Leistungen von Geometern erwähnt werden. Einmal an unserer Stelle von Pythagoras, dann von Hippokrates und drittens von Eudoxos. Von diesen erinnert der Zusatz zu dem Namen Hippokrates (S. 66, 5) ὁ τὸν τοῦ μηνίσκου τετραγωνισμὸν εὑρών beiläufig und ohne besondere Betonung an eine bekannte Tatsache, wie auch die Bemerkung über Pythagoras (δή ist „wie man weiß") ein Zusatz derart ist. Die dritte Stelle, die eine Einzelleistung hervorhebt, geht den Eudoxos an und lautet (S. 67, 2): Εὔδοξος δὲ ὁ Κνίδιος — — ἑταῖρος δὲ τῶν περὶ Πλάτωνα γενόμενος, πρῶτος τῶν καθόλου θεωρημάτων τὸ πλῆθος ηὔξησεν καὶ ταῖς τρισὶ ἀναλογίαις ἄλλας τρεῖς προσέθηκε καὶ τὰ περὶ τὴν τομήν, ἀρχὴν λαβόντα παρὰ Πλάτωνος εἰς πλῆθος προήγαγεν καὶ ταῖς ἀναλύσεσιν ἐπ’ αὐτῶν χρώμενος. Die Bemerkung über Eudoxos, die das „methodische Räsonnement" unterbricht, ist eigenartig, um so mehr, als nicht die — in den Scholien zu Buch V (Heiberg V S. 280, 9; 282, 13) gewürdigte — große Leistung des Eudoxos, seine Proportionslehre, erwähnt ist; während die Erfindung der drei Proportionen eine ganz nebensächliche Sache ist, von der man nicht annehmen kann, daß Eudem sie besonders betont. Nun ist aber auffällig, daß die Bemerkung, die drei Proportionen stammten von Eudoxos, in Jamblichos' Kommentar zu Nikomachos (ed. Pistelli S. 101, 1) steht. Diese Bemerkung ist ihrerseits nur eine Erweiterung aus Nikomachos' Introductio in arithm. (ed. Hoche S. 122, 10ff.). Diese Stelle hat Proklos gekannt; das zeigt der Timaioskommentar (ed. Diehl II S. 19), wo unter Zitierung der Namen Nikomachos und Moderatus von den vier Mitteln (μεσότητες), die die Neueren hinzugefügt haben, die Rede ist. Ich glaube also, hier kann man eine nichteudemische Bemerkung und ihre Quelle, Jamblichos, nachweisen und zeigen, daß Proklos die Bemerkung zugefügt hat. Viel wichtiger aber noch für uns ist, daß auch die unmittelbar unserer Pythagorasstelle vorangehenden Worte: Πυθαγόρας τὴν περὶ αὐτὴν φιλοσοφίαν εἰς σχῆμα παιδείας ἐλευθέρου μετέστησε bei Jamblichos, de communi math. scientia (ed. Festa S. 70) wörtlich wiederkehren: *Πυθαγόρας τὴν περὶ τὰ μαθήματα φιλοσοφίαν εἰς σχῆμα παιδείας ἐλευθερίου μετέστησε.* Bei Proklos[1]) heißt es: *ἀύλως καὶ νοερῶς τὰ θεωρήματα διερευνώμενος.* S. 75, 25 ist die platonisierende Betrachtung: *αὐτὰς μόνον τὰς ἀρχὰς ἐν ἑκάστοις ἐζήτουν* mit Proklos zu unserer Stelle zu vergleichen: *ἄνωθεν τὰς ἀρχὰς αὐτῆς* (d. h. der Mathematik) *ἐπισκοπούμενος.* Also die Worte, die unserer Stelle unmittelbar vorangehen, stammen aus Jamblichos. Van Pesch, de Procli fontibus hat Jamblichos nicht unter die Quellen des Euklidkommentares aufgenommen, da Proklos ihn dort nicht mit Namen zitiert. Wir wissen aber aus dem Timaioskommentar, daß Proklos den *θειότατος Ἰάμβλιχος* (in Tim. ed. Diehl I 77, 24) den *μέγας* (87, 6) Jamblichos an unzähligen Stellen (vgl. den Index von Diehl in Tim. III S. 364—365) mit Namennennung zitiert. Wir werden also unter die allgemeine Rubrik (van Pesch S. 155) „Pythagoreorum philosophiae quaedam traditio" die Namen Nikomachos und Jamblichos einsetzen und Bemerkungen über die Pythagoreer nicht alle auf Eudem als Quelle zurückführen[2]). Nach dieser Beobachtung werden wir kein Bedenken haben, unsere Stelle über Pythagoras dem Eudem abzustreiten und als einen Zusatz zu betrachten, der aus anderer Quelle stammt. Daß Eudem nicht selbst zugrunde liegt, geht aus der schon erwähnten Tatsache hervor, die Vogt betont, daß Eudem so wenig wie Aristoteles irgendeine Aussage über Pythagoras als Person gemacht hat, da er immer nur von den Pythagoreern spricht. Auch hätte er die „kosmischen" Körper dem Pythagoras nicht zuschreiben

---

[1]) Vgl. Jamblichos S. 74, 10: *ἐκεῖνοι τοίνυν ἀπὸ τῶν αἰσθητῶν ἀπέστησαν τοὺς περὶ τῶν μαθημάτων λόγους.*

[2]) Van Pesch S. 80 behauptet, Proklos' Bemerkung S. 428, 7—429, 8 über die zwei Methoden, rechtwinklige Dreiecke mit rationalen Seiten zu finden, stamme aus Eudem. Hier liegt zwar kein pythagoreischer Bericht, aber Heron zugrunde. In Herons Geometrie (ed. Heib. IV S. 219) werden die beiden Methoden Platon und Pythagoras zugeschrieben. Daß Proklos wirklich Heron benutzt hat, geht auch daraus hervor, daß er kurz darauf (S. 429, 13) Heron und Pappos zitiert.

können, da er von seinem Lehrer Aristoteles wußte, daß erst Empedokles die vier Elemente eingeführt hat.

Um aber zu ermitteln, wer die Quelle ist, müssen wir nun den Inhalt des Satzes betrachten: ὃς δὴ καὶ τὴν τῶν ἀλόγων πραγματείαν καὶ τὴν τῶν κοσμικῶν σχημάτων σύστασιν ἀνηῦρεν. Über seine Deutung, so einfach die Worte sind, ist viel gestritten. Wörtlich lauten sie für den unbefangenen Leser: „Pythagoras, der, wie man weiß, die Lehre vom Irrationalen und die Konstruktion der kosmischen (regulären) Körper gefunden hat." Diese Behauptung schien aber Junge und Vogt so ungeheuerlich, daß sie zu ändern suchten. Beide ziehen nach einer unbestimmten Angabe die Lesart τῶν ἀναλόγων (Diels besser ἀνὰ λόγον) für τῶν ἀλόγων vor, und Vogt will in den Worten τὴν τῶν κοσμικῶν σχημάτων σύστασιν nicht die mathematische Konstruktion, sondern nur die „Konstitution", d. h. nur die empirische Kenntnis der fünf Körper sehen. Junge, der auf dieses Auskunftsmittel nicht verfallen war, sah sich genötigt, den ganzen Satz für eine Interpolation zu halten. Beider Gründe für das Abweichen von der Tradition waren folgende: Aus dem, was wir von der griechischen Geometrie wissen, zeigt sich, daß wir die Leistungen, die das Geometerverzeichnis nennt, dem Pythagoras nicht zuschreiben können. Die Behauptung ist also inhaltlich falsch. Nun ist aber Proklos „für die ältere griechische Mathematik unser zuverlässigster und ergiebigster Gewährsmann" (Vogt a. a. O. S. 15). Er hat sich insbesondere in seiner Beurteilung des Quadratsatzes nach Vogts Meinung als durchaus selbständiger Kritiker gezeigt. Es ist nicht möglich, anzunehmen, daß ihm der Widerspruch entgangen sei, der darin lag, einerseits dem Pythagoras den Quadratsatz abzustreiten, andererseits bei ihm die Kenntnis des Irrationalen und der Konstruktion der regulären Körper vorauszusetzen, die doch auf diesem Satz beruht. Ein weiterer Widerspruch entsteht, wenn man die nach Proklos' eigenem Zeugnis (S. 283, 7—10, S. 333, 5—6) von Oinopides, einem Zeitgenossen des Anaxagoras, geleistete Konstruktion der Winkelantragung und Lotfällung mit dem vergleicht,

was Pythagoras bereits entdeckt haben soll. Wenn wir
nicht „an Wunder glauben sollen", so kann man bei einem
Stand der Geometrie, in dem noch so primitive Entdeckungen
zu machen waren, nicht an jene Leistungen des Pythagoras
denken, und auch Proklos muß dieses Mißverhältnis gemerkt
haben (vgl. Vogt S. 34).

Sind diese Einwände gegen die überlieferte Lesart und
die wörtliche Übersetzung von σύστασις gerechtfertigt? Man
sieht, sie hängen von einer bestimmten und sehr berechtigten Auffassung über den Stand der Geometrie zur Zeit des
Pythagoras ab und weiter von der Annahme, daß Proklos
diese Auffassung notwendig geteilt haben müsse. Wir lassen
die erste Erwägung, so wichtig sie für die Geschichte der
Mathematik ist, beiseite und fragen, ob wir berechtigt sind
anzunehmen, daß Proklos diese Bedenken der modernen
Kritik geteilt haben müsse.

Der erste und wichtigste Einwand, daß Proklos sich
selbst widersprochen habe, beruht auf dem Urteil, er habe
dem Pythagoras den Quadratsatz abgesprochen. Nun ist
aber Vogts Interpretation der den „pythagoreischen Satz"
(Eukl. I 147) betreffenden Erklärung des Proklos (S. 426, 6)
grammatisch nicht haltbar (vgl. Heath, Euklid Bd. III
S. 524). Außerdem geht aus dem Satze bei Proklos ἐγὼ δὲ
θαυμάζω μὲν τοὺς πρώτους ἐπιστάντας τῇ τοῦδε τοῦ θεωρήματος
ἀληθείᾳ zwar hervor, daß er an der Autorschaft des Pythagoras gezweifelt habe, aber es ist nicht gesagt, daß Proklos
geglaubt habe, der Satz sei zu Pythagoras Zeiten noch unbekannt gewesen. Das kann man beweisen; denn bei Proklos
im Kommentar zu Platons Staat (ed. Kroll II S. 26, 15)
wird dem Pythagoras die Erfindung von rechtwinkligen
Dreiecken mit rationalen Seiten zugeschrieben. Nun ist
allerdings die Kenntnis dieser sogenannten „pythagoreischen"
Dreiecke älter als der pythagoreische Satz. Sie findet sich
bei den Indern (vgl. Vogt, Bibl. Math. 3. F. VII). Zeuthen
(Kultur der Gegenwart III, 2 S. 31 B) sagt, daß die indischen
Geometer, die auf einem in Quadrate geteilten Boden operierten, diese Dreiecke durch Abzählen auffinden konnten.

Dies gilt aber nicht mehr von der Regel, nach der die Gleichung $x^2 + y^2 = z^2$ durch ganze Zahlen befriedigt werden soll, denn diese Regel setzt den Quadratsatz voraus, und auch sie hat im Anschluß an unsere Stelle Proklos den Pythagoreern und Platon zugeschrieben. Dieselbe Regel hat Proklos im Kommentar zu Euklid (S. 428, 7) auf Pythagoras persönlich zurückgeführt. Er hat ihm also die Kenntnis des Quadratsatzes zugetraut, ja sogar mehr noch, die Kenntnis des Irrationalen.

Damit ist der erste Einwand Vogts gegen die wörtliche Übersetzung der Stelle und gegen die überlieferte Lesart ἀλόγων beseitigt. Der zweite Einwand geht das Urteil des Proklos über die Entwicklung der Geometrie an; Vogt meint, Proklos hätte merken müssen, daß, wenn Oinopides so einfache Erfindungen wie die exakte Winkel- und Lotkonstruktion machen mußte, sein Vorgänger Pythagoras nicht „die Krone aller elementaren Konstruktionen, die Konstruktion der regulären Polyeder geleistet haben könnte". Er hat, wie wir schon sahen, eine sehr hohe Meinung von Proklos. Aber ich glaube, wir treten dem ehrwürdigen Oberhaupte der Akademie nicht zu nahe, wenn wir denken, er habe den Widerspruch ruhig hingenommen. Ein Mann wie Tannery, der doch ganz anders als Proklos ein kritischer Historiker war, hat „trotz Oinopides an weitreichende geometrische Entdeckungen des Pythagoras geglaubt, von denen der Quadratsatz eine der zeitigeren und geringeren sein soll". Wenn also sonst nichts dagegen spricht, so können wir einen solchen Gedanken auch Proklos zutrauen. Vogt meint ferner, daß man die Geheimhaltung der pythagoreischen Entdeckungen nicht als Erklärung für „so krasse Widersprüche, solche Zickzacksprünge der Geometrie" annehmen dürfte, denn die Geheimhaltung sei eine späte Sage. Das ist ganz richtig für uns; aber Proklos betraf es doch nicht, denn in seiner Zeit[1]) war die Pythagorassage voll entwickelt, und

---

[1]) Über das Schulgeheimnis der Pythagoreer vgl. Porphyr. Vita Pyth. 57.

Proklos gehörte zu ihren gläubigen Verehrern. Gewiß, wir
werden nicht „an Wunder glauben". Aber Proklos glaubte
doch an Wunder, er, der asketische Heilige (vgl. Marinus,
Vita Procli XXIV und XXVI), der mit den Schatten der
Unterwelt verkehrte, der Traumgläubige (Mar. XXVI), der
die Seele des Nikomachos in sich zu haben glaubte (XXVIII),
der Regen machte, Attika vor der Dürre bewahrte, Erd-
beben beschwor (Marinus XXVIII) und auch prophezeien
konnte[1]).

Vogt hat ferner eingewendet, damit, daß die Pythagoreer
die fünf Körper konstruiert haben sollten, stimme nicht überein, daß Proklos selbst (70, 25) diese Körper platonische
nennt. Bringt er sie doch in so enge Verbindung mit Platon,
daß er Euklid einen Platoniker nennt, weil seine „Elemente"
die Konstruktion dieser Körper zum Ziele hätten. Aber
auch dies Nebeneinander ist bei Proklos möglich. Der Neu-
platonismus ebenso wie der Neupythagorismus operiert ununterbrochen mit der Vorstellung, daß Entdeckungen späterer Zeit eigentlich von Pythagoras stammten. Bezeichnend
für diese Richtung sind die Aussprüche: Philoponos (in
Arist. Phys. ed. Vitelli S. 92) ἴσμεν δὲ ὅτι Πυθαγόρειος ὁ Πλάτων,
Simplikios (in Arist. Phys. I S. 151, 13 ed. Diels) Πυθαγορείων γὰρ ὁ λόγος (nämlich daß das ἕν und die ἀόριστος δυάς
Prinzipien seien) καὶ πολλαχοῦ φαίνεται τοῖς Πυθαγορείοις ὁ
Πλάτων ἀκολουθῶν. Vor allem sagt Proklos selbst, nachdem
er auseinandergesetzt hat, daß Platon den Pythagoreer Timaios als Quelle benutzt habe (in Tim. S. 1, 5): μόνος ὁ
Πλάτων διασωσάμενος τὸ Πυθαγόρειον ἦθος τῆς περὶ τὴν
φύσιν θεωρίας ἐλεπτούργησε τὴν προκειμένην διδασκαλίαν (sc.

---

[1]) Van Pesch de Procli font. S. 41 sagt: in mathematica dis-
ciplina satis erat versatus, at idem vir nihil incredibile ducebat,
nullis non mythis fidem habebat usw. S. 46 wird als Beweis dafür,
daß er kein großer Mathematiker gewesen sein könne, auf eine charakteristische Stelle des Timaioskommentares verwiesen (Diehl III
S. 63, 18), wo über die Frage, ob die Sonne in der Mitte der Planeten
stehe, gegen Ptolemaios und die Mathematiker der θεουργός (Julianus
der Chaldäer) als Autorität angerufen wird.

τὸν „Τίμαιον"). Von den Einwänden, die gegen die wörtliche Übersetzung von τὴν τῶν κοσμικῶν σχημάτων σύστασιν
erhoben worden sind, hat sich demnach keiner als stichhaltig
erwiesen, um so weniger als sie alle von der Überzeugung ausgingen, Proklos habe dem Pythagoras den Satz vom Hypotenusenquadrat abgesprochen und sich damit als ein besonders
kritischer und selbständig urteilender Historiker gezeigt. Auch
die Frage, ob die überlieferte Lesart τὴν τῶν ἀλόγων πραγματείαν
zu verwerfen sei, haben wir eigentlich schon mitentschieden.
Wir sahen, daß Proklos im Kommentar zum Staat (I S. 27,
1 ff.) dem Pythagoras die Kenntnis der Irrationalität der
Diagonale des Quadrates zuschreibt. Nun ist diese Kenntnis
freilich noch nicht die „Theorie vom Irrationalen", aber
diese Verallgemeinerung trägt ganz denselben Charakter
wie die Bemerkung über die Konstruktion der regulären
Körper[1]). Es ist also nur konsequent, wenn man σύστασιν
wörtlich faßt, auch τῶν ἀλόγων zu lesen, wie es andererseits logisch war, daß Vogt, der ἀναλόγων vorzieht, σύστασιν
umzudeuten sucht. Daß beide Behauptungen der Sache
nach falsch sind, darf uns nicht hindern, sie dem Proklos
zuzuschreiben; da sowohl die allgemeine Richtung der Zeit
als auch die Persönlichkeit des Proklos keine Veranlassung
geben, seine Worte in anderem Sinne zu deuten als im wörtlichen. Es gibt freilich keine sichere Tradition, die in dem
hier bei Proklos gegebenen Umfange die beiden Entdeckungen
Pythagoras zuschreibt. Eine Reihe von Erwägungen führt
aber zu dem Schluß, daß man beide damals allgemein für
pythagoreisch hielt.

Zunächst galt die Elementenlehre in Platons Timaios
für pythagoreisch und die Art wie Platon sie behandelt

---

[1]) Zeuthen (Gesch. der griechischen Math. in Kult. d. Gegenw.
III, 1 S. 37) sagt: „Die zur Untersuchung von $\sqrt{2}$ angestellten Betrachtungen mußten sogleich auf die Irrationalität von $\sqrt{3}$, $\sqrt{5}$ . . .
führen, wenn auch die philosophischen Verfasser immer $\sqrt{2}$ als das
typische Beispiel nennen." Der Gedanke lag also nicht fern, dem
Pythagoras selbst die allgemeine Kenntnis des Irrationalen zuzutrauen.
So urteilt heute noch Zeuthen, Mém. de l'acad. royale de Danemark 1915, S. 341, S. 357. Die Alten verfuhren nicht anders.

setzt die Kenntnis der Konstruktion der Polyeder voraus[1]).
Sodann enthielt das Werk des Ps. Timaios Lokros, das Proklos
(Timaioskommentar I S. 1, 9) und alle seine Zeitgenossen für
echt hielten, eine Hindeutung auf die Einschreibung der
regulären Körper in die Kugel (Ps. Tim. S. 95 d). Schließlich wissen wir, daß die Elementenlehre beider (D. D. S. 334,
17) für das Werk des Pythagoras galt. Von da zu der Erwägung, daß Pythagoras [2]) dann auch diese Polyeder konstruiert
haben müsse, war ein Schritt. So dachte sich auch Junge den
Vorgang, wenn er (N. Symb. S. 255) die Worte des Proklos
einen „geometrischen Auszug" aus Aëtios nennt. Mit dieser
Konstruktion aber, die für Ikosaeder und Dodekaeder auf
der des goldenen Schnittes beruht, hängt die Lehre vom
Irrationalen eng zusammen. Es war kein Wunder, daß beide
dem Pythagoras zugeschrieben wurden.

Es ist also erwiesen, daß Proklos dem Pythagoras diese
beiden Entdeckungen zutraute. Die Frage ist nur, ob er
bei diesem Zusatz eine bestimmte Quelle außer allgemeiner
pythagoreischer Tradition benutzte. Das scheint mir der
Fall zu sein. Einen Hinweis gibt die Überlegung, daß — wie
wir S. 30 sahen — die Sätze über Pythagoras, die unserer
Stelle vorangingen, teils wörtlich, teils in Andeutungen bei
Jamblichos zu finden waren. Sollte etwa auch diese Stelle
auf Jamblichos als Quelle zurückgehen? Die Möglichkeit
kann nicht bestritten werden.

Jamblichos in der Vita Pythagorica 88 erzählt die

---

[1]) Vogt hat das in seiner Abhandlung (B. M. 3. F. IX S. 43)
verkannt, ist aber jetzt anderer Meinung.

[2]) Die Unterscheidung zwischen Pythagoras und den Pythagoreern ist ganz unantik, wenn man Aristoteles und seine unmittelbaren Schüler ausnimmt; Proklos braucht ohne das geringste Bedenken beide Bezeichnungen nebeneinander, als wären sie gleichwertig. Die Alten, denen die Verfolgung einer Entwickelung fremd ist,
scheiden nicht zwischen dem geistigen Eigentume des Schulhauptes
und seiner Schule. Ein eklatantes Beispiel findet sich in dem Kommentar des Olympiodoros zur Meteorologie des Aristoteles (zu 342 b
30), wo Aristoteles' Worte τῶν Ἰταλικῶν τινες καὶ καλουμένων Πυθαγορείων von Olympiodor wiedergegeben werden: Πυθαγόρας.

Geschichte von Hippasos, der, weil er die Kenntnis des
Dodekaeders ausgeplaudert habe, zur Strafe dafür, daß er
den Ruhm der Erfindung davontrug, der doch dem Pythagoras gehörte, durch Schiffbruch ums Leben gekommen sei.
Hier folgt Jamblichos dem Nikomachos' (vgl. E. Rohde,
Kl. Schr. S. 139). An einer anderen Stelle, § 246,
wo Jamblichos „der Stoff zu den σποράδην διηγήσεις
ausgeht" (Rohde S. 168), „begnügt er sich damit, schon Ge-
sagtes zu wiederholen". Er erzählt dieselbe Geschichte noch
einmal, voran aber eine andere Version, nach der ein Pythagoreer, der zuerst die Lehre vom Rationalen und Irrationalen
(συμμετρίας καὶ ἀσυμμετρίας φύσιν) der Öffentlichkeit mitgeteilt habe, bei seinen Genossen so gehaßt und verachtet
wurde, daß sie ihm wie einem Toten ein Grabdenkmal
setzten, und er soll „wie einige sagen" ebenfalls auf dem Meere
umgekommen sein (247). Hier finden wir also jene beiden
pythagoreischen Entdeckungen vereint und auch den Hinweis auf die mathematische Konstruktion: es wird gesagt,
der Sünder habe die Einschreibung des Dodekaeders in die
Kugel dem Publikum bekanntgemacht.

Es ist also sehr wahrscheinlich, daß dieser Zusatz, den
man für ein Urteil des Eudem über Pythagoras hielt, in
Wahrheit von dem ganz unzuverlässigen und unwahren
Jamblichos stammt. Indes, wenn auch Proklos sein Urteil
vielleicht nicht von Jamblichos hatte, so muß man annehmen,
daß er dessen Meinung geteilt habe und beide Entdeckungen
für pythagoreisch hielt. Es liegt aber eine ziemliche Sicherheit vor, daß Proklos hier dem Jamblichos folgt. Dieselbe
Geschichte vom Entdecker des Irrationalen wird nämlich
in den Scholien zu Euklid (Scholion X 1 Heiberg V S. 417,
15; es ist eines der Scholia Vaticana) erzählt. Sie ist dort
nicht mit denselben Worten wiedergegeben, aber in demselben
feierlichen Orakelton. Wenn es nun gelänge, zu zeigen, daß
Proklos einen Kommentar auch zu den übrigen Büchern
des Euklid geschrieben hat, wie er es nach der Abfassung
des ersten beabsichtigte, dann hätten wir einen sicheren
Beweis dafür, daß unsere Auffassung der Stelle des Geometer-

verzeichnisses richtig ist und daß Jamblichos[1]) die Quelle des
Proklos war. Der Gedanke daran liegt nicht ganz fern, seit
Heiberg (Paralipomena zu Euklid, Hermes 38 (1903) S.
341; 346) in einer Madrider Handschrift, dem von ihm S benannten Codex Scorialensis (XI. Jhrh.), zu dem Scholion, das
am Rande von Eukl. X 9 steht (Heiberg V S. 450, 16), die
Bemerkung gefunden hat: σχόλιον τοῦ Πρόκλου πρὸς τὸ τέλος.
Proklos hatte die Absicht (S. 432, 10), sein Werk fortzuführen.
Ich will in einem Anhange[2]) zeigen, daß es wahrscheinlich
ist, er habe diesen Plan ausgeführt. Ist dies der Fall, so
haben wir den Beweis in Händen, daß Proklos für die Angabe
über die Entdeckung des Irrationalen und die Konstruktion
der regulären Körper durch Pythagoras dem Jamblichos
oder dessen Quelle, jedenfalls einer unsicheren pythagoreischen Überlieferung folgte. Aber sollte sich selbst diese
Wahrscheinlichkeit nicht zur Gewißheit erheben lassen, so
bleiben Gründe genug, die für die Annahme sprechen,
die Aussage des Geometerverzeichnisses sei wörtlich zu
fassen und an der handschriftlichen Tradition sei nichts zu
ändern.

Es ist wahr, wir werden dann das Lob, das Junge und
Vogt dem „einsichtigen" Berichterstatter Proklos gespendet
haben, etwas einschränken und uns dem Urteil Tannerys
anschließen, der nicht glaubte, daß Proklos in seinem Euklidkommentar mehr Kritik und mehr Klarheit des Geistes
entwickelt habe als in seinen sonstigen schriftstellerischen
Leistungen.

---

[1]) Um die Ähnlichkeit mit dem Tone des Jamblichos zu zeigen,
gebe ich die Übersetzung des Scholions: „Es gibt eine Erzählung
der Pythagoreer, daß der erste, der jene Theorie (vom Irrationalen)
der Öffentlichkeit preisgab, dem Schiffbruch anheimgefallen sei,
und vielleicht wollten sie damit andeuten, daß alles Irrationale im
All auch als ein ‚Unaussprechbares und Gestaltloses' im verborgenen
bleiben solle und daß, wenn einer mit seiner Seele auf eine solche
Form des Lebens trifft und sie zugänglich macht und in die Öffentlichkeit bringt, er in den Ozean des Werdens hineingezogen und
von diesen nie stillestehenden Strömungen umspült wird."

[2]) S. S. 71ff.

Die Interpretation des Geometerverzeichnisses im ganzen, für die Vogt und Junge eine neue Grundlage gelegt haben, ergibt: 1. Das Geometerverzeichnis ist entweder ein Werk des Proklos oder enthält wesentliche Zusätze von Proklos. 2. Die uns beschäftigende Stelle kann nicht von Eudem sein. 3. Das in ihr enthaltene Urteil — mag es auch falsch sein — entspricht der Haltung, die wir sonst an Proklos in diesen Fragen kennen; man muß also die Lesart ἀλόγων halten und σύστασιν mit 'Konstruktion' übersetzen. 4. Die Aussage, die von einem in anderen Punkten als unkritisch bekannten, außerdem sehr späten Zeugen stammt, hat nicht entfernt den Wert, den die Mathematikhistoriker ihr zuschreiben, sie ist sogar im höchsten Grade verdächtig, da sie auf Jamblichos zurückgehen kann. 5. Sie enthält in der Benennung der fünf regulären Polyeder, die als „kosmische Körper" bezeichnet werden, eine Notiz, die unmöglich von Eudem stammen kann, und die inhaltlich falsch ist. Und damit sind wir bei dem zweiten Punkte unserer Betrachtung angelangt.

Schon Junge hat bemerkt, daß, wenn Pythagoras die fünf regulären Polyeder konstruiert hat, sie jedenfalls für ihn nicht „kosmische" Körper sein konnten, denn die Lehre von den Elementen, die aus den fünf Körpern gebildet sind, ist erst nach Empedokles möglich (Zeller, Phil. d. Gr. I⁵ 1, S. 408). Unsere Notiz enthält aber noch einen anderen Fehler: sie schreibt dem Pythagoras eine Lehre zu, die uns in der Folge eingehender beschäftigen wird, nämlich die Lehre von fünf Elementen, da alle fünf Körper als Formen der Elemente gedacht sind, der fünfte als Form des Äthers (s. auch Proklos in Tim. I S. 5, 15). Daß Proklos fünf Elemente meinte, geht aus Seite 423, 13 in Eucl. hervor, wo unter den „kosmischen Körpern" die vier unterschieden werden ὧν καὶ γένεσίς ἐστι καὶ ἀνάλυσις: Ikosaeder, Oktaeder, Pyramide, Würfel; der Äther nimmt an der Umwandlung nicht teil.

Wir müssen also für die folgende Betrachtung festhalten, daß Proklos dem Pythagoras nicht nur die Konstruktion der regulären Körper, sondern auch eine Lehre zuschreibt, die wir der Kürze halber die „Fünfelementenlehre" nennen wollen. Es wird sich zeigen, daß diese Angaben mit anderen seiner Zeitgenossen zusammenfallen, aus denen wir uns ein Urteil über den Wert dieses Zeugnisses bilden können.

Das Philolaosfragment und Platon
Timaios 53 c ff.

Die Betrachtung der Bemerkung des Geometerverzeichnisses über Pythagoras hat zu dem Resultat geführt, daß die Rolle, die sie bis jetzt in der Geschichte der Mathematik spielte, nicht berechtigt ist. Daß sie nicht auf Eudem zurückführt, hat Vogt bewiesen, Daß sie freilich — anders als Vogt meinte — dem Pythagoras die beiden Entdeckungen des Irrationalen und der regulären Körper zuschreibt, sahen wir. Zugleich wurde auch klar, daß der Wert des Zeugnisses, weil es sich um eine späte, ganz unzuverlässige Angabe handelt, die wahrscheinlich auf Jamblichos oder sonstige spät-pythagoreische Tradition zurückgeht, äußerst gering ist. Für die Interpretation des Philolaosfragmentes kann es nicht zugrunde gelegt werden. Dagegen hat es einen anderen Vorzug, den Vogt und Junge nicht ausgenutzt haben. Es belehrt uns in größter Kürze über die Auffassung, die man im Altertum von der Elementenlehre des Pythagoras hat: indem es die regulären Körper κοσμικὰ σχήματα nennt, weist es auf eine Erklärung der pythagoreischen also auch der philolaischen Lehre, die Vogt und Junge, die sich allein an den Text selbst hielten, entgangen ist. Es belehrt uns darüber, daß man wie dem Pythagoras so natürlich auch dem Philolaos eine Fünfelementenlehre zuschrieb, wie man sie ihm noch zuschreibt (vgl. Zeller, Phil. d. Gr. I 1⁵ S. 407 bis 408; II 1⁴ S. 800), von der wir aus anderen Zeugnissen hören, daß sie den Äther als fünftes Element verwandte.

Vogt und Junge haben beide gesehen, daß die Lehre von den regulären Körpern als Formen der Elemente eigentlich nur vier Polyeder benutzen konnte. Junge sagt darüber (Symb. Joach. S. 253): „Ich halte daher die Vermutung von Zeller und Cantor für sehr wahrscheinlich, daß die Pythagoreer die Lehre des Empedokles von den vier Elementen zu einer Zeit übernommen haben, als das Dodekaeder noch nicht bekannt war. Sie brachten zuerst die vier Elemente mit den vier schon bekannten regulären Körpern in Verbindung. Als nachher das Dodekaeder gefunden und vielleicht sehr bald darauf auch bewiesen wurde, daß es außer diesen fünf regulären Körpern keine anderen gibt, — da schien es den Pythagoreern nötig, das Dodekaeder in das System einzufügen: Und bist du nicht willig, so brauch' ich Gewalt!" Daran, daß mit dem fünften Körper ein neues Element eingeführt wurde, hat er, wie es scheint, so wenig gedacht wie Vogt, der (S. 43) bemerkt, daß man noch bei Platon sehen könne, daß das Dodekaeder später hinzugekommen sei, denn es werde bei ihm nur gerade erwähnt. Wenn wir also das Philolaosfragment interpretieren wollen, so müssen wir fragen, ob die regulären Körper dort herstammen, ob Philolaos fünf Elemente kennt, ob die pythagoreische Fünfelementenlehre sein Werk ist. Wir wiederholen damit die Zellersche Frage (I 1⁵ S. 407), „ob diese philolaische Ableitung der Elemente schon den Früheren oder erst Philolaos angehört, und ob, im Zusammenhang damit, die vier Elemente von den Pythagoreern, unter Beseitigung des fünften, zu Empedokles, oder umgekehrt von Empedokles, unter Beifügung desselben, zu den Pythagoreern gekommen sind". Um die letzte Frage zu entscheiden, wird es gut sein, bevor wir an den Philolaos selbst herangehen, die Nachrichten zu beachten, die wir von sonstigen Elementenlehren der Pythagoreer haben. Die wenigen Zeugnisse unter C zeigen uns unter den unmittelbaren Vorgängern des Philolaos drei, die die sogenannte „pythagoreische Elementenlehre" nicht haben; gegen diese bestimmten Nachrichten kommt ein Zeugnis des Vitruv (VIII praef. 1) nicht in Betracht. Denn Aristoteles berichtet, daß Empedokles als erster die vier Elemente einführte (Met. 984 a 7, a 8), daß dagegen Hippasos von Metapont das Feuer als Grundelement annahm, während Oinopides von Chios Feuer und Luft, Hippon von Rhegion Feuer und Wasser als Elemente annahmen (vgl. D. V. 26 A 3; D. V. 29, 5). Noch

überraschender aber wirkt es, wenn uns in Ekphantos[1]) gar
ein Pythagoreer begegnet (vgl. D. V. 38, 1 u. 2), der der Atom-
lehre des Demokrit huldigt. Durch diese Tatsache ist bewiesen,
daß es eine allgemeine pythagoreische Elementenlehre nicht gab: die Mitglieder der italischen Schule schlossen
sich auf diesem Gebiete an die jeweils herrschende wissenschaftliche Richtung an. Pythagoras selbst ist damit für
diese Elementenlehre ausgeschaltet. Dasselbe ergibt sich
durch die Erwägung, daß nach dem oben zitierten Urteil
des Aristoteles (Met. 984a 8) Empedokles als erster die vier
Elemente einführte, indem er zu den drei schon vorhandenen
als viertes die Erde hinzufügte (πρὸς τοῖς εἰρημένοις γῆν
προστιθεὶς τέταρτον). Es handelt sich also nicht um die
Beseitigung eines schon vorhandenen fünften Elementes.

Damit ist schon ein wichtiges Resultat erzielt. Die
allgemein als pythagoreisch geltende Fünfelementenlehre ist
nach Empedokles entstanden, und sie war kein Allgemein-
gut der Schule. Es ist mehr als wahrscheinlich, daß sie nicht
vor Philolaos entstand, von dem Diels (Hermes 28 (1893) S. 419)
nachgewiesen hat, daß er von dem sizilischen Philosophen
beeinflußt war. Denn vor Philolaos ist eine Fünfelementenlehre, d. h. eine Lehre, die den Äther als besonderes Element
hervorhebt, nicht bekannt. Empedokles selbst setzt für
αἰϑὴρ ἀήρ und umgekehrt; von Anaxagoras sagt Aristoteles
(de caelo 302 b, 5) τὸ γὰρ πῦρ καὶ τὸν αἰϑέρα προσαγορεύει
τὸ αὐτό. Auch sonst sieht man — mit Hilfe des Kranzschen
Index —, daß es eine Äthertheorie vor Philolaos nicht gibt.

In den poetischen Fragmenten des Pherekydes von
Syros (D. V. 71) hat man die Äthertheorie finden wollen.
Dies ist aber Interpretation der mythischen Dichtung, die
von dem Titel πεντέμυχος ausging und die Überzeugung,
daß die Fünfelementenlehre von Pythagoras stamme, mit-
brachte, was doch nach dem Urteil des Aristoteles über
Empedokles unmöglich ist. Wenn also diese Theorie alt-

---

[1]) Wofern er nicht eine Figur aus dem Dialoge „Abaris" des
Herakleides Pontikos ist, wie das Tannery (Rev. d. ét. gr. XII, 305)
gemeint hat.

pythagoreisch sein soll, so muß sie sich bei Philolaos finden.
Die überlieferten Worte lauten in den Handschriften: *Τὰ
ἐν τᾷ σφαίρᾳ σώματα πέντε ἐντί· τὰ ἐν τᾷ σφαίρᾳ πῦρ ⟨καὶ⟩
ὕδωρ καὶ γᾶ καὶ ἀήρ. καί, ὃ τᾶς σφαίρας ὁλκάς, πέμπτον.*
In diesen Worten hat man bis jetzt allgemein die Fünf-
elemententheorie[1]) gefunden bis auf Diels (Vorsokratiker
32 B 12) und Vogt (Geometrie des Pythagoras S. 44). Diels
übersetzt:

"Und zwar gibt es fünf Elemente der Weltkugel: die
in der Kugel befindlichen Feuer, Wasser, Erde und
Luft, und was der Kugel Lastschiff ist, das fünfte."

Diels hat dabei die überlieferten Worte *τὰ ἐν τᾷ σφαίρᾳ σώματα*
geändert in *τὰ μὲν τᾶς σφαίρας σώματα*, und Vogt hat in
überzeugender Weise nachgewiesen, daß nach der unbedingt
richtigen Lesart von Diels dann in dem Philolaosfragment
von den regulären Körpern nicht die Rede sein könne. Solange man im Anfang die überlieferten Worte las, mochte
man an die fünf regulären Polyeder, die der Kugel eingeschrieben sind, denken. Es ergab sich aber, daß diese Lesart sich
mit dem folgenden *τὰ ἐν τᾷ σφαίρᾳ* nicht vertrug und
daß vor allem *σῶμα* in demselben Satz nicht einmal
die mathematischen Figuren, ein anderes Mal die Elemente,
σφαῖρα nicht erst die mathematische Kugel und dann die
Weltkugel sein konnte. "Jede Beziehung auf die fünf
regelmäßigen Körper ist durch Diels' Interpretation aus dem Philolaosfragment ausgeschieden,
und dadurch gewinnt die kleine Dielssche Konjektur eine
große geometrische Bedeutung, denn nun ist das älteste
Zeugnis über die fünf regulären Körper und Verknüpfung
mit den Elementen erst Platons Timaios" (S. 45).
   Für Philolaos aber bleibt, wenn man sich nur an die
Worte hält, ohne spätere Tradition zu berücksichtigen, nichts
anderes übrig, als die damals allgemein geltende Lehre von
den vier Elementen des Empedokles. Dem scheint nur die

---

[1]) Noch Junge (S. 253) fand in dem Philolaosfragment die
regulären Körper erwähnt.

immer noch verbreitete Auffassung von τᾶς σφαίρας ὁλκάς
entgegenzustehen; aber auch hier hat Diels in einer Anmerkung seiner neuesten Auflage der Vorsokratiker (I³
S. 314 Z. 14 Anm.) den Weg gewiesen. Er sagt: ὁλκάς
gelte nur von der Struktur, nicht von der Bewegung; solange man dabei an die Bewegung dachte und für ὁλκάς
das Dodekaeder als Form einsetzte, las man aus dem Philolaosfragment heraus, daß um die Weltkugel sich eine Hülle
aus Ätherstoff herumlegte, die der Träger der Kreisbewegung
sei. Denn das ist die Lehre, die alle Späteren dem Philolaos
zuschreiben (s. o. A 11); in Wahrheit ist davon bei ihm nicht
die Rede. ῾Ολκάς ist nichts weiter als die Kugeloberfläche,
die abschließende Form, die dem naiven mathematischen
Denken der damaligen Zeit als ein σῶμα erscheint. Sie ist
gewissermaßen ein unsichtbares Etwas, das von außen drückt
und den Gegenstand zwingt, seine Gestalt zu behalten. Die
Vorstellung kommt vielleicht von der Form, die die Metall-
gießer benutzen.

Auf dasselbe Resultat führt die Ansicht von Vogt und
Junge, die beide einen Ätherstoff bei Philolaos nicht gefunden
zu haben scheinen. Neuerdings hat Wünsch in einer Rezension der Arbeit eines Neupythagoreers, Robert Eislers „Weltenmantel und Himmelszelt" (Arch. f. Religionswissenschaft
XIV S. 541) den Ausdruck τᾶς σφαίρας ὁλκάς zu erklären
versucht. Er sagt: „Hier zeigen meines Erachtens ἐν τᾷ
σφαίρᾳ und τᾶς σφαίρας ὁλκάς, daß es sich um einen Gegensatz handelt; der Gegensatz zum Inhalt ist der Behälter.
Ich würde also nur schließen, daß Philolaos die σφαῖρα
aus den vier Elementen bestehen ließ und einem
runden Behälter, den er mit dem Bauche eines Lastschiffes
verglich: die Elemente liegen im Inneren der σφαῖρα wie
die Waren im Inneren des Schiffes." Also auch er hat nicht
an einen gesonderten Stoff gedacht, aus dem die Kugel
bestehen soll. Schwierigkeiten macht nur, daß das Lastschiff der Kugel als ein fünfter Körper bezeichnet wird.
Die Form erscheint als das, was die einzelnen Teile trägt und
hält. Diese seltsame Verselbständigung des Ganzen neben

seinen Teilen findet sich, um ein zufällig sich darbietendes
Beispiel zu nennen, in Diogenes Laertius' Darstellung der
platonischen Lehre (III 70). „Aus diesen (nämlich den vier
Elementen) besteht der Kosmos und was in ihm ist." Der
Kosmos ist gar nichts anderes als τὰ ἐν αὐτῷ; das entspricht
ganz der Gegenüberstellung der Kugel und der Elemente.
Mir fällt eine moderne Darstellung ein: Gomperz (Gr. Denker
I² S. 193) bedient sich bei der Schilderung des empedokleischen
Weltbildes der Worte: „Eine ungeheuere Kugel umschloß
die bis zur Unkenntlichkeit durcheinander gewirrten und
verschmolzenen Elemente". Daß bei Philolaos die Kugel
nicht aus einem besonderen Stoff besteht, zeigt auch sein
unbestimmter Ausdruck: „was das Lastschiff der Kugel ist".

Ist diese Deutung richtig, so gilt auch für diesen Teil
von Philolaos' System, was Diels in seinem Aufsatz über die
Ἰατρικά des Menon (Hermes 28 (1893) S. 418) anläßlich der
von Empedokles entlehnten Erklärung des Sonnenlichtes sagt:
„Man wird in Erwägung ziehen müssen, ob man nicht auch
sonst als altpythagoreische Tradition angesehen hat, was
aus der Philosophie der Zeitgenossen eklektisch herüber-
genommen ist." Philolaos verfuhr in dieser Beziehung nicht
anders als seine pythagoreischen Vorgänger Hippasos, Oinopides, Hippon und sein Nachfolger Ekphantos.

Von der später als pythagoreisch geltenden Elementenlehre findet sich also bei Philolaos keine Spur. Es bleibt
übrig zu untersuchen, wieviel von ihr in Platons Timaios
enthalten ist, da ja Platon im Timaios einem pythagoreischen
Vorbilde gefolgt sein soll. Die Frage ist, ob zwischen Philolaos und Platon noch eine solche pythagoreische Lehre entstanden sein kann; Zeugnisse über sie gibt es nicht.

Nun ist es allgemein bekannt, daß im Timaios eine
Fünfelementheorie nicht vorkommt: Feuer, Luft, Wasser,
Erde treten als Elemente auf, und ihre Atome haben die Form
des Tetraeders, Oktaeders, Ikosaeders und des Würfels. Das
Dodekaeder, das nach der Ansicht des Proklos und der
Modernen die Form des Ätheratoms sein soll, wird, wie Vogt
richtig bemerkt, „nur erwähnt" mit den Worten: ἔτι δὲ

οὔσης συστάσεως μιᾶς πέμπτης, ἐπὶ τὸ πᾶν ὁ θεὸς αὐτῇ κατεχρήσατο ἐκεῖνο διαζωγραφῶν. Diese Worte haben im Altertum eine ganze Literatur hervorgerufen[1]), und sie sind in der Tat schwer zu erklären. Wenn das Dode-kaeder die Grundform des Weltalls sein soll, so bildete das einen Widerspruch zu den sonstigen Angaben des Timaios, nach denen der Kosmos die Kugelform besitzt (33b). Andererseits kann es die Atomform des Äthers darum nicht sein, weil das der hier gegebenen Darstellung wider-spricht und Platon ein besonderes Ätherelement nicht unter-scheidet. Kurz darauf nämlich (58d) bezeichnet er den Äther nur als den reinsten Teil der Luft[2]). Ich übersetze die Worte: „Da noch eine körperliche Figur, die fünfte, übrig war, so verwandte sie Gott für das All, indem er dessen Grundriß entwarf." διαζωγραφεῖν ist schwer zu erklären, ζωγραφεῖν heißt es nicht, weil es sich um Malen mit Farben handelte, sondern weil der Kosmos ein ζῷον ist, διαγράφειν aber ist „Linien durchziehen". Wie das gemeint ist, zeigt Platons Staat 500e, wo die Philosophen sagen: „Der Staat wird auf keine andere Weise jemals die Glückseligkeit er-reichen, als wenn die Grundlinien zu seinem Entwurf Maler zeichnen, die das göttliche Modell benutzen." Nachher wird dieselbe Tätigkeit ὑπογραφή genannt. Dies Bild kann vom Schreibunterricht kommen, wo der Schreiblehrer dem Kinde die Buchstaben auf die Tafel schreibt und das Kind dieselben Formen überzeichnet. Man mag auch an die Vasenmalerei denken.

In unserem Falle ist die Form des Weltalls die Kugel. Gott konstruiert (zeichnet) das Dodekaeder und beschreibt nachher die Kugel darum. Ob Platon damit den Tierkreis[3]) gemeint hat, wie Plutarch und andere antike Ausleger glauben, ist nicht zu entscheiden. Er hat in Wahrheit den

---

[1]) Vgl. Plutarch Quaest. Plat. V.

[2]) Wir werden sehen, daß die Unklarheiten dieser Stelle eine wichtige Rolle in der Überlieferungsgeschichte von der „pytha-goreischen" Elementenlehre spielen.

[3]) Ob Platon mit dem Dodekaeder an den Tierkreis dachte, ist, wie gesagt, unsicher. Plutarch lag die Vorstellung nahe; es muß

fünften Körper nur erwähnt, weil er ihn als fünften nicht weglassen mochte[1]). Man hat darin eine Abhängigkeit Platons von einer vor ihm existierenden Fünfelementenlehre sehen wollen. Zeller z. B. meinte, der fünfte Körper sei von Platon in einer Weise beiseite geschoben worden, die deutlich zeige, daß er ihm von anderswo gegeben war. Das ist aber durchaus unsicher, denn in der Tatsache selbst, daß es nur fünf reguläre Polyeder gibt, lag eine Art von Zwang, den fünften zu erwähnen[2]). Wichtig ist weiter, daß bei Platon zuerst in der Literatur die fünf regulären Körper auftreten, und zwar deutlich so, daß ihre mathematische Konstruktion als bekannt vorausgesetzt wird. Platon kennt den Schlußsatz des Euklid[3]) (Heib. IV S. 336, 15 ff.), der den Beweis enthält, daß es nur fünf reguläre Körper geben könne (Tim. 55a). Er weiß, daß die regulären Körper in eine Kugel eingeschrieben werden können, deren Oberfläche ihre Ecken εἰς ἴσα μέρη καὶ ὅμοια teilen. Es ist richtig, daß er die Bestimmung der Ecken von Oktaeder und Ikosaeder durch die Raumdiagonalen nicht angibt (Vogt S. 43); aber wenn auch bei Platon ὁ ϑεὸς ἀεὶ γεωμετρεῖ, so konstruiert er doch nicht mit Zirkel und Lineal; „der Timaios ist eben kein geometrisches Lehrbuch", urteilt darüber Heinrich

---

nämlich Dodekaederwürfel mit Abbildungen des Tierkreises gegeben haben. Erhalten ist von dieser Art keiner, wohl aber ein Ikosaeder aus Bergkristall — abgebildet bei Boll, Sphaera, Leipzig 1903, S. 470. Es ist klar, daß ursprünglich nicht ein Ikosaeder, sondern das dafür viel geeignetere Dodekaeder zu der Darstellung mit dem Tierkreis gedient hat (so auch Eisler, Weltenmantel und Himmelszelt, München 1910, S. 701 Anm. 5). Leider sagt Boll nichts über das Alter des Würfels. Ob man für solche Darstellungen bis in Platons Zeit hineinkäme, ist sehr unsicher.

[1]) Er sagt mit Absicht ἔτι δὲ οὔσης συστάσεως πέμπτης und verwendet nicht das Participium conjunctum, weil er ausdrücken will: „Da es noch eine körperliche Figur, die fünfte, gab, so verwandte sie Gott für das All." Er sagt also eigentlich selbst, daß er das Dodekaeder nur, weil es als fünfter Körper noch übrig war, erwähnt.

[2]) Vgl. unten Kap. III 2.

[3]) S. ebenfalls unten Kap. III 2.

Vogt[1]). Wichtig ist weiter, daß wir bei Platon noch nicht vollständig die Theorie finden, die die Späteren als pythagoreisch kennen, denn er hat ja nur vier Elemente. Um den Ursprung dieser Lehre festzustellen, müssen wir uns nun zu den indirekten (berichtenden) Zeugnissen der Späteren wenden und sehen, ob sie sich auf eine glaubwürdige pythagoreische Tradition stützen können.

Die übrigen Zeugnisse über die Fünfkörperlehre.

Bei der Verfolgung der Überlieferungsgeschichte über die pythagoreische Elementenlehre sollen zwei Entwicklungsreihen nebeneinander dargestellt werden: die Nachrichten über die pythagoreische Elementenlehre und die Berichte der Späteren über Platons Elementenlehre. Diese Nebeneinanderstellung hat den Zweck zu zeigen, daß die Tradition über diese Lehre in Wahrheit eine ist. In beiden Reihen zeigt sich ein auffälliges Schwanken der Tradition über die vier und fünf Elemente. Bald werden Platon fünf, bald vier Elemente zugeschrieben, und dasselbe gilt für die Pythagoreer. Die Grundzüge der beiden Lehren sind völlig dieselben, und dies wird in der doxographischen Überlieferung durch Bemerkungen wie Πλάτων καὶ ἐν τούτοις πυθαγορίζει oder Πλάτων καὶ οἱ Πυθαγόρειοι auch ausdrücklich betont.

Da es nun nicht zweckmäßig ist, alle Zeugnisse einzeln zu interpretieren, so will ich zunächst, um das Schwanken der Überlieferung zu veranschaulichen, in zwei Tabellen die Berichte über Platons und Pythagoras' Elemententheorie nebeneinanderstellen.

Vorher aber wollen wir uns noch einmal an der Hand der

---

[1]) Prof. Vogt hatte in seinem Pythagorasaufsatz die Meinung vertreten, Platon habe die „geometrische Konstruktion der regelmäßigen Polyeder im Sinne von Eukl. XIII. Buch" noch nicht gekannt. Er hat diese Meinung jetzt, wie er mir freundlich in einem Briefe mitteilte, aus dem die oben zitierten Worte stammen, aufgegeben.

spätesten nachproklischen Zeugnisse klar machen, wie diese pythagoreische Elementenlehre aussieht. Dazu ist das zeitlich letzte Zeugnis (A 19) des Hermias besonders geeignet. Dem Pythagoras (nicht den Pythagoreern) wird folgende Lehre zugeschrieben: „Das Prinzip aller Dinge ist die Einheit. Aus ihren Formen und Zahlen entstehen die Elemente. Von jedem dieser wird die Zahl und die Form und das Maß auf folgende Weise dargestellt: das Feuer wird von 24 rechtwinkligen Dreiecken gebildet; und zwar von vier gleichseitigen Dreiecken begrenzt, jedes gleichseitige Dreieck besteht aus sechs rechtwinkligen Dreiecken, woher sie denn auch das Feuer der Pyramide vergleichen." Dieselbe Schilderung folgt dann für die Luft (d. h. das Oktaeder), dann aber folgt der Äther, der aus zwölf kongruenten Fünfecken gebildet wird und dem Dodekaeder ähnlich ist. Am Schlusse steht die Erde, die Würfelform hat. Die ganze Lehre entspricht durchaus der in Platons Timaios (54—55), nur daß Platon sich nicht die Mühe gemacht hat, die Teildreiecke, die bei ihm auch vorkommen, 6×4, 6×8 usw., auszurechnen. Sie weicht aber von Platon darin ab, daß der Äther eingeführt ist und seinen Atomen die Form des Dodekaeders gegeben ist. Daß die Schilderung von Platons Timaios abhängig ist, sieht man an der Reihenfolge der Elemente; Feuer und Erde stehen das eine am Anfang, das andere am Ende der Reihe, was bei Platon durch die geometrische Proportion, deren äußerste Glieder Feuer und Erde bilden, motiviert ist (Tim. 31c bis 32). Und diese Proportion gilt selbst bei Boeckh (Philolaos S. 162) als persönliches Eigentum Platons. Ebenso wird auch die Ableitung aus den Teildreiecken selbst von Zeller dem Platon zugeschrieben (Phil. d. Gr. II 1, S. 801). Bis auf den Äther also stimmen beide Lehren überein. In anderen Darstellungen dieser Lehre hingegen ist die Reihenfolge der Elemente eine andere. Dort steht (z. B. bei Simplikios vgl. A 17) der Äther hinter dem Feuer, sei es am Anfang oder am Ende der Reihe. Dies ist die aristotelische Anordnung. Ganz in der Art des Aristoteles hat man sich diesen Äther auch als wandellos, ewig und in un-

aufhörlicher Kreisbewegung zu denken (A 7 bei Okkelos).
Diese Elementenlehre ist es, die wir uns neben der des Philolaos und Platon vor Augen halten müssen, wenn wir die Entwicklung, die auf der nachstehenden Tabelle (S. 52) dargestellt ist, uns klar machen wollen.

Die Tabelle A gibt die Berichte über die pythagoreische
Elementenlehre, wobei die Zeugnisse des Nikomachos, Ps.
Timaios und Okkelos für ihre eigene Lehre mitverwendet
wurden. Bei den Aussagen über die Zahl der Elemente
wurden auch die berücksichtigt, in denen ohne Nennung
der anderen Elemente der Äther (πέμπτη οὐσία, κυκλοφορη
τικόν) erwähnt ist.

Die Tabelle B gibt die Berichte über Platons Elementenlehre; hier brauchte nur die Zahl der Elemente und die Reihenfolge beachtet zu werden. Nur bei dem letzten Zeugnis,
bei Platon selbst, ist hervorgehoben, daß die geometrische
Konstruktion vorausgesetzt ist. Die Verbindung der regulären Körper mit den Elementen versteht sich natürlich bei
allen Platoninterpreten von selbst.

Der Versuch, über Aëtios hinaus zu den Zeugnissen des
Poseidonios (A 6) und Theophrast (A 4) zu gelangen, bedarf
einer Rechtfertigung. Den Anstoß dazu gab eine Bemerkung
von Diels, daß er des Achilles Arat-Kommentar jetzt als ein
selbständiges Zeugnis für das Exzerpt des Poseidonios aus
Theophrasts Placita betrachte und daß Achilles (D. D. S. 334,
Anm. 6) richtiger als Aëtios Πυθαγόρειοι für Πυθαγόρας
habe. Dies führte zu einem Vergleich der Aussagen des
Aëtios und des Achilles, der überraschenderweise neben nur
formalen auch inhaltliche Differenzen zeigte. Bei Aëtios'
Aussage ist kein Zweifel daran, daß er dem Pythagoras die
soeben charakterisierte Fünfkörperlehre zuschreibt (vgl. A 11).
Wenn er sagt ἐκ δὲ τοῦ δωδεκαέδρου τὴν τοῦ παντὸς σφαῖραν,
so ist klar, daß eine Kugel nicht aus dem Dodekaeder bestehen
kann; ἡ τοῦ παντὸς σφαῖρα ist, wie das durch ein Mißverständnis des Platonischen Textes öfter geschieht = περιέχον
(οὐρανός), und ἐκ τοῦ δωδεκαέδρου heißt: die Kugel des Himmels
bestehe aus Ätheratomen, die die Form des Dodekaeders

4*

Tabelle für die Tradition über die „pythagoreische" Elementenlehre.

	A Die Pythagoreer	Zahl	Reg. K.	Math.	Reihenf.	B Platon	Zahl	Reihenf.
19	x Hermias . . .	5	+		F L W Ä E			
18	x Olympiodor . .	5				Olympiodor . . .	4	
17	Simplikios . .	5	+			Simplikios . . .	5	wie B 3
16	x Proklos . . .	5	+	+		Philoponos . . .	4	
15	x Epiphanios . .	5				Proklos	5	
14	x Jamblichos . . .	5	+	+		Jamblichos (=Theol.)	5	E W L F Ä
13	Porphyrios . .	5				Porphyrios . . .	4	
12	Irenäus . . .	4				Plotinos	4	
11	x Aëtios (Plac.) .	5	+		E F L W Ä	Hippolytos . . .	4	
10	Nikomachos . .	5?	+?			Anatolios	4	
9	Ps. Timaios . .	4	+	+	wie Pl.	Diogenes Laertios .	4	
8	x Vitruv	4	+?			Albinos	4	
7	Okkelos . . .	5			Ä F W E L	Attikos	4	
6	Poseidonios . .	4	+		wie Pl.	Tauros	4	
5	Alexander Poly-					Apuleius	4	
	hist.	4	+		F W E L	Plutarch	5?	
4	Theophrast . .	4	+		wie Pl.	Aëtios	5	{FÄLWE / ÄFLWE}
3	Aristoteles . .	—	—			Xenokrates . . .	5	Ä F W E L
2	Speusippos . .	5	+	+?		Philippos v. Opus .	5	{FÄLWE / FWLEÄ}
1	Philolaos . . .	4	—		F W E L	Platon (Tim.) . .	4	F L W E (Math.)

Erklärung der Abkürzungen.

1. x = Zeugnis für Pythagoras selbst.
2. Zahl = vier oder fünf Elemente.
3. reg. K. = Erwähnung der regulären Körper.
4. Math. = Erwähnung der mathematischen Konstruktion.
5. Reihenf. = Reihenfolge, in der die Elemente aufgezählt sind.
6. F. = Feuer; W = Wasser; Ä = Äther; L = Luft; E = Erde.
7. Wie Pl. = Platon.
8. + = erwähnt; — = Nichterwähnung beachten.

haben. Daß Aëtios das meint, sieht man auch aus dem von mir A 11c hinzugefügten Aussprüchen seiner Sammlung[1]). Anders aber Achilles, wenn er sagt τὴν δὲ τῶν ὅλων σύστασιν δωδεκάεδρον (sc. σχῆμα ἔχειν) „die Zusammensetzung (Gestalt) des Kosmos hat die Form des Dodekaeders". Hier ist nicht von den Atomen die Rede, sondern das All als solches hat die Form des fünften der regulären Polyeder. Dies ist also nicht die Fünfkörperlehre, sondern sie entspricht dem, was in Platons Timaios vorgetragen wird. Daß mit diesen Worten Poseidonios treuer wiedergegeben wird als durch Aëtios, sieht man nicht bloß an dem Inhalt, sondern auch an der Form des letzten Satzes, denn die Worte τὴν τῶν ὅλων σύστασιν sind deutlich stoische Terminologie; Achilles bedient sich ihrer in der Titelüberschrift seiner Sammlung, sie kommen bei ihm in einem wörtlichen Zitate aus Chrysippos vor: ἐκ τῶν τεσσάρων στοιχείων τὴν σύστασιν τῶν ὅλων γεγονέναι (frg. 555 Arnim). Wir wissen außerdem, daß die Stoiker (Aët. II 1, 7 = frg. 522 Arnim) ὅλον von πᾶν unterscheiden πᾶν γὰρ εἶναι τὸ σὺν τῷ κενῷ τῷ ἀπείρῳ, ὅλον δὲ χωρὶς τοῦ ἀπείρου τὸν κόσμον. Poseidonios hat also den Ausdruck Platons und Theophrasts ἐπὶ τὸ πᾶν durch die Terminologie seiner Schule wiedergegeben. Schließlich fügt Achilles am Anfang ebenfalls etwas hinzu, aus dem wir über Aëtios hinaus die Worte des Poseidonios und des Theophrast ergänzen können: οἱ Πυθαγόρειοι ἐπεὶ πάντα ἐξ ἀριθμῶν καὶ γραμμῶν συνεστάναι θέλουσι. Diese Darstellung, die noch in dem letzten von uns zitierten Zeugnisse des Hermias (A 19) nachlebt und die eine Ableitung der Körper aus Fläche, Linie, Punkt = μονάς voraussetzt, hat also bei Poseidonios und schon über ihn hinaus bei Theophrast gestanden[2]). Sie entspricht ungefähr der

---

[1]) Es findet sich bei ihm auch eine von ihm selbst allerdings mißverstandene Andeutung auf eine ursprüngliche Vierelementenlehre der Pythagoreer (s. unten S. 68).

[2]) Wenn das Zeugnis des Achilles absolut treu ist und am Anfang nichts weiter stand als ἐξ ἀριθμῶν καὶ γραμμῶν, so ließe sich über die Quelle des Theophrast eine Vermutung wagen, die unten S. 66 ausgesprochen werden soll.

Einteilung, die Platon im Timaios 53c ff. zur Ableitung
seiner regulären Körper gibt, geht aber über Platon hinaus,
der bei den ebenen Figuren stehen bleibt. An diesen Satz
schließt der Anfang des Aëtios: πέντε σχημάτων ὄντων
στερεῶν ἅπερ καλ. μαϑ. an. Am Schluß muß man sich die
Worte des Aëtios Πλάτων καὶ ἐν τούτοις πυϑαγορίζει
auch für Poseidonios und Theophrast geltend denken; denn
diesen kann nicht entgangen sein, daß sie Platons Timaios
als Quelle für die „pythagoreische" Lehre benutzten. Beide
Zeugnisse ergänzen sich und geben ein ungefähres Bild von
dem, was Poseidonios und Theophrast als pythagoreische
Lehre bezeichneten. Poseidonios muß demnach die Angaben
des Theophrast inhaltlich treu wiedergegeben haben. Daß
er sich dabei seiner Terminologie bediente, kann ihm nicht
vorgeworfen werden. Daß Poseidonios den Pythagoreern
vier Elemente zuschreibt, kann ich noch anderweitig beweisen[1]. Bei Aëtios (A 11 b, s. o. S. 12) ist die wunderliche
Behauptung aufgestellt, bei den Pythagoreern sei der

---

[1]) Daß hiermit Poseidonios' Urteil richtig wiedergegeben ist,
bestätigt sich jetzt durch den Rekonstruktionsversuch der Angaben
von Poseidonios' Timaioskommentar über die Elementenlehre bei
W. W. Jaeger: Nemesios v. Emesa. Für den aristotelischen Ursprung der πέμπτη οὐσία zeugt (S. 84):
1. Basileios, Hexahemeros c. 11, 73 Migne Patrol. Gr. t. 29,
p. 25 a
οἱ μὲν (Platon) σύνϑετον αὐτὸν (sc. τὸν οὐρανόν) ἐκ τῶν τεσσάρων
στοιχείων εἰρήκασι ὡς ἁπτὸν ὄντα καὶ ὁρατὸν καὶ μετέχοντα γῆς μὲν διὰ
τὴν ἀντιτυπίαν, πυρὸς δὲ διὰ τὸ καϑορᾶσϑαι, τῶν δὲ λοιπῶν διὰ τὴν μίξιν.
οἱ δὲ (Aristoteles) τοῦτον ὡς ἀπίϑανον παρωσάμενοι τὸν λόγον πέμπτην
τινὰ σώματος φύσιν εἰς οὐρανοῦ σύστασιν οἴκοϑεν καὶ παρ' ἑαυτῶν ἀποσχε-
διάσαντες ἐπεισήγαγον. καὶ ἔστι τι παρ' αὐτοῖς τὸ αἰϑέριον σῶμα ὃ μήτε πῦρ,
φασι, μήτε ἀὴρ μήτε γῆ μήτε ὕδωρ μήτε ὅλως ὅπερ ἓν τῶν ἁπλῶν — — κτλ.
2. Nemesius ed. Matthaei Magdeb. 1802. S. 164/65
Ἀριστοτέλης δὲ καὶ πέμπτον εἰσάγει σῶμα τὸ αἰϑέριον καὶ κυκλοφο-
ρικόν, μὴ βουλόμενος τὸν οὐρανὸν ἐκ τῶν τεσσάρων στοιχείων γεγενῆσϑαι
— — — τοῦ Πλάτωνος διαρρήδην φάσκοντος ἐκ πυρὸς καὶ γῆς αὐτὸν συνε-
στάναι· λέγει δὲ οὕτως: folgt das Zitat aus Tim. 31b4—c3.
3. Eusebius, Praep. ev. XV 6, 17 p. 804a περὶ τῆς τῶν σωμάτων
πέμπτης οὐσίας ἣν εἰσηγήσατο Ἀριστοτέλης.
4. Galen s. S. 67.

Kosmos kugelförmig nach der Form der vier Elemente; nur das oberste Feuer habe Kegelform (τὸν κόσμον σφαῖραν κατὰ σχῆμα τῶν ε̄ στοιχείων). Dies ist mißverstandener Poseidonios: Poseidonios wird von der kugelschalenartigen Anordnung der Elemente gesprochen haben, nicht von der Atomform. Diese Anordnung der Elemente finden wir bei dem Verfasser der Schrift περὶ κόσμου (393a 1): πέντε δὴ στοιχεῖα ταῦτα ἐν πέντε χώραις σφαιρικῶς ἐγκείμενα, περιεχομένης ἀεὶ τῆς ἐλάττονος τῇ μείζονι (λέγω δὲ γῆς μὲν ἐν ὕδατι, ὕδατος δὲ ἐν ἀέρι, ἀέρος δὲ ἐν πυρί, πυρὸς δὲ ἐν αἰθέρι) τὸν ὅλον κόσμον συνεστήσατο. Dieselbe Lehre, die hier der aristotelisierende Stoiker vorbringt, wird Poseidonios den Pythagoreern zugeschrieben haben. Der Zusatz über das ἀνώτατον πῦρ κωνοειδές charakterisiert sich als eine Zutat des Aëtios, der an die Atomform der Elemente dachte (s. unten S. 69). Für die Rekonstruktion des Theophrast haben wir sodann die Worte Platons, daß Gott das Dodekaeder ἐπὶ τὸ πᾶν κατεχρήσατο und die Ableitung der regulären Körper (die Platon im Timaios gibt) mindestens aus den Dreieckflächen wiedereinzusetzen; ob über diese hinaus aus Linien und Zahlen[1]), ob nur aus Linien, können wir nicht sicher sagen.

Wenn Jaeger recht hat mit der Behauptung, daß diese Kapitel des Nemesios auf Poseidonios' Timaioskommentar zurückgehen (S. 86; S. 92), so sehen wir, daß Poseidonios in diesem Punkte der Unterschied zwischen Platon und Aristoteles einerseits und Aristoteles und den „Pythagoreern" (= Philolaos) andrerseits anerkannt hat. — Ich möchte bei dieser Gelegenheit bemerken, daß ich das Buch von Jaeger für meine Arbeit, die seit zwei Jahren fertig ist, nicht mehr benutzt habe; ich hätte manches ändern können, habe es schließlich unterlassen, weil es vielleicht auch Wert hat zu zeigen, wie weit wir unabhängig voneinander gekommen sind.

[1]) Die Ableitung der Körperlehre von der μονάς ist wahrscheinlich noch älter als die theophrastische Darstellung. Sie findet sich bei den Spätpythagoreern, bei Nikomachos, introd. arithm. II 7, 1; Theon ed. Hiller S. 20; Plutarch, de E apud Delphos 390c; Anatolios, Theol. ed. Ast. S. 23; vgl. auch das Fragment des Hermias (A 19). Die Lehre hat eine Wandlung durchgemacht: ursprünglich entspricht die Eins der Zahl des Punktes, die Zwei der Linie, die Drei der Fläche, die Vier dem Körper, dann wurde — wie Plu-

Aristoteles wurde aufgenommen, weil sein Schweigen den Wert eines positiven Zeugnisses hat. Ein Schluß ex silentio ist ja immer unsicher, aber an dieser Stelle wird man ihn wagen können. Aristoteles spricht in „de caelo" ausdrücklich von der Lehre, die die Elemente aus den regulären Körpern bildet und nennt dabei nur Platon, und zwar in Verbindung mit — Demokrit; von den Pythagoreern kein Wort (306 b ff.). An einer anderen Stelle ist von einer Lehre die Rede, nach der die fünf Sinne in Beziehung zu den vier Elementen gebracht werden (de sens. 437 a, 20). Diese Lehre gilt wenigstens nach Alexanders Kommentar für pythagoreisch. Nun spottet Aristoteles darüber, daß sie eigentlich inkonsequent sei, denn es gäbe zwar fünf Sinne, aber die Vertreter dieser Lehre hätten kein fünftes Element dazu gefunden. Sie kannten also die Ätherlehre noch nicht. Ebenso bedeutungsvoll ist des Aristoteles Schweigen in de gen. et corr. p. 330 b 8 ἅπαντες γὰρ οἱ τὰ ἁπλᾶ σώματα στοιχεῖα ποιοῦντες, οἱ μὲν ἕν, οἱ δὲ δύο, οἱ δὲ τρία, οἱ δὲ τέτταρα ποιοῦσι. Auch hier führt er keine Fünfelementenlehre auf, obgleich sie in diese Aufzählung gehört hätte. Vor allen Dingen aber sieht man aus den Stellen, in denen er selbst seine Lehre von der quinta essentia einführt, daß er keine Vorgänger in der Fünfelementenlehre kennt (so z. B. de caelo 270 b 15). Dort beruft er sich auf die Menschen einer früheren Weltperiode, die das Wissen vom Äther bereits gehabt haben müßten. Das gehe aus der Etymologie des Wortes αἰθήρ

tarch, de E apud Delphos p. 390 c—d zeigt — die Zahl Fünf als Zahl der Seele hinzugefügt. Dies hängt mit der Fünfelementenlehre zusammen. Ursprünglich ging diese Lehre nur bis zur Vierzahl, über deren Bedeutung bei den Pythagoreern wir noch sprechen werden. Als später das fünfte Element, der Äther, der als Stoff der Seele gilt, hinzukam, wurde die Zahl Fünf das Symbol für die Seele. Die arithmetische Formulierung dieser Lehre, die wir noch bei Hermias finden, macht es wahrscheinlich, daß die Quelle dieser Darstellung der pythagoreischen Elementenlehre in dem Buche des Speusippos περὶ Πυθαγορικῶν ἀριθμῶν zu suchen ist (vgl. D. V. I³ S. 304, 14 ff.). Die Ableitung von der μονάς hat bereits Aristoteles (Met. VII 1028 b 15) im Auge.

hervor, das er nach dem platonischen Witz (Cratyl. 410b) von ἀεὶ θέων ableitet. Auch hier also sind die Pythagoreer nicht genannt. Ich glaube demnach, es ist richtig, daß man dieses bedeutende negative Resultat mit in Rechnung bringt. Die Betrachtung der Tabelle zeigt, wie schon bemerkt, deutlich das Schwanken der Überlieferung; daß mehrere Zeugnisse für eine Vierelementenlehre der Pythagoreer vorhanden sind, wird gegenüber der Zellerschen Darstellung überraschen. Erstaunlich ist aber auch die Verteilung der Zeugnisse auf die einzelnen Jahrhunderte. Von Hermias an gerechnet bis hinauf in das 2. Jhdt. n. Chr. findet sich fast völlige Übereinstimmung der Zeugnisse. Alle außer Irenäus schreiben den Pythagoreern die Fünfkörperlehre zu. Für die Vierelementenlehre zeugt Ps. Timaios Lokros, der aber nur sklavisch wiedergibt, was Platon im Timaios darstellt, und Vitruv (1. Jhrh. v. Chr.). Aus derselben Zeit — etwas früher, weil bei Varro zitiert — stammt die Fälschung des Okkelos, der dann wieder als erster Zeuge für die Fünfelementenlehre auftritt, die er ganz in Anlehnung an Aristoteles und die gleichzeitigen aristotelisierenden Stoiker (vgl. περὶ κόσμου) vorbringt. Dann folgen aus demselben 1. Jhrh., gerade aus der Zeit der Renaissance des Pythagorismus, die Zeugnisse des Alexander Polyhistor und Poseidonios für die Vierelementenlehre, dann nach Überspringung von mehr als zwei Jahrhunderten — aus denen auch sonst nichts über den Pythagorismus verlautet — kommt Theophrast, der ihnen ebenfalls nur vier Elemente zuschreibt. Am Schluß der Reihe steht das schweigende Zeugnis des Aristoteles. Das würde eine ganz logische Entwicklung geben: man könnte sich denken, daß es — wie wir es bei Philolaos fanden — bei den Pythagoreern immer nur die empedokleische Elementenlehre gegeben habe, die die Späteren um Platons Timaios willen mit den vier regulären Körpern in Verbindung brachten. Dann wäre im 1. Jhdt. v. Chr. in einer Zeit, die dem Eklektizismus aufs äußerste geneigt war, in die neupythagoreische Schule (vgl. Okkelos) die aristotelische Lehre von der πέμπτη οὐσία eingedrungen, Das wäre ein-

fach und verständlich; aber einer solchen bequemen Erklärung
setzt sich das Zeugnis des Speusippos (A 2) entgegen, des
direkten Nachfolgers von Platon; ein Zeugnis, das um
so schwerer in die Wagschale fällt, als wir die engen Beziehungen dieses Mannes zu den Pythagoreern kennen.
Wir wissen, daß er in seinem Buch aus mündlichen Traditionen
der Pythagoreer ἐκ τῶν ἐξαιρέτως σπουδασϑεισῶν ἀεὶ Πυϑα-
γορικῶν ἀκροάσεων, besonders aber auch aus Philolaos ge-
schöpft hat.

Hier liegt ein Rätsel vor; oder wäre doch die Fünfelementenlehre altpythagoreischen Ursprunges und Platon
hätte sich im Timaios von ihr zu Empedokles abgewandt,
aber die Verbindung der Elemente mit den regulären Körpern
beibehalten? Auch dieser Ausweg ist abgeschnitten; denn
betrachten wir die Tabelle B, so findet sich in der Überlieferung über Platons Elementenlehre dieselbe Erscheinung
des Schwankens: auch ihm werden bald vier, bald fünf
Elemente zugeschrieben. Woher stammt diese Unsicherheit
über Platon, dessen Werk doch vorlag und für den unbefangenen Leser keinen Zweifel bieten konnte? Dies zu
erklären, müssen wir auch die Reihe der Platoninterpreten
verfolgen. Dort belehren uns die spätesten Zeugnisse, daß
die uns beschäftigende Frage bereits bei den antiken Erklärern Gegenstand angestrengtesten Nachdenkens und
heftigster Debatte gewesen ist. Da ist Olympiodor (B 18),
der ausdrücklich Platon vier Elemente mit Ablehnung des
fünften gibt. Dann kommt Simplikios, der mit herzer-
frischender Grobheit seine Sache gegen Johannes Philoponos
führt (vgl. in de caelo ed. Heib. S. 25, 26 ff.). Bei ihm lernen
wir gleich die Motive kennen, die dazu führten, bei Platon
die Fünfelementenlehre anzunehmen (B 17). Es waren zwei
Gründe, die den klugen und warmherzigen Mann, dem man
an sich gegen Philoponos so viel lieber recht geben möchte,
irregeführt haben. Der eine war das diesen Platonikern
besonders eigene Streben, Meinungsdifferenzen zwischen
Platon und Aristoteles für bloße Wortunterschiede zu erklären (vgl. in de caelo S. 143, 15): ζητεῖν πῶς ἀνδρῶν

σοφῶν λόγοι διαφωνεῖν δοκοῦντες τοῖς ἀταλαιπώρως ἀκούουσι αὐτοὶ τὴν ἑαυτῶν συμφωνίαν τοῖς προσεκτικωτέροις ἐπιδεικνύουσι. Nach seiner Meinung (S. 46) hat Platon ebenso wie Aristoteles fünf Elemente anerkannt, „denn wie ich schon häufig zu sagen pflegte, so muß ich es auch hier wieder sagen, die Widersprüche zwischen beiden (Platon und Aristoteles) gehen nicht auf die Sache, sondern liegen in den Worten und sind nur scheinbar" (vgl. auch die Interpretation S. 86, wo gegen Platons ausdrückliche Erklärung [Tim. 32 d] behauptet wird, der Himmel bestehe aus dem Ätherstoffe). Der andere Grund war, daß die wunderliche Art, wie Platon im Timaios das Dodekaeder behandelte, den meisten Erklärern unbefriedigend erschien und sie veranlaßte, die Worte umzudeuten, um das Dodekaeder dem System der übrigen vier Körper anzupassen. Wenn die übrigen Polyeder Formen der Elementatome waren, was sollte man mit dem Dodekaeder anfangen, das „zur Grundrißzeichnung des Alls" verwendet worden war, des Alls, das andererseits doch Kugelform hatte? Da half man sich, wie Simplikios in den oben zitierten Stellen zeigt, indem man διαζωγραφεῖν auch auf die Tätigkeit des δημιουργός bei der Gestaltung der vier anderen Elemente bezog (vgl. Simplikios S. 87, 19 ἄλλοις μὲν σχήμασι τὰ ὑπὸ σελήνην στοιχεῖα διαζωγραφῆσαί φησιν, ἄλλῳ δὲ τὸ οὐράνιον σῶμα). Dann aber mußte das Dodekaeder auch ebenso wie die vier anderen eine Atomform sein. Darauf setzte man für τὸ πᾶν: τὸν οὐρανόν ein und ließ den Himmel aus Atomen bestehen, die Dodekaederform hatten, und seinen Stoff den Äther sein. Denn, wie es Simplikios sagt, wenn die mathematischen Körper es sind, die den Unterschied der Elemente verursachen, so muß auch der Himmel, der nach Platon aus dem Dodekaeder bestehe, aus einem anderen Elementarstoffe zusammengesetzt sein als die vier übrigen Elemente.

Diese Interpretation findet sich bei einer ganzen Reihe von Erklärern, wie Proklos, der ebenfalls stark die Übereinstimmung mit Aristoteles betont, Jamblichos und vielleicht Alexander von Aphrodisias. Dagegen aber tritt eine äußerst lebhafte und im Gefühl ihrer guten Sache sehr selbstbewußte

Opposition auf. Ihr spätester Vertreter ist Johannes Philoponos in einer polemischen Schrift Περὶ ἀφθαρσίας κόσμου
gegen Proklos, die mit vielen Zitaten von Vorgängern den
Kampf gegen die Auffassung der aristotelisierenden Platoniker
auf ganzer Linie eröffnet. Hatte Simplikios gegen den frechen,
„himmelstürmenden Giganten“, den respektlosen Verächter
des Aristoteles gewettert, so hatte sich der Gegner im Gefühl seiner auf wörtliche Auslegung Platons gestützten
richtigen Ansicht auch reichlich respektlos gegen den θεῖος
Πρόκλος gezeigt, so daß man den Ton, in dem Simplikios
antwortet — er zitiert vielfach den Gegner wörtlich — gut
begreift. Aber Johannes Philoponos hat unbedingt recht,
wenn er sich gegen die willkürliche Platoninterpretation,
die nur die eigene Meinung des Kommentators in den zu er-
klärenden Schriftsteller hineinlegen will, ereifert (vgl. besonders S. 512, 10 ed. Rabe ὡς ἐν προσχήματι τοῦ ὑφηγεῖ-
σθαι τὰ Πλάτωνος ἔκφυλα μὲν τῷ ὄντι καὶ ξένα τῆς ἐκείνου
διδασκαλίας ἡμῖν εἰσαγαγών, αὐτῇ δὲ τῇ ἀθετήσει τῶν αὐτοῦ
δογμάτων ἐφυβρίζων [sc. ἡμᾶς παρακρούεται].)

Dieselbe Stimmung, die sich gegen die aristotelisierende
Platonerklärung wendet, findet sich bei fast allen von Philoponos
zitierten Vorgängern: Porphyrios, der die Lehre von der πέμπτη
οὐσία dem Aristoteles und Archytas zuschreibt, der große
Plotin, Tauros, vor allem Attikos, der ein eigenes Buch[1])
— über die Platonerklärung, die aristotelische Meinungen
in den Philosophen hineinträgt — verfaßt hatte, Albinos
sind erfüllt von derselben Meinung: sie alle wollen über die
willkürliche Auslegung hinaus auf den echten Platon zurückgehen. Diese Reaktion ist ein charakteristischer Ausdruck
für die Stimmung der platonischen Kreise des 2. und 3. Jahrhunderts n. Chr.: man möchte endlich wieder aus der allgemeinen Vermischung der Ansichten zu klarer Erkenntnis
dessen kommen, was Platon selbst will, und man versucht,
soweit es gelingen will, seine Schriften unbefangener zu
interpretieren. Die Überlieferungsgeschichte über die Ele-

---

[1]) Oft bei Eusebius in der Praep. evangelica zitiert (B 7).

mentenlehre Platons macht ebenso, wie wir es in der Entwicklungsreihe der pythagoreischen Zeugnisse gefunden haben, alle Schwankungen der allgemeinen Philosophiegeschichte mit; man könnte die Stellung, die die einzelnen Zeugen in dieser Frage einnehmen, ganz gut zur Charakterisierung ihrer sonstigen philosophischen Haltung verwenden. Darum darf es uns nicht wundernehmen, wenn nach einer großen Reihe von Zeugnissen über die vier Elemente bei Platon Ende des 1. Jahrhunderts n. Chr. mit Aëtios und Plutarch wieder auf die aristotelisierende Deutung zurückgegriffen wird, die ja die eben geschilderte Reaktion hervorgerufen hat. Bei Aëtios finden wir, da sein Ausspruch über die Fünfelementenlehre für Platon mitgilt, die typische Fünfkörperlehre (A 11). Daneben aber überrascht uns in B 4 unter der Überschrift Περὶ τάξεως κόσμου ein Schwanken in der Angabe über die Reihenfolge der Elemente. Die eine Reihe ist Feuer, Äther, Luft usw. Die andere dagegen Äther, Feuer usw. (dies bedeutet die aristotelische Auffassung vom Ätherstoff). Da dies in Wahrheit nicht Platons Meinung im Timaios ist, so müssen wir fragen, woher diese Aussage stammt. Die Antwort werden wir in den gleich zu besprechenden Zeugnissen B 2 und 3 finden. Vorher aber wollen wir noch einen Blick auf Plutarch werfen, der gemäß seiner eklektischen Mittelstellung zwischen Platonismus und gemäßigtem Neupythagorismus an einigen Stellen die Fünfelementenlehre in den Platon hineininterpretiert mit ausdrücklicher Berufung auf Aristoteles und der kühnen Behauptung: „Platon scheint die schönsten elementaren körperlichen Formen, die er den Elementen der Welt zuteilt, fünf Welten zu nennen" (dies ist ein Erklärungsversuch von Tim. 55d). Plutarch befolgt die aristotelische Reihenfolge, die mit Feuer und Äther schließt. Daneben aber hat er sich in den Plat. quaest. p. 1003b so unbestimmt über das Dodekaeder geäußert, das dort nicht als Atomform, sondern als Form des gesamten Kosmos auftritt, daß ihn Philoponos (de aetern. S. 519) mit Attikos zusammen als Vertreter seiner eigenen Ansicht nannte.

Bis zu diesem Punkte könnten wir auch, genau wie in der Reihe der pythagoreischen Aussagen, an eine Beeinflussung durch die aristotelisierende Platoninterpretation denken. Aber da treten uns einmal die Zeugnisse des Aëtios und das Zeugnis des Hermias (in der Reihe A) entgegen, die eine nichtaristotelische Reihenfolge der Elemente angeben und dann vor allem am Schluß unserer Reihe B die Aussagen der beiden unmittelbaren Platonschüler Xenokrates und Philipp von Opus (B 2 und 3). Also auch hier findet sich dieselbe Schwierigkeit wie bei der Reihe A: unmittelbar hinter die Originale des Philolaos und Platon tritt eine Erklärung, die deutlich von beiden die Fünfkörperlehre aussagt. Bei dieser Sachlage scheint kein anderer Ausweg zu bleiben als die Annahme, nach Philolaos sei doch noch irgendwie diese Fünfkörperlehre bei den Pythagoreern entstanden, Platon habe sie zuerst im Timaios abgelehnt, habe aber am Schlusse seines Lebens seine Ansicht geändert, um den Pythagoreern zu folgen. Das ist, soweit es Platon angeht, die allgemein verbreitete Meinung, die Zeller (Phil. Gr. II⁴ S. 951 Anm. 2) so formuliert: „Das Zeugnis (des Xenokrates) lautet so bestimmt namentlich in der Angabe, Platon habe die fünf Elemente (s. B 3) πέντε σχήματα καὶ σώματα genannt, daß man doch wohl auch diese Abweichung[1]) von seiner früheren Lehre schon ihm selbst und nicht erst seinen Schülern wird zuschreiben müssen." Ebenso urteilt Heinze (Xenokrates S. 68).

Ist diese Ansicht richtig? Liegt in der Angabe des Xenokrates von den σώματα und σχήματα besonders etwas, das uns zwingt, diese Lehre Platon zuzuschreiben? Σχήματα

---

[1]) Es ist übrigens interessant, daß auf den Ausweg, Platon habe seine Lehre geändert, im Altertum nie jemand verfallen ist. Alle Zeugnisse der Späteren für die Vier- oder Fünfelementenlehre geben sich als Interpretation des Timaios; das sagt deutlich Simplikios gerade da, wo er Xenokrates zitiert. Es ist allerdings richtig, daß der Gedanke, ein Philosoph könne zu verschiedenen Zeiten seines Lebens verschieden geurteilt haben, dem unhistorischen Sinne der Alten fernliegt; nur Theophrast bildet darin eine Ausnahme.

sind mathematische Figuren (auch die regulären Körper),
und σώματα sind die Elementarkörper oder Elemente. In
diesen Worten liegt also gar nichts Besonderes, das über
den Timaios hinausginge. Wie steht es aber mit der Bezeugung
der Fünfkörperlehre? Können wir uns bei den Aussagen
des γνησιώτατος τῶν Πλάτωνος ἀκροατῶν beruhigen? Ich
glaube nein. Daran hindert uns nämlich die schwankende
Angabe über die Reihenfolge der Elemente in dieser angeblich spätplatonischen Lehre. Bei Xenokrates findet sich
die aristotelische Aufzählung, die Äther und Feuer an die
Spitze stellt, wie wir sie auch B 13, B 17, wahrscheinlich
auch A 7 finden. Bei Philippos von Opus dagegen ist die
Anordnung einmal (Epin. 984b) Feuer, Äther, Luft usw. wie
auch bei Aëtios (B 4, 1 unserer Tabelle S. 52). Daneben
aber findet sich eine andere, die den Äther an das Ende
der Reihe hinter die Erde stellt. Dieser Unterschied ist
nicht bedeutungslos, denn wenn Platon wirklich seine Meinung geändert hätte, so hätte man annehmen müssen, daß
bei seinen Schülern in diesem Punkte Übereinstimmung
herrschen sollte; vor allem aber, daß nicht innerhalb eines
und desselben Werkes so auffallende Unsicherheit zutage trete
wie in der Epinomis. Diese Unsicherheit aber hat ihre guten
Gründe, die wir noch zu erkennen vermögen. 984b ist erst
— nach Platons Timaios — von den beiden äußersten Gliedern
der Reihe, Erde und Feuer, die Rede; dann gilt es die Verbin-
dungsglieder zwischen sie einzusetzen. Bei Platon sind es
zwei, nach dem Feuer die Luft, nach dieser das Wasser,
während die äußersten Glieder der Reihe Feuer und Erde
sind. Wollte man nun zwischen diese noch den Äther einfügen, so gab es zwei Möglichkeiten. Entweder man folgte
Platons Angaben über die Natur des Äthers, der nach Timaios 58d und der gewöhnlichen Auffassung der reinste
Teil der Luft war; dann kam der Äther zwischen Feuer und
Luft zu stehen. Das ist 984b ausgeführt; oder aber man
richtete sich nach der Reihenfolge der regulären Polyeder,
die in Platons Timaios nach der Spitze der körperlichen
Ecken angeordnet sind (55a). Dann mußte das Dodekaeder

mit seiner — von drei aneinander stoßenden Fünfecken gebildeten — Ecke (Platon berechnet diesen „Winkel", in dem er die Summe der Seiten $= 3 \cdot 6/5$ R bildet) an die letzte Stelle rücken. Das geschieht bei Platon (55c) und bei Philippos (981 b). Man sieht also, daß seine Angabe nicht auf einer mündlichen Mitteilung Platons beruhen kann, sondern daß er, um den Äther unterzubringen, auf seine eigene Interpretation von Platons Timaios angewiesen war. Zu diesen Angaben tritt noch eine dritte, die des Xenokrates, der die aristotelische Reihenfolge gibt (B 3). Bei ihm ist deutlich der Äther das πέμπτον στοιχεῖον und besteht wie bei Aristoteles aus dem reinsten Feuerstoff. Die Unsicherheit bei Philipp und das Abweichen des Xenokrates beweisen auf das deutlichste, daß keine einheitliche Tradition vorlag und nur ein Versuch gemacht wurde, die unklare Timaiosstelle (55c) zu erklären und dem von Platon stiefmütterlich behandelten Dodekaeder zu seinem Rechte zu verhelfen. Bei diesem Versuche sind zwei Motive bestimmend gewesen. Die aristotelische Lehre vom αἰθήρ, der πέμπτη οὐσία, von der wir natürlich nicht wissen können, wann sie zuerst auftrat[1]), — sie entstand jedenfalls innerhalb der Akademie, das zeigt die Übereinstimmung von Philipp, Xenokrates und Speusipp, und sie war vor Platons Tode rezipiert, das beweist die Epinomis — die Äthertheorie war auf das beste geeignet, diese Unklarheit oder Lücke im Timaios zu beseitigen. Es kam

---

[1]) Die Lehre des Aristoteles muß sehr schnell durchgedrungen sein. Ich wage nicht zu entscheiden, ob sich hinter der Bemerkung des Porphyrios, die πέμπτη οὐσία sei von Archytas und Aristoteles eingeführt, eine zuverlässige Tradition birgt. Gewisse Theorien pflegen zu einer gegebenen Zeit in der Luft zu liegen. Es wäre nicht ganz unmöglich, daß Archytas und Aristoteles selbständig auf dieselbe Idee gekommen sind. Für die Verbreitung der Lehre findet sich ein hübsches Beispiel in der von Reinhardt (Hermes 47, 1912 S. 493) entdeckten demokritischen Kosmogonie des Hekataios von Abdera (Diod. I 7ff.), wo Hekataios zunächst die demokritische Lehre von den vier Elementen gibt; dann aber in der Kulturgeschichte der Ägypter (Diod. I 12) zu den vier Elementen das πνεῦμα hinzufügt, also eine Fünfelementenlehre befolgt.

hinzu, daß der Timaios von vornherein als eine pythagori-
sierende Schrift galt: sah man nun von Platon zurück auf
das uns erhaltene Philolaosfragment, in dem der Ausdruck
ὃ τᾶς σφαίρας ὁλκάς, πέμπτον nicht minder unklar war als
die zu interpretierende Platonstelle, so ergab sich aus der
Kombination von Aristoteles, Platon, Philolaos die Fünfkörperlehre: die Fünfzahl[1]) der Elemente aus dem mißverstandenen Philolaos, die fünf regulären Körper aus Platon
und der Äther aus Aristoteles.

Man wird dagegen einwenden, daß in einer Zeit, in der
Aristoteles seine πέμπτη οὐσία als Neuheit einführte, eine
so willkürliche Umdeutung des Platon und Philolaos unmöglich war. Aber dafür gilt Kants Wort: „da der mensch-
liche Verstand über unzählige Gegenstände viele Jahrhunderte hindurch auf mancherlei Weise geschwärmt hat,
so kann es nicht leicht fehlen, daß nicht zu jedem Neuen
etwas Altes gefunden werden sollte, was damit einige Ähnlichkeit hätte". Ein Wort, dessen tiefe Wahrheit sich in
der gesamten Überlieferung über die Beziehungen Platons
zu den Pythagoreern bewährt. Man könnte weiter einwenden,
daß das Zeugnis des Theophrast, der ausdrücklich von Platon
behauptet, daß er in dieser Lehre von den Pythagoreern
abhängig sei (A 4), gegen unsere Auffassung spricht. Aber
erstens sahen wir bereits, daß Theophrast die seinem Meister
eigene Lehre vom Äther Platon und den Pythagoreern nicht
zuschreibt. Zweitens scheint er allerdings — was wir gleich
an einem anderen Beispiel sehen wollen — mehr als Aristoteles durch das Urteil der unmittelbaren Platonschüler beeinflußt zu sein. Die Schilderung, die er von der Elementenlehre der Pythagoreer und Platons gibt, trug, wie wir S. 60
und 62 sahen, einen deutlich arithmetischen Charakter. Das
schien uns auf das Buch des Speusippos περὶ Πυθαγορικῶν
ἀριθμῶν zurückzuweisen. Sollte etwa die Darstellung des
Achilles vollständig sein, die eine Ableitung der körperlichen Figuren nur bis auf die Linien voraussetzt, so wäre

[1]) Aus Philolaos scheinen daher bei Xenokrates und Philipp
die „σώματα πέντε" zu stammen.

damit der altakademische Ursprung dieser Darstellung be. zeugt. Denn wir wissen, daß Xenokrates in der Ableitung der Elemente auf die von ihm eingeführten „Atomlinien" zurückging. Es ist wahrscheinlich, daß seine Darstellung den Speusipp beeinflußt hat und wir in der Fünfkörperlehre das Produkt der pythagorisierenden Platonerklärung der ältesten Akademie haben. Das Buch des Speusippos über die „pythagoreischen Zahlen" (D. V. 32 A 13) muß als eine der Hauptquellen für unsere Berichte über die Pythagoreer angesehen werden. Unsere Deutung, daß die Vermischung von Platon mit Philolaos auf die „Fünfelementenlehre" geführt habe, findet ihre Bestätigung in der Tatsache, daß Speusippos neben mündlicher pythagoreischer Überlieferung hauptsächlich den Philolaos benutzt haben soll (D. V. I³ S. 303, 22). Von ihm also haben wir uns Theophrast[1]) abhängig zu denken. Er geht in dieser Beziehung über Aristoteles hinaus, wie er es in einem anderen Falle auch getan hat. Aristoteles (Met. 987 b 25) sagt, daß die Lehre von der ἀόριστος δυάς Platons Eigentum sei, während Theophrast (Met. § 33; ed. Usener S. XI a) sagt, sie sei Platon und den Pythagoreern gemeinsam. Theophrast hat sich also hier, falls Poseidonios ihn richtig wiedergibt, allzustark durch die Platonschüler beeinflussen lassen.

Mit dieser Betrachtung stehen wir nun am Ende unseres Beweises. Sie erklärt die vollkommene Übereinstimmung in der Tradition über die Elementenlehre Platons und der Pythagoreer, die wir noch an einem Beispiel erläutern wollen. Dasselbe Schwanken in der Angabe über die Reihenfolge der Elemente, das Aëtios bei Platon ausdrücklich zugibt (B 4)²), findet sich in seiner Aussage über die Pythagoreer; die Reihe ist

---

[1]) Wilamowitz meint, πυϑαγορίζει könne auf Archytas gehen. Doch dann wäre Archytas der Schöpfer der Elementenlehre im Timaios, von der in Kap. 3 gezeigt werden kann, daß sie aus rein platonischen Gedanken zu erklären ist. Näher liegt es, an den angeblichen Einfluß des Philolaos auf Platon zu denken.

²) Seine Angabe setzt die Echtheit der Epinomis voraus, denn B 4 a unserer Tabelle gibt die Reihenfolge Epin. 984 c und die zweite Angabe des Aëtios die Reihenfolge Epin. 981 b.

bei ihm (A 11) genau dieselbe wie bei Platon. Erde und
Feuer stehen nebeneinander, weil Platon sie als die beiden
äußeren Glieder der Proportion zuerst nennt[1]). Daneben
aber erscheint die πέμπτη οὐσία (αἰθήρ) des Aristoteles
(A 11b), die die aristotelische Reihenfolge voraussetzt, die
auch wirklich an dieser Stelle befolgt ist. Hermias nun
hat dieselbe Anordnung wie Aëtios, aber er stellt die beiden
äußeren Glieder, Feuer und Erde, das eine an den Anfang,
das andere an das Ende der Reihe, dann Luft, Wasser,
Äther dazwischen. Die Tradition über die Fünfkörperlehre ist also, soweit sie nicht einfach von Aristoteles abhängt, ganz deutlich im Sinne der ältesten Akade-
miker umgedeuteter Platon und weiter nichts.
Es gibt noch zwei Erwägungen, die wir zur Unterstützung
unseres Beweises heranziehen wollen. Die eine betrifft den
Aristoteles. Wir sahen schon, daß er keine Vorgänger kennt,
die eine Fünfelementenlehre vorgebracht hätten (S. 56ff.).
Nun existiert aber auch eine doxographische Überlieferung,
die dem Aristoteles die Einführung des Äthers als fünftes
Element ausdrücklich zuschreibt. Cicero, der auf Poseidonios' Exzerpt des Theophrast zurückgeht, sagt (Tuscul. I
26, 65): ,,Quinta quaedam natura, ab Aristotele inducta
primum, haec et deorum est et animorum[2])." Galen in
der Geschichte der Philosophie (D. D. 610, 17) sagt ebenfalls Ἀριστοτέλης δὲ τούτοις (den vier Elementen) προσέθηκε
καὶ τὸ κυκλοφορητικὸν σῶμα. Porphyrios bei Philoponos (A 13)
sagt, die πέμπτη οὐσία stamme von Archytas und Aristoteles.
Philóponos zu der Meteor. des Aristoteles (339b 21): οὐδεὶς
δὲ τῶν πρὸ Ἀριστοτέλους ἑτέρας οὐσίας εἶναι σώματος τὸν
οὐρανὸν εἰρηκὼς φαίνεται. Ebenfalls für den aristotelischen
Ursprung der Ätherlehre spricht die Tatsache, daß in dem
heftigen Meinungsstreit um die Fünfelementenlehre bei Platon
die Gegner immer gegen die Vermengung aristotelischer mit

---

[1]) Dazwischen Luft, Wasser, Äther; den Äther zuletzt wie
Epin. 981b.
[2]) Vgl. oben Testim. B 6 und die zu S. 54 Anm. zitierten Stellen.
S. auch Jaeger, Nemesios v. Emesa S. 83.

platonischen Gedanken protestieren, die Verteidiger immer
auf die Übereinstimmung zwischen den beiden großen Mei-
stern hinweisen. Gleichfalls für unsere Annahme, daß bei
Philolaos nur die empedokleische Elementenlehre vorliege,
spricht die grundlegende Bedeutung, die die Vierzahl bei
ihm hat (D. V. 32A 11; 13) und die Bedeutung, die die τετρα-
κτύς in dem Carmen aureum der Pythagoreer (Nauck, V. Pyth.
S. 206 V. 47) besitzt. Es spricht dafür auch die Verbindung
der vier Elemente mit der Tetras, die in der gnostischen
Lehre bei Irenaeus (adv. haer. I 10 S. 164) — wo pythagoreische Lehre zugrunde liegt[1]) — hervortritt. Weiter
spricht dafür, daß verschiedene Zahlenspielereien der Pythagoreer ursprünglich mit der Vierzahl operierten, später auf die
Fünfzahl gebracht wurden. So z. B. die von Aristoteles (s. oben
S. 56) verspottete Lehre von der Verbindung der Elemente mit
den fünf Sinnen. In den Theologumena arithmetica S. 20 Ast
wird behauptet, die Menschen hätten eigentlich nur vier Sinne,
denn für den fünften, den Tastsinn, gäbe es kein besonderes
Organ. Man sieht deutlich, daß das mit der von Aristoteles zitierten Lehre zusammenstimmt: der fünfte Sinn wurde
geleugnet, weil es damals noch kein fünftes Element gab. Bei
Plutarch dagegen (de E apud Delphos 390b) in einer pythagorisierenden Auseinandersetzung wird dann der fünfte Sinn
wieder restituiert, denn mittlerweile hat sich ja das fünfte
Element περὶ ἧς ἐγλίχοντο, um mit Aristoteles zu reden,
dazu gefunden. Ein Rest der alten Vierelementenlehre ist
noch bei Aëtios erhalten (A 11c)[2]) οἱ ἀπὸ Πυθαγόρου σφαι-
ρικὰ τὰ σχήματα τῶν τεσσάρων στοιχείων (τὸν κόσμον σφαῖραν
κατὰ σχῆμα τῶν τεσσάρων στοιχείων) mit dem ganz unver-
ständlichen Zusatz τὸ ἀνώτατον πῦρ κωνοειδές. Eine Lehre,
die den sämtlichen Elementenatomen Kugelform beilegte,
gibt es nicht, dagegen hat Empedokles sich seine Weltkugel
im Zustand der gänzlichen Sonderung der Elemente so gedacht, daß die vier Stoffe in konzentrischen Kugelschalen
angeordnet sind. Dieses würde also die empedokleische Ele-

---

[1]) S. Diels, Elementum S. 55.
[2]) Vgl. oben S. 55.

mentenlehre bei den Pythagoreern voraussetzen Aëtios aber bezog die Angabe auf die Form der kleinsten Teile dieser Stoffe. Das geht aus der Bemerkung über die Kegelform der Ätheratome (denn diese sind das ἀνώτατον πῦρ)[1] hervor. Also auch was wir über Aristoteles' Stellung zu der Ätherlehre und über die philolaische Elementenlehre, soweit sie nicht im Sinne der Späteren umgedeutet ist, erfahren, spricht für die Annahme, daß die sogenannte „pythagoreische" Lehre in Wahrheit mit den Altpythagoreern nichts zu tun habe.

Ergebnisse.

Die Vergleichung der Tradition über die pythagoreische und platonische Elementenlehre hat zu einer Reihe von Resultaten geführt, die wir uns noch einmal vergegenwärtigen wollen. Philolaos hat weder den Äther als fünftes Element, noch die Verbindung der Elemente mit den Polyedern gekannt. Das Zeugnis Theophrasts, das meistens zur Deutung des Philolaos benutzt wurde, kennt ein fünftes Element noch nicht und ist nichts weiter als ein Versuch, in den Philolaos die Lehre von Platons Timaios hineinzuinterpretieren; oder man könnte auch sagen, Platons Timaios mit Hilfe von

---

[1] Der letzte Satz verdankt vielleicht einer mißverstandenen Stelle aus dem „Abaris" des Herakleides Pontikos seinen Ursprung (bei Proklos, in Tim. ed. Diehl II S. 8, 8) τὸν ὀφθαλμὸν ἀνὰ λόγον εἶναι τῷ πυρὶ δείκνυσιν ὁ Πυθαγόρας ἐν τῷ πρὸς Ἄβαριν λόγῳ· καὶ γὰρ ἀνωτάτω τῶν αἰσθητηρίων ἐστίν, ὡς τὸ πῦρ τῶν στοιχείων, καὶ ὀξείαις ἐνεργείαις χρῆται, ὡς ἐκεῖνο, τό τε κωνοειδὲς ὁμοιότητα ἔχει πρὸς τὸ πυραμοειδές. Hier sind die Sehstrahlen gemeint, die vom Auge ausgehen und Kegelform haben. Doch ist der Ausdruck so, daß man κωνοειδές allenfalls auch auf πῦρ beziehen könnte. Der Zusatz wurde von Aëtios gemacht, weil er glaubte, daß bei den Pythagoreern die Form der Elementatome die Kugel sei, wie von Demokrit überliefert ist, daß bei ihm die Atome des Feuers aus Kugeln bestehen. Und auch bei Demokrit ist die Tradition so aufgefaßt worden, als hätte er sich sämtliche Atome in Kugelform gedacht. Diese Darstellung fand ich z. B. mit Staunen bei Ostwald (die Schicksale des Atoms in der „Forderung des Tages" S. 197).

Philolaos zu erklären. Eine pythagoreische Elementenlehre
gibt es nicht. Was man dafür ausgibt, ist ein Produkt aristotelischer, platonischer und philolaischer Gedanken, das in
der älteren Akademie entstand. Platon hat nach Abfassung
des Timaios seine Elementenlehre nicht geändert. Die Versuche, ihm die Fünfkörperlehre zuzuschreiben, beruhen alle
auf einer Umdeutung von Timaios 55c und gehen gleichfalls auf Platons unmittelbare Schüler zurück. Alle folgenden Zeugnisse ebenso wie alle mathematischen Überlieferungen über die Konstruktion der regulären Körper
— und damit kehren wir zu der Aussage des Proklos im
Geometerverzeichnis zurück — hängen nur von Platons
Timaios und seiner Deutung ab. Wenn die Elementenlehre nicht pythagoreisch ist, so haben die Pythagoreer
weder mit der Kenntnis noch mit der Konstruktion der
regulären Körper etwas zu tun, falls es nicht gelingt, eine
von der Elementenlehre unabhängige mathematische Überlieferung über ihre Leistungen auf diesem Gebiete zu ermitteln. Als eine solche Tradition konnte nach eingehender
Prüfung das Urteil des Proklos nicht gelten, denn es geht
nicht auf Eudem zurück und ist von der Elementenlehre
abhängig. Nach diesem negativen Resultate bleiben die
beiden uns beschäftigenden Fragen nach der Entdeckung
der regulären Körper und nach der Quelle von Platons
Elementenlehre im Timaios noch offen. Doch ist zu hoffen,
daß wir uns nicht mit der negativen Erkenntnis, wir wüßten
nicht, von wem sie stamme, werden begnügen müssen.

Im folgenden soll der Versuch gemacht werden, zu
zeigen, daß die Ermittlung des Entdeckers der regulären
Körper trotz der entgegengesetzten Meinung von Loria[1]
und Junge[2] nicht über die Mittel der Wissenschaft geht,
und von dieser Ermittlung wird zum Teil die Entscheidung
darüber abhängen, von wem Platons Elementenlehre stammt.

[1] Loria, Le scienze esatte nell' antica Grecia I (Modena 1894
S. 117).
[2] Junge (a. a. O. S. 264).

Anhang zu Kapitel I 2.

Proklos und die Euklidscholien.

Daß Proklos die eigentliche Quelle unserer Scholien[1])
sei und daß er seine S. 432, 10 ausgesprochene Absicht, auch
die übrigen Bücher des Euklid zu kommentieren, verwirk-
licht habe, ist zuerst von Wachsmuth (Rh. Mus. 18 S. 132)
behauptet worden. Er fand in der jungen Handschrift Urbinas 72 zu den Scholien eine Überschrift εἰς τὰ Εὐκλείδου στοιχεῖα προλαμβανόμενα ἐκ τῶν Πρόκλου σποράδην καὶ
κατ' ἐπιτομήν. Diese „Proklosscholien" stellte Knoche (Her-
ford 1865) mit den gleichlautenden, aber viel reicheren, die
Commandinus in seiner Euklidausgabe (Pesaro 1572) ins La-
teinische übersetzt hatte, zusammen und nahm für alle Proklos als Verfasser in Anspruch. Dem widersprach Heiberg
(Lit. Studien zu Eukl. S. 167) auf das entschiedenste, da es sich
um eine junge Handschrift handelte und Commandinus kein
Wort davon sagt, daß der Autor seiner Scholien Proklos sei.
Vor allem fand er die Notiz über die προλαμβανόμενα unverständlich. Er meinte, der Titel könne sich nur auf den
unseren Scholien voranstehenden Auszug aus dem Kommentar des Proklos zum ersten Buche des Euklid beziehen. Aber
der letzte Einwand ist jetzt nicht mehr entscheidend. Heiberg selbst hat später gezeigt (Om Scholierne til Euklids
Elementer. Mém. de l'acad. de Danemark 1888 S. 72), daß die
Sammlung der Scholia Vaticana „a ensuite été extrait —
et formé un ouvrage à part qui, en partie a été transmis en

---

[1]) Vgl. oben S. 39.

son entier (cod. Vat. 192 etc.), en partie a été mis en pièces".
Er sagt außerdem (Lit. Studien z. Eukl. S. 167), daß Commandinus noch andere Scholien hatte: so findet das προλαμβανόμενα eine gute Erklärung; die Scholia Vaticana, die
eine gesonderte Sammlung bilden, sind im Text vorangestellt. Der andere Einwand, daß der Urbinas eine junge
Handschrift sei, auf die man nichts geben dürfe, ist auch
wesentlich durch die Entdeckung Heibergs in der Madrider
Handschrift Cod. S abgeschwächt. Das Scholion zu Eukl.
X 9, das hier als proklisch bezeichnet wird, ist eines der
Scholia Vaticana, und der Cod. S stammt immerhin aus dem
11. Jahrhundert. Heiberg hat daher im Hermes 38 (1903)
S. 345 den Gedanken an die Autorschaft des Proklos nicht
mehr ganz so entschieden abgewiesen wie früher. Indessen ist
er doch der Meinung, „man darf daraus schließen, daß die
Sammlung der Scholia Vaticana einem byzantinischen Gelehrten als von Proklos verfaßt gegolten hat — — aber
auch nicht mehr, namentlich nicht, daß Proklos sämtliche
Bücher der Elemente kommentiert habe". Er fügt aber
hinzu, „die Möglichkeit soll nicht geleugnet werden; es
können ja die Scholia Vaticana auch zu den übrigen Büchern
aus Proklos exzerpiert sein, und die von mir nachgewiesenen
Bruchstücke aus dem Kommentar des Pappos (Om Scholierne
S. 10) können durch Proklos hindurchgegangen sein". Be-
denklich scheint ihm das jedoch einmal, weil keine der ganz
alten Handschriften den Proklos erwähne, sodann, weil
eine Reihe von Interpolationen, die mit Hilfe der Scholien
von Heiberg aus dem Text entfernt worden sind, da sie aus
dem Kommentar des Pappos stammen, bei Theon schon
im Text gestanden haben müssen: so daß es schwer zu erklären sei, warum Proklos Sätze, die im Text gestanden
haben, in seinen Kommentar setzte.

Was die erste Bemerkung angeht, so existiert in der
Euklidtradition ein Analogon dafür, daß eine jüngere Handschrift den Namen des Autors von Scholien bewahrt hat,
der in den älteren derselben Klasse fehlt (Om Scholierne
S. 26, 74). In der jungen Florentiner Handschrift Cod.

Magliabecchensis (15. Jahrh.) findet sich die Notiz Ψέλλου
zu einem Scholion (zufällig auch X 9); die viel ältere Pariser
Handschrift q hat den Namen nicht, von dem Heiberg sagt,
er könne doch nicht aus der Luft gegriffen sein. Es ist also
wohl möglich, daß die jüngeren Handschriften den Namen
Proklos mit Recht haben (Heiberg hat im Hermes 38 S. 346
die Stellen zusammengestellt, wo er vorkommt).

Der zweite Einwand, daß Proklos nicht Stellen aus
Pappos in seinen Kommentar habe setzen können, die schon
im Texte seiner Handschrift standen, ist auch nicht unbedingt überzeugend. Heiberg geht von der Voraussetzung
aus, Proklos habe einen theonischen Text gehabt. Wir wissen
aber, daß er außer diesem noch andere Handschriften zur
Verfügung hatte, denn er hat aus den κοιναὶ ἔννοιαι des
Euklid (Heib. I S. 10) die Sätze 4, 5, 6 und 9 gestrichen,
die in allen unseren Handschriften stehen, also vortheonische
Interpolationen sind. Proklos sagt von den gestrichenen Stellen,
unter denen er ausführlich ein von Pappos in den Text ge-
setztes Axiom bespricht (S. 197, S. 198, 3), ταῦτα οὖν ἕπεται
τοῖς προειρημένοις ἀξιώμασι καὶ εἰκότως ἐν τοῖς πλείστοις ἀντι-
γράφοις παραλείπεται. Er hatte also andere Handschriften
und bessere als Theons Text.

Es ist gar nicht unmöglich, daß er genau, wie er es
hier getan hat, auch über die sonstigen aus Pappos interpolierten Stellen die Bemerkung machte, sie gehörten nicht
in den Text, und daß er sie demgemäß in seinen Kommentar
setzte (vgl. S. 197, 10: ἐστὶ καὶ ταῦτα προφανῆ μὲν ἀφ' ἑαυτῶν,
δείκνυται δὲ ὅμως τοῦτον τὸν τρόπον κτλ).

Nehmen wir an, daß Proklos die Quelle unserer Scholien
ist, so lassen sich eine Reihe von Dingen besser erklären
als bisher. Heiberg hat (Om Schol. S. 71) gesagt, die auffällige Ähnlichkeit der Scholien mit dem Kommentar des
Proklos rühre daher, daß beide auf Pappos als gemeinsame
Quelle zurückgehen; natürlicher wird dies durch die Autorschaft des Proklos erklärt. Außerdem ist es leichter, die
Ähnlichkeit der Scholia Vat. mit denen der Handschrift P,
die vortheonisch ist und doch in ihren Scholien einmal Theon

zitiert[1]) (Schol. X 1 S. 416, 18), zu begreifen, wenn Proklos
die Quelle ist. Heiberg muß annehmen, die Scholia Vat.
seien ursprünglich für eine vortheonische Sammlung bestimmt gewesen (Om Schol. S. 72) und dann aus theonischen
Handschriften interpoliert worden. Entscheidend aber scheint
mir der auch von Heiberg (Om Schol. S. 71) bemerkte Zug
von pythagoreischem Mystizismus (vgl. Heib. V S. 362, 10;
S. 484, 23[2]); S. 593, 10). den die Scholia Vat. treu bewahrt
haben und von dem wir sagen können, daß er zu Pappos nicht
paßt, während man nur ganz wenig von Proklos zu lesen
braucht, um zu sehen, wie charakteristisch er für den Neu-
platoniker ist. Pappos erwähnt den Pythagoras in seiner
Collectio mathematica überhaupt nicht, und in seinem Kommentar zum 10. Buch des Euklid (Arabische Übersetzung bei
Woepke, Mém. prés. à l'Acad. des scienc. de Paris 1856 S. 691)[3])
gibt er einen ganz nüchternen, von pythagoreischem Mystizismus völlig freien Bericht über die Geschichte der Lehre vom
Irrationalen. Vergleichen wir diesen mit dem Scholion X 1,
so sieht man, daß der Verfasser unmöglich Pappos gewesen
sein kann. Es müßte doch ein seltsamer Zufall sein, wenn
ein späterer Autor in die Scholia Vat. solche Züge hinein-
gebracht hätte, die auf das vollkommenste mit Proklos' Tendenzen und Neigungen stimmen. Da eine Tradition vorhanden ist, die den Proklos als Autor der Scholien bezeichnet,
und der Inhalt der Scholien dieser Tradition recht gibt, so
meine ich, daß man ihr Glauben schenken dürfe, namentlich,
da Heibergs Einwände sich als nicht unbedingt stichhaltig
erwiesen haben. Ich glaube auch unten, Kapitel II 2, die
eigentümliche Stellung von Satz XIII 6 des Euklid, den
Heiberg aus dem Text entfernt, durch die Annahme, Proklos

[1]) P hat auch zu Satz XIII 6 eine Notiz, die auf die theonische
Ausgabe Rücksicht nimmt. Vgl. unten Kapitel II 2.
[2]) Dieses Scholion wird in der editio Bas. als proklisch bezeichnet.
[3]) Ich möchte noch einmal bemerken, daß zur Entscheidung
der Frage über den Ursprung der Scholien die Übersetzung von
Pappos' Kommentar zum 10. Buche des Euklid von der höchsten
Bedeutung ist.

sei die Quelle der Scholia Vat., erklärt zu haben[1]). Ist diese
Annahme aber richtig, so scheint mir der Schluß, Proklos
habe in seinem Zusatz zum Geometerverzeichnis, der den
Pythagoras anging, Jamblichos oder dessen Quelle benutzt,
beinahe sicher.

---

[1]) Vgl. auch, was unten im Anhang zu Kapitel II 2 über Proklos
und die Lehre von den Atomlinien gesagt ist.

Kapitel II

Die Entdeckung der regulären Körper.

Die Kenntnis von Pyramide, Würfel und Dodekaeder bei den Pythagoreern.

Der Beweis, daß die Elementenlehre in Platons Timaios nicht pythagoreischen Ursprunges sei, würde bei den verhältnismäßig wenigen Zeugnissen, die wir, ja die schon Aristoteles und seine Schüler über den alten Pythagorismus hatten, nicht vollständig sein, wenn uns nicht eine die mathematische Seite der Sache, die Konstruktion der regulären Körper, angehende Angabe des Altertums zu Hilfe käme. Vogt (Bibl. Math. 3. F. IX S. 46) hat bereits auf die „erhöhte Bedeutung" hingewiesen, die die „exakt geometrische Arbeit Platons und seiner Schule" nach dem Wegfall des Philolaosarguments gewinne. „Diese erhöhte Bedeutung wird auch einer Notiz des Suidas s. v. Θεαίτητος zugute kommen, welche aussagt: πρῶτος δὲ τὰ πέντε καλούμενα στερεὰ ἔγραψε." Hier haben wir eine klare von neupythagoreischem Mystizismus völlig freie Notiz, die die wissenschaftlich-mathematische Arbeit an den regulären Körpern in die Zeit nach Philolaos rückt; da diese Angabe nicht wie die des Proklos durch die Verbindung mit der Elementenlehre verdächtig ist, so ist ihr schon darum der Vorzug zu geben. Sie konnte aber erst völlig gewürdigt werden, nachdem durch Vogt und Junge der Beweis erbracht war, daß das entgegengesetzte Zeugnis des Proklos nicht von Eudem stamme. Da dieser Beweis mittlerweile noch an Sicherheit gewonnen hat, so ist es nicht nötig, sich mit

den mannigfachen Versuchen, die die beiden einander wider-
sprechenden Aussagen des Suidas und Proklos auszugleichen
wünschen, auseinanderzusetzen[1]). Denn daß diese Aussagen
sich gegenseitig aufheben, glaube ich gegen Vogts Interpretation bewiesen zu haben. Proklos hatte dem Pythagoras die mathematische Konstruktion der fünf Körper zugeschrieben. Er war zu dieser Ansicht berechtigt, denn in
seiner Zeit und schon weit früher hielt man die Fünfelementenlehre für pythagoreisch, und Platons Timaios galt für ein
Zeugnis der pythagoreischen Schule. Seine Reproduktion
durch Timaios Lokros, der seinerseits für einen Schüler des
Okkelos gehalten wurde (Proklos in Tim. II S. 38), galt für
ein echtes pythagoreisches Werk. Da nun Platon deutlich
auf die mathematische Konstruktion der regulären Körper
anspielt und Okkelos die Fünfkörperlehre hatte, die man sich
ohne die mathematische Konstruktion nicht denken konnte,
so war der Schluß, Pythagoras habe die Konstruktion schon
gekannt, beinah selbstverständlich. Da wir nun bewiesen
haben, daß die Elementenlehre des Pythagoras in Wahrheit
eine Erfindung der älteren Akademie ist, so ist damit auch
die Tradition über die geometrische Entdeckung beseitigt.
Das Zeugnis des Suidas tritt nun in sein volles Recht. Seine
Bedeutung gewann es aber erst durch die Übersetzung Vogts,
der mit voller Schärfe den Terminus technicus ἔγραψε inter-
pretierte: „er hat zuerst die sogenannten fünf Körper gezeichnet (konstruiert)." Bis dahin übersetzte man: „er hat
das erste Werk über die fünf Körper geschrieben". Das
müßte aber ἔγραψε περὶ τῶν πέντε σχημάτων heißen. Nach
dieser Überlieferung ist also die wissenschaftliche Arbeit, wie
sie im 13. Buche des Euklid erhalten ist (Vogt S. 47), ein Werk
des Theaetet. Doch auch nach der Betrachtung dieses Zeugnisses kann der Beweis dafür, daß die Verbindung der regulären

---

[1]) Vgl. Tannery S. 100, 101; Boeckh, Philolaos S. 163; Cantor I[3] S. 237; Zeuthen hat weder in seiner Geschichte der Mathematik (Kopenhagen 1896), noch in seiner neuen, 1912 gegebenen Darstellung (Kultur d. Geg. III 1) dieser Stelle auch nur Erwähnung
getan.

Körper mit den Elementen nicht von den Pythagoreern
stamme, noch nicht als vollendet gelten. Denn diese Verbindung konnte auch auf Grund einer allgemeinen Kenntnis
der fünf Körper — ohne die genaue mathematische Behandlung — erfolgt sein. Dies ist die Ansicht Vogts, der (S.
46) sagt, „der Wegfall des Philolaosarguments" könne ihn „nicht
bestimmen, den Pythagoreern die Entdeckung und Kenntnis der regulären Körper abzusprechen". Er denkt sich
(S. 42), die Grundvorstellung für die regulären Körper habe
der Würfel geliefert. Da nun die Pythagoreer (Prokl. in
Eucl. S. 304, 5) aus dem Satze, die Summe der Winkel um
einen Punkt der Ebene betrage vier Rechte, geschlossen
haben, daß sechs reguläre Dreiecke, vier Quadrate und drei
reguläre Sechsecke den Raum um einen Punkt lückenlos
füllen, so hätte diese Betrachtung weiter dazu geführt,
körperliche Ecken aus den regulären Vielecken zusammenzusetzen. Drei, vier und fünf gleichseitige Dreiecke bildeten
ebenso wie drei Quadrate, an einer Ecke zusammengefügt,
reguläre Körper. Sechs Dreiecke konnte man nicht mehr
verwenden, da so eine Ebene entstand. Andererseits hätte
man dann versucht, auch aus anderen regelmäßigen Polygonen Ecken zu bilden, und so sei später als die übrigen vier
Körper – durch Hippasos – das Dodekaeder entdeckt. Damit
wäre zugleich die Einsicht gewonnen, daß es nur fünf reguläre Körper geben könne, eine Erkenntnis, die Vogt für
eine „durchaus primitive" hält, „obwohl ihre exakte Begründung den Abschluß der Elemente Euklids bildet"[1]).
Diese Erklärung hat sehr viel für sich, ist aber schon nach
Betrachtung der jetzt besprochenen Stellen nicht mehr mit
Sicherheit haltbar. Da alle Tradition über die Kenntnis der
Pythagoreer von den regulären Körpern nur von der Ele-
mentenlehre abhängt, so bleibt als Beweis dafür, daß die
Pythagoreer die regulären Körper gekannt haben, nur der
Satz von den regulären Polygonen, die den Raum um einen
Punkt lückenlos füllen (Proklos nennt diesen Satz pytha-

---

[1]) Gegen Cantor, Gesch. d. Math. I³ S. 175; Simon, Gesch. d.
Math. S. 237.

goreisch), außerdem noch die bei uns A 15 zitierte Stelle aus Jamblichos V. Pyth., die dem Hippasos — der übrigens nach Demetrios' Homonymenliste nichts geschrieben hat! — die Konstruktion des Dodekaeders zuschreibt. Was nun diesen Satz betrifft, so sagt Proklos nirgends, daß die Pythagoreer den eigentlich entscheidenden Schritt taten, von der Betrachtung der Ebene auf die der aus den Figuren gebildeten körperlichen Ecke überzugehen, denn der „pythagoreische" Satz bei Proklos ist doch nicht identisch mit Euklid XI 21, daß die Summe der Seiten jeder körperlichen Ecke weniger als zwei Rechte betrage. Über Hippasos werden wir gleich sprechen. Verdächtig ist auch hier jedenfalls, daß das einzige Zeugnis, das die Kenntnis und Konstruktion der regulären Körper einem Pythagoreer zuschreibt, von einem so völlig unzuverlässigen Zeugen wie Jamblichos herstammt.

Es kommt aber zu Suidas Äußerung noch eine zweite rein mathematische Überlieferung über die fünf Körper hinzu, die wohl noch nicht genügend in der Geschichte der Mathematik ausgenutzt ist[1]). Diese Nachricht steht der Auffassung Vogts und der sonst gültigen Meinung über die Beziehungen der Pythagoreer zu den regulären Körpern entgegen. Es ist ein Scholion, das die Einleitung zum 13. Buche der Elemente des Euklid bildet und folgendermaßen lautet (Heib. V S. 654, 1—10):

„In diesem Buche, dem 13., werden die sogenannten fünf platonischen Körper konstruiert, die aber nicht von Platon sind, sondern drei von den eben genannten fünf Körpern sind von den Pythagoreern, der Würfel und die Pyramide und das Dodekaeder, von Theaetet aber das Oktaeder und das Ikosaeder. Den Namen erhielten sie nach Platon, weil er sie im Timaios erwähnt. Den Namen des Euklid trägt aber auch dies Buch, weil er ihm seine Stellung innerhalb der Elemente gegeben hat."

---

[1]) Zuerst herangezogen von Hultsch bei Pauly-Wissowa, s. v. Euklid, dem ich ihre Kenntnis verdanke.

Diese Worte kann man nicht wie Cantor in seiner Rezension des Heibergschen Scholienbandes (Ztschr. f. Math. u. Phys. 1888) mit der Bemerkung abweisen, das wäre eine Nachricht, die sonst nirgends vorkäme. Das ist schon um dessentwillen unmöglich, was wir unabhängig vom Inhalt über ihre Herkunft aussagen können. Heiberg (Om Scholierne S. 10; 72) hat gezeigt, daß der Grundstock unserer Scholien zu Euklid auf Pappos' Kommentar zurückgehe, und wir sahen bereits, daß dieses Scholion fast mit Sicherheit als das geistige Eigentum des Pappos wird gelten können (s. oben S. 29). Da nun Pappos, wie wir aus seinem arabischen Kommentar zum 10. Buche des Euklid wissen, Eudems Mathematikgeschichte benutzt hat, so ist es sehr wahrscheinlich, daß unser Scholion auf den zuverlässigsten Gewährsmann der antiken Mathematikgeschichte zurückgeht[1]).

Diese Auffassung wird durch den absonderlichen Inhalt des Scholions nur bestätigt; der Inhalt ist ganz frei von neupythagoreischem Mystizismus. Die Beziehung der regulären Körper zu den Elementen wird vorausgesetzt, — das zeigt der Name Πλάτωνος σχήματα — aber nur, weil Platons Timaios genannt wird. Dann aber enthält das Scholion eine Angabe, die dadurch, daß sie etwas scheinbar mathematisch Unmögliches gibt — wie seltsam das auch klingen mag —, das größte Vertrauen erweckt.

Nachdem nämlich auseinandergesetzt ist, daß die fünf regulären Körper „nicht von Platon sind", wird behauptet, „drei von ihnen sind von den Pythagoreern, nämlich Würfel, Pyramide und Dodekaeder. Zwei aber sind von Theaetet,

---

[1]) Von dem, was ich über Proklos als Grundlage unserer Scholien gesagt habe (s. oben S. 73), wird die Auffassung Heibergs, daß diese historischen Notizen auf Pappos zurückgehen, nicht getroffen, denn Proklos hat ja den Pappos benutzt. Es ist richtig, daß diese Bemerkung in striktem Gegensatz zu Proklos eigener Äußerung im Geometerverzeichnis steht. Proklos hat aber den Pappos — oder Eudem — auch sonst zitiert, wo sich Widersprüche zu seinen Angaben herausstellten. So z. B. stimmen die Angaben über Oinopides ebensowenig zu seinem Urteil über Pythagoras, und auch die Notiz über Eudoxos, daß der goldene Schnitt zu Platons Zeit gefunden sei, verträgt sich damit nicht.

Oktaeder und Ikosaeder." Das ist so unverständlich, daß
Heiberg (Gesch. d. Math. bei Norden-Gercke, Einl. II² S. 419)[1])
den Text ändern will: „Einen nicht beachteten Fingerzeig
für die Vorgeschichte der Stereometrie gibt ein Scholion
(wohl des Pappos) zu Euklid, wo die Konstruktion von Würfel, Pyramide und Dodekaeder den Pythagoreern[2]), die von
Oktaeder und Ikosaeder dem Theaetet zugeschrieben wird.
Ohne Zweifel sind Dodekaeder und Oktaeder zu
vertauschen. Die Pythagoreer werden auch hier vor der
Irrationalität zurückgeschreckt sein."

Dieser Gedanke, dem Theaetet die — viel schwerere —
Konstruktion von Ikosaeder und Dodekaeder zuzutrauen,
ist vom Standpunkte des systematischen Mathematikers
ganz verständlich. Haben doch alle Historiker die Konstruktion des Dodekaeders an den Endpunkt der Entwickelung gestellt. Aber der Grund: sie werden vor dem Irrationalen zurückgeschreckt sein, ist nicht einleuchtend.
Prof. Vogt schrieb mir darüber: „Das reguläre Fünfeck, auf
das Dodekaeder und Ikosaeder basiert sind, wird konstruiert
und behandelt Eukl. IV 11—14 auf Grund von IV 10 und
damit zurückgeführt auf II 11, wo das Irrationale noch nicht
erwähnt ist." Andererseits aber ist zur wirklich mathematischen Konstruktion der übrigen Körper die Kenntnis
der Irrationalität ebenso nötig, da die Konstruktion auf
der der Kugelradien beruht, die sämtlich mit der Seite der
Körper inkommensurabel sind. Es kommt hinzu, daß man
sich bei einer so eigenartigen Überlieferung nicht leicht ent-
schließen wird, zu ändern.

---

[1]) Heibergs Notiz lernte ich erst, als mir die Grundzüge meiner
Arbeit schon feststanden, durch einen Brief von Prof. Vogt kennen.
Um so mehr überraschte mich, daß auch er (a. a. O. S. 427) auf Platons
Staat 528b/c hinweist, eine Stelle, die den Anstoß zu dieser Arbeit
gegeben hat. Ich möchte bei dieser Gelegenheit hinzufügen, daß
meine Absicht nicht sein konnte, die von Heiberg geforderte Quellen-
untersuchung der stereometrischen Bücher des Euklid zu leisten.
Dazu ist eine Kenntnis der antiken Mathematik nötig, wie ich sie
nicht besitze.
[2]) „Daß die regelmäßigen Polyeder schon die Pythagoreer beschäftigten, ist sicher." Heiberg a. a. O.

Wir wollen also versuchen, ob der überlieferte Text nicht vielleicht zu verstehen ist. Dazu ist es nötig, die vagen Worte Πυϑαγορείων ἐστίν und Θεαιτήτου ἐστίν zu beachten. Hultsch und Heiberg haben sie beide auf die Erfindung der mathematischen Konstruktion der Körper bezogen, da sie von der selbstverständlichen Voraussetzung ausgingen, die Pythagoreer hätten die fünf Körper gekannt. Alsdann ist der überlieferte Text unhaltbar; denn, daß die mathematische Konstruktion des Dodekaeders vor der des Oktaeders gefunden sei — wenn alle Körper bekannt waren — ist undenkbar. Aber die Worte lassen eine andere Deutung zu, die wir freilich erst jezt wagen dürfen, wo feststeht, daß eine haltbare Überlieferung über die Bekanntschaft der Pythagoreer mit den regulären Körpern nicht existiert. Die Erfindung einer mathematischen Figur kann auch dem zugeschrieben werden, der sie, ohne daß von streng wissenschaftlichem Beweise die Rede ist, zuerst dargestellt hat. Wenn es sich nur um die empirische Anschauuug handelte, so konnten die Pythagoreer das Dodekaeder kennen, ohne von Oktaeder und Ikosaeder eine Ahnung zu haben. Theaetet hat dann das Oktaeder und Ikosaeder „erfunden“, d. h. die Figuren zum erstenmal hergestellt. Daneben hat er aber alle fünf Körper als erster mathematisch konstruiert, also auch die drei den Pythagoreern schon bekannten. Das geht aus der Angabe des Suidas hervor.

Zur Unterstützung dieser Deutung wollen wir auf ein paar Tatsachen hinweisen, die dadurch in ein helleres Licht gerückt werden. Dafür, daß das Dodekaeder irgendeine besondere Rolle bei den Pythagoreern gespielt haben muß, spricht eine Überlieferung bei Jamblichos (V. Pyth. 89 u. 246) über den Pythagoreer Hippasos (vgl. oben A 15). 89 referiert Jamblichos, wahrscheinlich aus Nikomachos (vgl. E. Rohde, Kl. Schr. II, Quellen d. Jambl. S. 139): „Sie erzählen, Hippasos wäre, weil er sich zuerst die Kugel aus den zwölf Fünfecken gezeichnet hatte und sie in die Öffentlichkeit gebracht hatte, als ein Frevler auf dem Meere zugrunde gegangen, er hätte aber fälschlich (ὡς) den Ruhm des Erfinders erlangt, in Wahrheit aber gehöre alles ,jenem Mann'; so nennen sie nämlich den Pythagoras." Diese Stelle wurde immer als ein Beweis angesehen, daß das Dodekaeder zu Hippasos' Zeiten konstruiert worden sei. Und in der Tat war das die Meinung des Jamblichos, den wir dabei abfassen, daß er seine Quelle mißverstanden hat. 246 erzählt er nämlich ohne Namennennung dieselbe Geschichte noch einmal mit den Worten: φθαρῆναι γὰρ ὡς ἀσεβήσαντα ἐν θαλάττῃ τὸν δηλώσαντα τὴν τοῦ εἰκοσαγώνου σύστασιν, τοῦτο δὲ ἦν δωδε-κάεδρον, ἕν τῶν πέντε λεγομένων στερεῶν σχημάτων [1]) εἰς σφαῖραν ἐντείνεσθαι. Jamblichos läßt den Pythagoreer nach seinem zweiten Berichte das Dodekaeder in die Kugel einbeschreiben. Diese Stelle ist sein eigenes Fabrikat (Rohde kl. Schr. II S. 168 aus anderen Gründen). Er hat nun deutlich den Ausdruck σφαῖραν τὴν ἐκ τῶν δώδεκα πενταγώνων mißverstanden. Sein Gewährsmann redet nur davon, er habe die „Kugel aus den zwölf Fünfecken sich gezeichnet". Diese Kugel ist nichts anderes als das Dodekaeder selbst, das mit einer populären, offenbar alten Bezeichnung um seiner Gestalt willen so genannt wird [2]). So nennt es auch Ps. Timaios Lokros ἔγγιστα σφαίρας ἐόν. Daraus machte Jamblichos die „Einschreibung des Zwanzigeckes in die Kugel". Jamblichos' Quelle erzählte nur, daß Hippasos das Dodekaeder bekannt machte, nichts von der Einbeschreibung in die Kugel. Diese Nachricht, die natürlich erst später in den Zusammenhang gebracht wurde, mit der Publikation [3]) sei eine Schuld gegen Pythagoras verbunden, erhält nun

---

[1]) Vielleicht sind die Worte τοῦτο δὲ ἦν — σχημάτων ein Glossem.

[1]) Vgl. die Schilderung des Dodekaeders bei Plutarch, quaest. Plat. V oben S. 17. Die Abbildung im Text zeigt die Ähnlichkeit mit der Kugel. Vor kurzem sah ich einen Ball als Kinderspielzeug, der aus zwölf regulären Fünfecken von buntem Stoff zusammengenäht war, es war eine δωδεκάσκυτος σφαῖρα, wie Plutarch sie beschreibt.

[2]) Sie setzt voraus, daß Pythagoras sämtliche regulären Körper kannte und operiert mit der Sage vom Schulgeheimnis der Pythagoreer. (Daß das Schulgeheimnis und sein Bruch spätere Sage ist, scheint mir Rohde, Kl. Schr. II S. 109 mit Recht anzunehmen.)

eine eigenartige Bestätigung durch Funde von prähisto-
rischen Polyedern, die in Italien gemacht worden sind.
F. Lindemann hat in den Sitzungsberichten der Münche
ner Akademie (Math.-Phys. Kl. 26, 1896 S. 625 ff, „Zur Geschichte der Polyeder und Zahlzeichen") Abbildungen und
eine Besprechung von Bronze- und Steindarstellungen re-
gulärer Körper, die in Norditalien und in den Alpenländern
ausgegraben worden sind, publiziert. (Vgl. § 2 und § 4; Abbild.
Tafel I u. II.) Von besonderem Interesse für uns ist sein
Bericht über ein Specksteindodekaeder von Monte Loffa,
das von sehr hohem Alter sein soll, möglicherweise aus der
Zeit um 900 v. Chr. (S. 656)[1]. Lindemann gelang es, die
Entstehung dieser Dodekaeder in Norditalien — alle Funde
stammen nämlich aus Norditalien und aus gallischem Gebiet — zu erklären; das Dodekaeder ist nämlich die Kri-
stallisationsform (S. 527) des Pyrit (Schwefelkies), eines
Eisenerzes; dasselbe Mineral kristallisiert auch in einem
„von zwanzig Dreiecken begrenzten Körper, der nahezu
regulär ist und einem regulären Ikosaeder äußerst ähnlich
ist". Diese Formen des Erzes kommen aber nur „in Elba
und in den südlichen nach Piemont ausmündenden Tälern
der Alpen vor". „Wenn die Kenntnis des Dodekaeders aus
der Erfahrung erworben wurde, so konnte sie nirgend anders
als in Oberitalien auftauchen", und weiter sagt er: es sei
„durchaus begreiflich, daß man der Form, in der das hoch-
geschätzte Eisenmetall kristallisierte, eine hohe Verehrung
widmete", und es erklären sich zugleich die Funde auf gallischem Gebiete, denn in Gallien war zuerst die Eisentechnik
zu hoher Vollkommenheit gelangt. Daraus ist der weitere
Schluß zu ziehen, daß dann die Pythagoreer auf italischem
Boden die empirische Kenntnis des Dodekaeders erlangen
konnten, wie sie andererseits durch Anschauung ihr Wissen
von der Pyramide[2]) erwarben.

---

[1]) Die Figur ist nach Loeschckes Urteil viel jünger, doch ist
sie schwerlich viel später als 500 zu datieren: „Hippasos" kann also
Dodekaeder in Italien gesehen haben.

[2]) Pyramiden kannte man aus Ägypten und — wie H. Diels so
freundlich war, mir mitzuteilen — aus dem Grabkult. Vgl. Anm. 2 auf S. 85.

So löst sich nach dieser Überlieferung das Rätsel des
Scholions. Wir werden nicht mehr versuchen, den Text zu
ändern und Dodekaeder und Oktaeder zu vertauschen,
sondern zugeben, daß mit der Erfindung hier nur die empirische Herstellung der betreffenden Figuren, nicht die
exakte mathematische Konstruktion gemeint ist. Daß uns
gerade für das Dodekaeder, dessen Kenntnis wir bei den
italischen[1]) Philosophen am ersten erwarten dürfen, auch die
Überlieferung des Nikomachos (bei Jamblichos) vorliegt,
ist ein besonders glücklicher Zufall. Nur darf man nicht,
wie es Lindemann tut, aus dem Jamblichos herauslesen,
Hippasos habe das Dodekaeder in die Kugel einzubeschreiben
gelehrt. Die Überlieferung bei Jamblichos — mag nun
der Name Hippasos stimmen oder nicht — lehrt nur,
was wir jetzt auch durch die Ausgrabungen erfahren haben:
daß die Pythagoreer das Dodekaeder kannten.

Wir können zur Verteidigung unserer Ansicht auch noch
die Namen der regulären Körper anführen: für die drei, die
der Scholiast den Pythagoreern zuschreibt, existieren popu-
läre Bezeichnungen. Das Tetraeder heißt Pyramide mit dem
volkstümlichen Namen[2]); über den Würfel ist weiter kein

---

[1]) Es sind nirgends sonst Darstellungen von fünfeckigen Figuren
oder Körpern gefunden (vgl. Cantor I[3] S. 49), nur in Italien. Phan-
tastische Versuche, „die Elementenlehre der Pythagoreer" mit baby-
lonischen Kulten in Verbindung zu bringen (Eisler, Weltenmantel
und Himmelszelt; W. Schultz, Pythagoras [Arch. f. Gesch. d. Phil.
XXI 1908, 240]; Kugler, Babyl. Zahlenmystik in pythagoreischer Be-
leuchtung [Klio XI 1911 S. 481], vergessen, daß der Hauptanhalt für
ihre Träumereien fehlt, da keine dieser Figuren in Ägypten oder
Babylon bis jetzt nachgewiesen ist.

[2]) Der Ursprung des Namens Pyramide war bis jetzt ein Rätsel.
Daß die verschiedentlich (Günther, Gesch. d. Math. 1908, S. 33;
Schmidt, Zur Entsteh. u. Terminol. d. elem. Mathem. Leipzig 1914,
S. 25) versuchte oder verteidigte Ableitung aus dem Ägyptischen
unhaltbar sei, ist die Ansicht von Erman. Meinem verehrten Lehrer
H. Diels danke ich die Mitteilung einer absolut einleuchtenden Deutung,
die er demnächst zu veröffentlichen gedenkt. Diels hält πυραμίς
für ein altgriechisches Wort, das Weizenkuchen und namentlich eine
beim Totenkult übliche Art von Opferkuchen in Pyramidenform be-

Wort zu verlieren, aber auch für das Dodekaeder finden wir
bei Jamblichos einen anschaulichen Namen, wenn es die
„Kugel aus den zwölf Fünfecken" genannt wird. Wenn
also die Pythagoreer sich mit den regulären Körpern abgaben,
so konnten sie sich nur mit drei von ihnen, denen nämlich, die
das Scholion nennt, beschäftigen. In welcher Weise sie das
taten, das zeigt die Behandlung, die Philolaos dem Würfel
angedeihen läßt. Nikomachos, introd. arithm. ed. Hoche,
S. 135, 14 = D. V. 32 A 24 berichtet darüber: Τινὲς δὲ αὐτὴν
(näml. τὴν ἁρμονικὴν μεσότητα) ἁρμονικὴν καλεῖσθαι νομίζουσιν
ἀκολούθως Φιλολάῳ ἀπὸ τοῦ παρέπεσθαι πάσῃ γεωμετρικῇ ἁρ-
μονίᾳ, γεωμετρικὴν δὲ ἁρμονίαν φασὶν τὸν κύβον ἀπὸ τοῦ κατὰ
τὰ τρία διαστήματα ἡρμόσθαι ἰσάκις ἴσα ἰσάκις· ἐν γὰρ παντὶ
κύβῳ ἥδε ἡ μεσότης ἐνοπτρίζεται. πλευραὶ μὲν γὰρ παντὸς
κύβου εἰσὶν ιβ, γωνίαι δὲ η, ἐπίπεδα δὲ F· μεσότης ἄρα ὁ η
τῶν F καὶ τῶν ιβ κατὰ τὴν ἁρμονικήν[1]). Man beschäftigte
sich mit den Zahlenverhältnissen der Ecken, Flächen
und Kanten. Mit einer Konstruktion der Körper hat
das nichts zu tun. Doch müssen die Pythagoreer eine
mathematische Leistung in der Richtung, wie Vogt sie (a. a. O.
S. 42, 43) andeutet, vollbracht haben. Wenn die Pyramide
pythagoreisch ist, so müssen sie die ihnen aus der Anschauung
bekannte Form dieses Körpers mit quadratischer Basis und

deutet. Darstellungen in der Kunst (älteste der Sarkophag von
Golgoi, Antike Denkmäler III S. 5ff. Abb., Tafel V) sind vor dem Anfang des 5. Jahrhunderts nicht nachzuweisen. Doch darf man nach
Diels' Urteil bei der konservativen Richtung der Opfersitten und
namentlich des Grabkults auf alte einheimische Opferübungsch ließen.
Die Griechen benannten dann, als sie die Pyramiden in Ägypten
sahen, die fremden Bauwerke mit dem heimischen Namen, wie sie
es mit στρουθός und κροκόδειλος taten. Dies wurde auf den mathematischen Körper übertragen.

Während der Korrektur erfahre ich durch Margarete Bieber,
daß auf einer schwarzfigurigen attischen Hydria des 6. Jahrhunderts
aus dem Berliner Museum (Furtwängler, Beschreib. der Vasen-
sammlung Berlin S. 376, Nr. 1890) πυραμίδες dargestellt sind.

[1]) $\dfrac{12-8}{8-6} = \dfrac{12}{6}$.

unregelmäßigen Dreiecken[1]) umgeformt haben; denn Euklids „Pyramide" ist ein reguläres Tetraeder. Wenn sie aber mit diesen drei Körpern operierten, so kann ihnen der Beweis dafür, daß es nur fünf reguläre Körper geben könne, nicht bekannt gewesen sein. Es ist indessen andererseits begreiflich, daß sie sich mit den drei Figuren begnügten, von denen jede durch ein anderes reguläres Polygon begrenzt wurde.

Die hier vorgeschlagene Interpretation des Scholions bietet den Vorteil, den überlieferten Text halten zu können. Ich möchte hinzufügen, daß sie unabhängig war von der Untersuchung über die Elementenlehre, doch andererseits mit dem Resultat dieser Untersuchung so völlig übereinstimmt, daß beide sich stützen.

Es kommt hinzu, daß, wie wir schon sagten, das mathematisch Unverständliche des Zeugnisses selbst das größte Vertrauen erweckt. Eine solche Angabe konnte niemand erfinden; sie beruht auf genauer Kenntnis der Zufälligkeit des historischen Verlaufes und ließ sich durch keine Art von Schlüssen ermitteln. Beweis dafür ist die Tatsache, daß in den vielen Geschichten der Mathematik niemand darauf verfallen ist, sich die Entwicklung so vorzustellen, wie sie unser Scholion darstellt. Die Wirklichkeit ist anders als jeder noch so kluge Rekonstruktionsversuch; diese Wirklichkeit aber kann schwerlich jemand nach Eudem noch gekannt und unbefangen beobachtet haben: alle folgenden Zeugnisse waren bereits von der platonisch-pythagoreischen Tradition beeinflußt. So ist auch dadurch die schon vorher (S. 80) behauptete Wahrscheinlichkeit, daß das Scholion über Pappos auf Eudem zurückgehe, fast zur Gewißheit erhoben[2]).

---

[1]) So zeigen sie die Bauwerke und die Darstellungen der Opferkuchen; so wird sie in Ahmes Rechenbuch vorausgesetzt (Günther, Gesch. d. Math. I S. 33).

[2]) Unter den von Lindemann besprochenen Körpern befindet sich ein Ikosaeder (S. 641). Dieses ist aber keineswegs „prähistorisch". Nach der Beschreibung — es ist aus himmelblauem Smalte und trägt griechische Buchstaben auf den Flächen — gehört es zur Gattung der von Heinvetter, Würfel und Buchstabenorakel in Griechenland

Das Werk des Theaetet.

Mit der Tradition über Pythagoras ist zugleich der mystische Nebel beseitigt, der über der Entstehungsgeschichte und -zeit der mathematischen Entdeckung der fünf Körper ruhte. Was früher in das dämmrige Halbdunkel einer fast vorhistorischen Epoche verwiesen wurde, sehen wir jetzt im klaren Lichte der Geschichte vor uns. Die sicheren Angaben — wie ich glaube des Eudem — führen uns auf den Freund und Schüler Platons, Theaetet von Athen. Wenn man die beiden Zeugnisse des Suidas und des Scholiasten zum 13. Buch des Euklid zusammennimmt, so ergibt sich durch die Nennung des Namens Theaetet eine annähernde Datierung der Entdeckung. Diese muß vor 369 v. Chr. fallen; denn im Frühjahr dieses Jahres ist Theaetet bei Korinth tötlich verwundet worden[1]); ihre Verbreitung fällt vor Platons Timaios, in dem die fünf regulären Körper verwendet werden. Einen terminus post quem gibt vielleicht die Stelle aus Platons Staat p. 528c, die unten Anh. zu Kap. II 2 besprochen wird.

Es ergibt sich weiter aus dieser Betrachtung, daß ähnlich, wie es sich in Vogts Untersuchungen über das Irrationale gezeigt hat, die Entdeckung einer Reihe von Tatsachen, die für uralt galt, erst in die Zeit der platonischen Mathematiker fällt $\pi \alpha \varrho$ ' $\tilde{\omega} \nu$ $\dot{\epsilon} \pi \eta \upsilon \xi \dot{\eta} \vartheta \eta$ $\tau \dot{\alpha}$ $\vartheta \epsilon \omega \varrho \dot{\eta} \mu \alpha \tau \alpha$ $\varkappa \alpha \dot{\iota}$ $\pi \varrho o \tilde{\eta} \lambda$-$\vartheta \epsilon \nu$ $\epsilon \dot{\iota} \varsigma$ $\dot{\epsilon} \pi \iota \sigma \tau \eta \mu o \nu \iota \varkappa \omega \tau \dot{\epsilon} \varrho \alpha \nu$ $\sigma \dot{\upsilon} \sigma \tau \alpha \sigma \iota \nu$. Vor allem gewinnt eine Ansicht Tannerys, die Cantor unbegreiflicherweise auch in der letzten Auflage seiner Geschichte der Mathematik (1907, S. 237) noch als hypothetisch behandelt,

---

und Kleinasien, Breslau 1912 S. 49 ff. besprochenen Ikosaeder aus hellenistischer Zeit. Die ältesten Exemplare gehören ins 3. Jahrhundert. Diese Angabe verdanke ich einer freundlichen Mitteilung Georg Loeschckes.

[1]) Dies Datum, das sich aus der Interpretation von Platons Theaetet ergibt, setze ich als gesichert ein. Es ist unabhängig von der Beurteilung der stereometrischen Arbeiten Theaetets und ihrer Erwähnung in Platons Staat 528c gewonnen (vgl. De Theaeteto mathematico S. 40).

eine feste Stütze. Tannery, der nur die Notiz des Suidas kannte, war der Meinung, daß im 13. Buche des Euklid, das ausschließlich der Konstruktion der regulären Polyeder gewidmet ist, die ohne starke Veränderungen aufgenommene Abhandlung Theaetets vorliege[1]). Dies wird durch die Schlußworte unseres Scholions noch wahrscheinlicher gemacht: „Auch dies Buch (das 13.) trägt den Namen des Euklid, denn er hat auch diesem Teile der Elemente seine Stelle innerhalb der Elemente gegeben." Ähnlich äußert sich der Scholiast zu Buch 5 (s. oben S. 29), das von Eudoxos stammt: „Dieses Buch soll von dem Mathematiker Eudoxos, der zu Platons Zeit lebte, herrühren; trotzdem steht der Name Euklid darauf, aber nicht als eine falsche Überschrift: die Entdeckungen darin mögen von einem anderen stammen; aber wegen seiner Anordnung als Elementarbuch und seiner Einordnung in die anderen so geordneten Bücher ist es nach dem übereinstimmenden Urteile aller ein Werk des Euklid."

Noch schärfer als in dem Scholion Vat. (Heib. V 1) tritt das in V 3 hervor. Dieses eben angeführte Scholion ist nur in jüngeren Handschriften[2]) überliefert, gibt aber einiges mehr und ist exakter als das Vatikanische. So nennt es den Eudoxos „Zeitgenossen Platons", wo das Vat. Schol. ihn (falsch) als dessen Lehrer bezeichnet. Die Weise der Einleitung ist ganz dieselbe, wie sie der arabische Kommentar des Pappos (Woepke, Mém. prés. à l'acad. d. sciences Paris 1856, S. 685; S. 691) zeigt. So wird es denn wohl auf des Pappos Kommentar zurückgehen. Auch die eigentümliche Art Euklid zu verteidigen stimmt dazu (s. oben S. 28).

Es erwächst uns also die Aufgabe, über die Andeutungen Tannerys hinaus zu fragen, wieviel von dem Inhalte des 13. Buches des Euklid von Theaetet stammen könne, was etwa Theaetet von anderen übernommen habe und ob

---

[1]) Géometrie grecque p. 101: „L'on se trouve pour le livre XIII en présence d'un ensemble introduit dans les élements avec très peu de modifications."

[2]) u, r, n. Vgl. Heib. V p. XIV.

bei Euklid die Benutzung noch eines anderen Mathematikers
vorliege. Dabei wird es natürlich nicht möglich sein, jeden
einzelnen Satz auf seinen Ursprung zurückzuführen; in
einer Reihe von strittigen Fragen aber wird die oben gegebene
Interpretation des Scholions zu Euklid XIII 1 die Entscheidung geben. Erleichtert wird unsere Untersuchung dadurch, daß wir aus dem Geometerverzeichnis des Proklos
(S. 68, 7) wissen, daß Euklid die originalen Arbeiten des
Theaetet und des Eudoxos benutzt hat; eine Erkenntnis,
die vor allem Tannery zu seiner richtigen Würdigung dieser
Mathematiker geführt hat (Géom. gr. S. 95).

Zunächst stammt erst von Theaetet der Begriff des regulären Körpers; denn die Pythagoreer kannten von den fünf
regulären Polyedern nur drei, die ihnen durch die Anschauung gegeben waren. Theaetet aber ist zu seiner Entdeckung
durch die mathematische Erwägung, wieviel Körper aus
regulären Vielecken gebildet werden könnten, gekommen;
von ihm erst stammt die Kenntnis der beiden nächst der
Pyramide aus gleichseitigen Dreiecken gebildeten körperlichen Figuren. Gerade die Tatsache, daß Theaetet das Oktaeder und das Ikosaeder entdeckt hat, zeigt, daß erst er
systematisch so vorging, wie man es bisher von den Pythagoreern annahm. Bis jetzt meinte man, die Pythagoreer
seien zur Entdeckung der regulären Körper durch mathematische Schlüsse gelangt; sie fanden den Satz „Die Summe
der Winkel um einen Punkt der Ebene beträgt 360°" und
beobachteten, daß der Raum um einen Punkt der Ebene
sich durch sechs gleichseitige Dreiecke, vier Quadrate, drei
reguläre Sechsecke füllen lasse (Procl. S. 305, 3). Diese
Beobachtung, so meint Vogt[1]), habe zu dem Versuche geführt, „was schon bei den drei in einer Ecke zusammen-
stoßenden Quadraten des Würfels vorliegt, auch mit weniger
als sechs Dreiecken oder drei Sechsecken zu versuchen".
So sei man dazu gekommen, mit drei, vier, fünf Dreiecken
körperliche Ecken zu bilden und geleitet durch die vom

---

[1]) Vogt, Geom. d. Pyth. Bibl. math. 3. F. IX S. 43.

Würfel abstrahierte Idee des regulären Körpers habe man
durch mechanisches Aneinanderfügen Tetraeder, Oktaeder
Ikosaeder gefunden. Als dann das Dodekaeder später hinzukam, sei damit auch die Erkenntnis, daß es weitere reguläre Körper nicht geben könne, als eine „ganz primitive"
gewonnen worden.

Mit dieser Betrachtung berühren wir zugleich eine
Streitfrage, in der unser Scholion die Entscheidung geben
kann. Der mit den oben erwähnten Schlüssen zusammen-
hängende Beweis Euklids (XIII Epim.), daß außer den fünf
regelmäßigen Polyedern keine weiteren existieren könnten,
wird von Junge, Symb. Joach. S. 254 und Vogt, a. a. O.
S. 43 den Pythagoreern zugeschrieben; Cantor (S. 174)
hält ihn für später; Simon, Gesch. d. Math. i. A. 1909 S. 238
gar für ein Werk des Euklid[1]).

Vogt ist zuzugeben, daß dieser Satz mit der Entdeckung
der regulären Körper auf das engste zusammenhängt. Wenn
man den planimetrischen Winkelsatz an den Anfang, die
Kenntnis der fünf Körper an das Ende der pythagoreischen
Mathematik stellt, so war die Entwicklung, wie sie sich
Vogt denkt, möglich. Jetzt aber wissen wir, daß eine haltbare Tradition, die die Kenntnis der fünf Körper bei den
Pythagoreern voraussetzt, nicht existiert. Es bleibt also
für sie nur die Kenntnis des planimetrischen Satzes bezeugt, und nirgendwo ist berichtet, daß sie den entscheidenden
Schritt taten, von der Betrachtung der 360° des vollen ebenen
Winkels mit dem Satze: „Die Summe der Seiten einer körperlichen Ecke ist weniger als 4 R", in das Gebiet der Stereometrie überzugehen, wie dies im Beweise Euklids, XIII
Epim. geschieht[2]) (Heib. IV, S. 338, 1ff., der auf XI 21
zurückgeht). Und wenn, wie das Scholion lehrt, gerade die

---

[1]) Wenn er a. a. O. sagt: „Der einzige, der noch in Frage kommen könnte, wäre Eudoxos, doch überwog bei ihm auf der Höhe seiner
Kraft das astronomische Interesse", so scheint diese subjektive Be-
vorzugung gerade des Eudoxos ein müßiges Spiel.

[2]) Wenn Zeuthen, Gesch. d. Math. i. A. u. Ma. (Kultur d.
Gegenw. III 1 S. 40B) das behauptet, so fehlt der Beweis.

Körper nicht „von ihnen sind", die allein durch die mathematische Erwägung, wie sie Vogt voraussetzt, gefunden
werden konnten — während das auf diesem Wege nicht
leicht auffindbare Dodekaeder ihnen bekannt war —, so
kann natürlich der Begriff des regulären Körpers und der
Beweis, daß es nur fünf solche Polyeder geben könne, nicht
von den Pythagoreern stammen. Daß aber beides von
Theaetet, dem Entdecker der „platonischen Körper", herrühre, und nicht erst von Euklid, zeigt der bald nach Theaetets Tode verfaßte Timaios des Platon, wo 54e auf den
Beweis Euklids XIII Epim. deutlich angespielt wird[1]).
Damit ist die Entscheidung über die Herkunft des letzten
Satzes im Euklid gegeben. Mag man die Erkenntnis, die
er vermittelt, für eine ganz primitive halten, oder in ihr den
Ausdruck eines logischen Sinnes sehen, zu dessen Ausbildung
ein Jahrhundert methodischer Arbeit erforderlich war: der
Urheber ist weder ein Pythagoreer noch Euklid; es ist Theaetet, dessen Arbeit in diesem Existenzbeweise ihren Ab-
schluß fand.

Wie der Begriff des regulären Körpers, so stammt auch
die Definition von Theaetet. Sie ist aus Euklid XIII Epim.
(Heib. IV S. 336—338) zu entnehmen: σχῆμα περιεχόμενον ὑπὸ
ἰσοπλεύρων τε καὶ ἰσογωνίων ἴσων ἀλλήλοις. Eine allgemeine
Benennung für die fünf Körper fehlt; im Schlußsatze
(a. a. O.) heißen sie τὰ εἰρημένα πέντε σχήματα. Theaetet
wird sein Werk περὶ τῶν πέντε σχημάτων genannt haben,
wie Aristaios bei Hypsikles das seine (Heib. V S. 6, 23)
σύγκρισις τῶν πέντε σχημάτων betitelt[2]).

---

[1]) S. unten Kapitel III 2.

[2]) Wann der Name „platonische Körper" aufkam, ist unsicher.
Heron in den „Definitionen" (ed. Heib. 1912 S. 64) sagt: Εἰσὶν
πέντε ταῦτα μόνον ὑπὸ ἴσων καὶ ὁμοίων περιεχόμενα, ἃ δὴ ὑπὸ τῶν Ἑλλή-
νων ὕστερον ἐπωνομάσθη Πλάτωνος σχήματα. Das ὕστερον wird „nach
Euklid" bedeuten. Ist das richtig, so geht die oben zitierte Notiz
des Scholions zu XIII 1, „die sog. platonischen Körper, die aber nicht
von Platon stammen", jedenfalls nicht auf Eudem zurück; vielleicht
liegt für diese Notiz Heron zugrunde, den Pappos benutzt haben
mag. Dafür, daß Pappos die Quelle dieses Scholions ist, spricht

Auch die Definitionen der einzelnen Körper, die dem
11. Buch des Euklid voranstehen, werden von Theaetet
herrühren (Eukl. XI def. 25—28); sicher def. 26 und 27,
die des Oktaeders und Ikosaeders; denn sie sind ja erst von
Theaetet entdeckt. Dagegen die Definition der Pyramide,
die Euklid XI 12 gegeben wird, stammt nicht von Theaetet;
sie ist, wie schon die Stellung zeigt — erst 25—28 folgen die
Definitionen der vier anderen regulären Polyeder — mit
Rücksicht auf das 12. Buch verfaßt und lautet: „Die Pyramide ist eine körperliche, von Ebenen (ἐπιπέδοις) begrenzte Figur, die von einer Ebene aus zu einem Punkte
sich aufbaut (συνεστώς)". Diese Definition trifft für XIII
13 nicht zu. Denn Theaetet versteht dort unter „Pyramide"
schlechthin, ohne irgendeine nähere Bezeichnung, einen
Körper, der von vier gleichseitigen und gleichen Dreiecken
begrenzt ist, d. h. ein Tetraeder[1]). Offenbar nannten schon
die Pythagoreer diesen Körper Pyramide; auch Platon im
Timaios und alle Berichte über die Elementenlehre bedienen
sich dieser inkorrekten Bezeichnung. So wie die Definition
bei Euklid lautet, ist die Aufgabe XIII 13: „eine Pyramide
zu konstruieren", gerade so unexakt gestellt, als stünde da
„ein Dreieck zu konstruieren". So kann Theaetet natürlich
nicht verfahren sein; er muß die Definition, die in XIII 13
steht (s. Anm. 1) vorangestellt haben. Wie kam Euklid
dazu, diese Definition auszulassen?

Nehmen wir an, wie das Heiberg tut (Gesch. d. Math.
im Altertum, 1912 S. 27), Eudoxos von Knidos hätte die regulären Körper behandelt und wäre von dieser Betrachtung
aus zu den nach dem Zeugnis des Archimedes[2]) von ihm

---

auch die Tatsache, daß derselbe Pappos in der Coll. math. (Hultsch I
S. 352, 11) die regelmäßigen fünf Polyeder τὰ π α ρ ὰ τῷ θειοτάτῳ
Π λ ά τ ω ν ι πέντε σχήματα nennt. Er weiß wie der Scholiast, daß
diese Bezeichnung aus dem Timaios stammt, wenn er die fünf
σχήματα „die Körper, die bei dem göttlichen Platon vorkommen",
nennt.

[1]) Die Definition steht XIII 13 (Heib. IV S. 290, 21).
[2]) Vgl. de sphaera et de cyl. Heib. I² S. 4; Heib. II² S. 420, 2.

stammenden Sätzen des 12. Buches der Elemente gelangt.
Dann muß er in den Definitionen, die seinem Werke
voranstanden, auch auf das Tetraeder Rücksicht genommen haben oder in der Konstruktion dem Worte „Pyramide" eine exaktere Bestimmung hinzugefügt haben. Dann
aber wäre es unerklärlich, warum Euklid in der Definition den auf das Tetraeder bezüglichen Zusatz ausließ.
Hatte Euklid dagegen zwei verschiedene Werke vor sich,
das des Eudoxos und das des Theaetet, so ist begreiflich,
daß er zunächst die Definition der Pyramide, die Eudoxos
gab, aufnahm, als er aber dann an die theaetetischen Definitionen der regulären Körper gelangte, meinte, die Pyramide
sei ja schon erledigt, ohne zu bedenken, daß er eine be-
stimmtere Fassung des Begriffes im Hinblick auf XIII 13
einfügen mußte[1]). Ist diese Beobachtung richtig, so fällt
damit die Annahme, daß Eudoxos „sich mit den regulären
Körpern abgegeben habe". Es scheint die Ansicht Tannerys,
Euklid habe das Werk des Theaetet ziemlich unverändert
in seine Sammlung, aufgenommen dadurch eine Bestätigung
gewonnen zu haben[2]).

Von Theaetet werden die Namen Oktaeder, Dodekaeder, Ikosaeder stammen, die von einer Betrachtung ausgehen, die die fünf Körper unter einem gemeinsamen Gesichtspunkt zusammenfaßt. Das Tetraeder nannte er mit
dem populären Namen „Pyramide"; die Bezeichnung für den
Würfel nahm er ebenso aus der gewöhnlichen Sprache: später
traten dafür die Namen Tetraeder und selbst Hexaeder ein.

Wir kommen nun zu den einzelnen Sätzen des 13. Buchs
der Elemente[3]). Da ist es schon Tannery aufgefallen, daß

---

[1]) Schon im Altertum bemerkte man diesen Mangel; in Herons
Definitionen (99) ist der Definition der Pyramide folgendes hinzugefügt: „Speziell (ἰδίως) ‚Pyramide' wird die gleichseitige genannt,
die von vier gleichseitigen Dreiecken begrenzt wird. Diese körperliche Figur heißt auch ‚Tetraeder'."

[2]) Daß Theaetet das Tetraeder „Pyramide" genannt hat, beweist Platons Benennung im Timaios.

[3]) Ich muß für meine Übersetzungen aus dem Euklid die Nach-
sicht der mathematisch geschulten Leser erbitten für den Fall, daß

den eigentlichen Konstruktionen zwölf Sätze aus der ebenen Geometrie vorangehen, und er hat eben daraus den oben zitierten Schluß über den Autor des 13. Buches gezogen. In der Tat ist diese Anordnung in einem Werke wie die Elemente befremdlich. Euklid pflegt im allgemeinen Sätze, auch wenn er sie erst viel später zur Anwendung bringt, dort anzuführen, wo sie dem Zusammenhange nach hingehören. So steht der Satz vom goldenen Schnitt II 11, obwohl er erst IV 10 und 11 angewendet wird; die Sätze VI 32 und XI 38 werden erst XIII 17 gebraucht. Wenn hier diese Sätze, die zur Konstruktion der fünf Körper nötig sind, alle beieinander stehen, so ist es wahrscheinlich, daß Euklid darin die Anordnung des Theaetet befolgte, in dessen Spezialuntersuchung diese Reihenfolge nicht befremden kann.

Eben denselben Schluß kann man aus einer Beobachtung von Heath ziehen (The XIII Books of Eukl. Elements, III S. 441 zu Satz 1—5), der bemerkte, daß die Beweise keines der Resultate des 2. Buches des Euklid berücksichtigen, obwohl sie viel einfacher nach dessen Methode gestaltet werden konnten. „It would therefore appear," bemerkt er, „as though these propositions were taken from an earlier treatise without being revised or rewritten in the light of Book II[1].“

die Terminologie nicht exakt ist. Es existiert nämlich bei uns in Deutschland — mit Ausnahme von Buch I—VI, die Simon 1901 (Abhdlg. z. Gesch. d. math. Wissensch., H. XI) übersetzt hat — keine moderne Euklid-Übersetzung. Die letzte Übertragung aus dem Jahre 1840 ist die Neuauflage der Lorenzschen Ausgabe, die noch aus dem 18. Jahrhundert stammt (Lorenz-Dippe, Halle 1840).

[1]) Diese Beobachtung von Heath ist für die Geschichte der Mathematik noch in einer anderen Weise interessant. Wenn die Beweise für XIII 1—5 auf die Konstruktion des goldenen Schnittes, die Euklid II 11 gibt, keine Rücksicht nehmen und doch viel einfacher mit Benutzung der Figur II 11 hätten gestaltet werden können, so ergibt sich daraus, daß die Behandlung der geom. Sätze des 2. Buches jünger ist als die Arbeiten von Theaetet und Eudoxos, aus denen die Sätze 1—5 entnommen sind (s. oben Text). Dann haben wir einen Beweis mehr in der Hand für Vogts Annahme (Bibl. math. 3. F. XIV S. 20), daß die systematische Verwendung der geome-

Diese ersten fünf Sätze scheinen nicht dem Theaetet zu gehören, sondern werden aus dem Werke des Eudoxos über „den goldenen Schnitt" stammen. Diese Vermutung hat zuerst Bretschneider, Geom. und Geometer vor Euklid, Leipzig 1870, S. 167 ausgesprochen. Denn das Geometerverzeichnis (Prokl. S. 67, 5) erwähnt ausdrücklich, τὰ περὶ τῆς τομῆς habe Eudoxos von Platon übernommen und

trischen Algebra in den ersten Büchern des Euklid erst ein Werk des Euklid selbst oder doch der Generation nach Platon sei. Vogt hat mit vollem Rechte Zeuthen gegenüber die Behauptung aufgestellt, daß die geometrische Algebra, deren hohe Bedeutung gerade Zeuthen erst in das rechte Licht gerückt hat, nicht von der Entdeckung des Irrationalen ausgegangen ist, sondern, daß sie lange geübt wurde, bevor man sich ihrer allgemeinen Verwendbarkeit für rationale und irrationale Größen bewußt wurde.

Während der Korrektur dieses Buches erhalte ich Zeuthens neuesten Aufsatz „Sur l'origine historique de la connaissance des quantités irrationnelles" (Mem. de l'cad. de Danemark 1915 Nr. 3—4) durch die Freundlichkeit des Verfassers. S. 344 u. 360 hat Zeuthen Vogt zugegeben, daß er die bewußte Verwendung der geometrischen Algebra vielleicht zu früh angesetzt habe. Trotzdem meint er die Entdeckung des Irrationalen „vielleicht schon dem Pythagoras" zuschreiben zu müssen (S. 357) und die Erkenntnis der allgemeinen Verwertbarkeit der geometrischen Darstellung der Algebra in die Zeit vor Theodoros rücken zu können (S. 345).

Doch ist aus dem frühen Auftreten der geometrischen Algebra in B. II bei Euklid nicht zu schließen, daß die systematische Behandlung der geometrischen Sätze ohne Anwendung der Ähnlichkeitssätze und der Proportionslehre v o r die Proportionslehre des Eudoxos fällt und ein Mittel war, die Schwierigkeiten, die nach der Entdeckung des Irrationalen für die exakte Beweisführung entstanden, zu umgehen. Der Beweis für den pythagoreischen Lehrsatz Euklid I 47 stammt erst von Euklid selbst (Procl. in Eucl. S. 426 Friedl.). Auf diesen Satz aber ist Buch II und das Folgende aufgebaut. So ist „diese mit absoluter Konsequenz durchgeführte Rücksichtnahme auf die Existenz irrationaler Größen" (Zeuthen, Mathematik i. Altert., Kultur der Gegenwart III 1 S. 34B) ein Werk des Euklid selbst und die Reihenfolge, die in der Anordnung der Elemente vorliegt, nicht die historische. Dafür ist ein neuer Beweis die Tatsache, daß Theaetet und Eudoxos den goldenen Schnitt nicht wie Euklid II 11 konstruiert haben. Die Behandlung von II 11 ist also jünger als der Beweis desselben Satzes in VI 30.

mit Anwendung der analytischen Methode erweitert. Nun handeln Satz XIII 1—5 vom „goldenen Schnitt", und es sind in den Handschriften zu ihnen Analysen und Synthesen überliefert, während sonst im Euklid nirgends Analysis und Synthesis getrennt behandelt werden. Freilich hat gegen diese Interpretation der Worte περὶ τῆς τομῆς Tannery (S. 76) eingewendet, es sei unmöglich, einen Text zu finden, wo ἡ τομή speziell den goldenen Schnitt bedeute. Diesen Einwand haben, wie es scheint, die Späteren gelten lassen, zum Teil gewiß, weil ihnen die Notiz, die Platon als Urheber der Lehre vom goldenen Schnitte nennt, unwahrscheinlich war[1]). Aber Bretschneiders Deutung ist richtig. In dem Scholion zu Euklid II 11 findet sich ἡ τομή für den goldenen Schnitt. Dort wird erklärt, daß Euklid an dieser Stelle den Namen „stetige Teilung" ἄκρον καὶ μέσον τέμνεσθαι nicht einführe, weil der Begriff λόγος noch nicht gegeben sei. οὐκ ἀναλύεται δὲ διὰ τὸ μὴ ὡρίσθαι τ ὴ ν τ ο μ ή ν[2]). „Es wird nicht analytisch behandelt, weil die Definition des goldenen Schnittes noch nicht gegeben ist[3])."

___

[1]) S. unten S. 128 f.

[2]) Dies Scholion geht wohl inhaltlich auf Heron zurück, der das ganze 2. Buch der Elemente nach der analytischen Methode behandelt hat. Von dem Satze II 11 hatte er auseinandergesetzt, daß man ihn nicht analytisch behandeln könne (vgl. Heiberg, Hermes 38, (1903) S. 58/59).

[3]) Eudoxos wird sein Buch περὶ τῆς τομῆς genannt haben wie Theaetet das seine περὶ τῶν πέντε σχημάτων. Der Artikel hebt die neu gefundene Erscheinung für das Gefühl des Entdeckers stark genug hervor. Wenn der Scholiast sich des schlichten Ausdruckes ἡ τομή bedient, so spricht das für Proklos als Urheber des Scholions (s. oben S. 71 f.). Proklos hat eine Neigung, die uralten, in seiner Zeit vergessenen Ausdrücke der platonischen Mathematik heranzuziehen. So wendet er das ungebräuchliche αὔξη (in Eucl. S. 39, 20) wie Platon im Staat 528b für „Dimension" an. So braucht er das seit „800 Jahren verschollene" ἄρρητον in seinem Kommentar zum Euklid (S. 6, 21; 60, 9 und öfter) und zur Republik (Bd. II S. 24, 16). Wenn die Scholien zum 10. Buche dasselbe ἄρρητον benutzen (vgl. Heiberg V S. 430, 10; 430, 16; 467, 14), das bei Pappos nicht vorkommt, so spricht auch dies dafür, daß Proklos die Grundlage unserer Scholien sei.

Wenn Heiberg in seiner Ausgabe die Doppelfassungen von Satz 1—5 aus dem Texte entfernt hat, so ist das nicht, wie Tannery meint, ein Grund gegen Bretschneiders Ansicht. Heiberg hat früher auch die Meinung dieses Gelehrten geteilt (Eukl. V, S. LXXXIV), daß hier die alten Fassungen des Theaetet oder Eudoxos vorliegen; jetzt freilich will er sie dem Heron zuschreiben (Hermes 38, S. 58/59).

Da die Deutung der Worte περὶ τῆς τομῆς im Geometerverzeichnis feststeht, so wird es möglich sein, noch einen anderen Satz des 13. Buches, den achten, dem Eudoxos zuzuschreiben oder wenigstens wahrscheinlich zu machen, daß er nicht von Theaetet stamme. Dazu ist es nötig, in Erinnerung zu behalten, daß die viel zu wenig beachtete Stelle des Geometerverzeichnisses die Lehre vom goldenen Schnitt in Platons Zeiten ihren Anfang nehmen läßt. Solange man die Notiz, die dem Pythagoras die σύστασις τῶν κο-σμικῶν σχημάτων zuschrieb, für eudemisch hielt, mußte man unsere Stelle des Geometerverzeichnisses unbegreiflich finden; denn ohne den goldenen Schnitt sind Ikosaeder und Dodekaeder nicht zu konstruieren. Man half sich, indem man entweder mit Tannery die Beziehung auf den goldenen Schnitt leugnete (s. oben S. 97), oder mit Bretschneider (S. 168) die Worte umdeutete: „Später mag Platon diesem Gegenstande aufs neue Aufmerksamkeit geschenkt und untersucht haben, was für metrische Relationen zwischen den Stücken einer durch den goldenen Schnitt geteilten Geraden stattfinden." Dies geht von der Voraussetzung aus, daß die Pythagoreer[1]) die stetige Teilung in der Weise wie sie Euklid (II 11) vornimmt, gefunden hätten (S. 168), ist aber ein nur von den Modernen gezogener Schluß: da Pythagoras die regulären Körper konstruiert hat, und man wenigstens für sicher hielt, daß Hippasos (Allman S. 42) das Dodekaeder in die Kugel einbeschrieben habe, so muß die pythagoreische Schule alle Sätze gekannt haben, die zu dieser

---

[1]) Dies ist am energischsten betont worden von Allman, Greek Geometry from Thales, London 1889 S. 40.

Konstruktion nötig sind. Mit der Voraussetzung, die wir nun als irrig schon kennen, fallen auch die Folgerungen. Wenn aber die Lehre vom goldenen Schnitt bei Platon ihren Anfang nahm, dann kann auch die Konstruktion des regulären Fünfecks, die auf ihr beruht, nicht viel vor Theaetet gefunden sein. Es erklärt sich weiter auf diese Weise, warum Eudoxos ein ganzes Buch über den goldenen Schnitt schrieb, der nach der Meinung der Modernen schon über ein Jahrhundert früher bekannt war. Wir sehen sodann, daß erst Eudoxos diesen Gegenstand behandeln konnte, der die Lehre vom Irrationalen — die seine älteren Zeitgenossen Theodoros und Theaetet ausgebildet haben — voraussetzt. Andererseits waren es erst die Arbeiten des Eudoxos über den goldenen Schnitt, die Theaetets Werk über die regulären Körper ermöglichten.

Ist dieses richtig, so ist es auch möglich, daß die Konstruktion des regulären Fünfecks, die wir bei Euklid finden, von Eudoxos stammt, und daß vielleicht auch der uns beschäftigende Satz XIII 8 dem knidischen Mathematiker gehört. Von diesem Satze möchte ich zeigen, daß er es war, der zur Konstruktion des regulären Pentagons geführt hat. Jedenfalls glaube ich beweisen zu können, daß die Konstruktion des regulären Fünfecks (Eukl. IV 11) nicht von Theaetet herrührt. Dafür sprechen folgende Gründe:

Die Konstruktion des regulären Fünfecks (IV 11) bei Euklid ist von einem Mathematiker gefunden, der sich um das reguläre Zehneck nicht kümmerte und dem der von uns bei dieser Konstruktion benutzte Satz: „Die Seite des regulären Zehnecks ist der größere Abschnitt des nach dem goldenen Schnitt geteilten Radius des Umkreises dieser Figur", unbekannt war. In Wahrheit wird bei Euklid IV 10 das reguläre Zehneck konstruiert; denn das dort gefundene gleichschenklige Dreieck, bei dem jeder der Basiswinkel doppelt so groß ist wie der Winkel an der Spitze, ist das Bestimmungsdreieck des regulären Zehnecks (dessen Winkel 36^0 und je 72^0 sind). Es war also zur Konstruktion des Fünfeckes bei Euklid nur nötig, je zwei nicht aufeinanderfolgende Ecken des Zehneckes zu verbinden. Euklid aber macht von der Tatsache, daß er IV 10 die Seite des Zehnecks gefunden hat, keinen Gebrauch. Er läßt ein dem IV 10 gefundenen Dreieck ähnliches in den gegebenen Umkreis des Fünfeckes einbeschreiben. Er weiß also nicht, daß IV 10 die Seite des Zehnecks konstruiert ist. Das tritt noch deutlicher im 13. Buche hervor: dort werden zweimal ein reguläres Zehneck und ein reguläres Fünfeck in denselben Kreis einbeschrieben (XIII 9 und XIII 16), und beide Male wird die Konstruktion von Buche 4 verwendet, d. h. er gewinnt nach IV 10 in Wirklichkeit die Zehneckseite zuerst; darauf konstruiert er nach der umständlichen Weise von IV 11 das Fünfeck und errichtet dann auf den Fünfeckseiten die Mittellote zur Bestimmung der Eckpunkte des Zehnecks. Daß dies Verfahren unzweckmäßig ist, leuchtet ein. Da nun Theaetet zur Konstruktion des Ikosaeders das Zehneck brauchte, so wird diese Konstruktion des Fünfeckes schwerlich von ihm stammen. Denn er mußte — wenn seine Aufmerksamkeit einmal auf das Zehneck gerichtet war — aus dem Satze XIII 9 schließen, daß die Zehneckseite der größere Abschnitt des nach dem goldenen Schnitt geteilten Radius in dem ihm umschriebenen Kreise sei. Wenn er aber die Konstruktion des Fünfeckes bereits vorfand, so ist es begreiflich, daß er an dem aus XIII 9 sich ergebenden notwendigen Schlusse vorüberging.

Mit der Konstruktion des Fünfeckes scheint nun aber der uns interessierende Satz XIII 8 auf das engste zusammenzuhängen. Die seltsam umständliche Konstruktion des Fünfeckes hat schon bei manchen Gelehrten Verwunderung erregt. Cantor (Gesch. d. Math. 1³ S. 177) hat auf Platons Timaios verwiesen, und diese Seltsamkeit auf pythagoreische Mathematik zurückzuführen versucht. Seine Deutung geht freilich von der irrigen Anschauung aus, Platons Timaios sei eine pythagoreische Quellenschrift. Doch scheint er damit recht zu haben, daß er die Entdeckung der Konstruktion mit der Figur des Pentagramms in Verbindung bringt. Diese Figur, die aus den Diagonalen des regulären Fünfecks

besteht, soll das Erkennungszeichen der Mitglieder des pythagoreischen Bundes gewesen sein (Lukian, de lapsu inter sal.
Kap. 5). Jedenfalls existierte sie lange, bevor an die mathematische Konstruktion des regulären Fünfecks zu denken
war. (Sie kommt vor auf der Aristonothosvase [vgl. Helbig,
Führer I, 1912 S. 551], die etwa aus dem 7. Jahrhundert
stammt. Sie findet sich als Steinmetzzeichen auf den Mauern
von Pompeji, O. Richter, antike Steinmetzzeichen, Winckel-
manns Progr. 1885 S. 18 Nr. 30. Vgl. auch Heydemann,
gr. Vasenbilder 1870 S. 14.) Die Figur war also den Mathematikern geläufig, so daß der Entdecker der Konstruktion
des Fünfeckes von einem Pentagon ausgehen konnte, in dem
die Diagonalen gezogen waren. Wie er dabei verfuhr, kann
die nebenstehende Zeichnung deutlich machen; es ist dieselbe, die Euklid für den Beweis von XIII 8 verwendet.
Nur habe ich drei Diagonalen ge-
zeichnet. In dieser Figur ist $A \varDelta \varGamma$

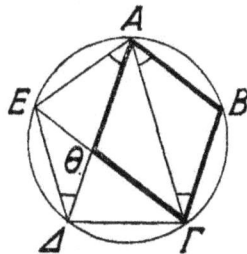

das Dreieck, das IV 10 bei Euklid
konstruiert wird, bestehend aus zwei
Diagonalen und einer Fünfeckseite.
Der bloße Anblick der Figur zeigt,
daß jeder der Basiswinkel ($A \varDelta \varGamma = A \varGamma \varDelta$)
doppelt so groß ist wie der Winkel
an der Spitze $\varDelta A \varGamma$. Ebenso kann
man sehen, daß die Diagonalen, z. B. $A \varDelta$ und $E \varGamma$, sich
so schneiden, daß der größere Abschnitt der in θ sich
treffenden Diagonalen der Seite des Fünfecks gleich ist
($\theta \varGamma = \theta A = AB = \varDelta \varGamma$). Um die Seite $\varDelta \varGamma$ des Fünfecks,
d. h. die Basis des IV 10 gesuchten Dreiecks, zu finden,
mußte man also fragen, wie sich der größere Abschnitt der
sich schneidenden Diagonalen zur ganzen Diagonale verhalte
(z. B. $A \theta : A \varDelta$); denn der größere Abschnitt ist gleich der
Basis des Dreiecks von IV 10 und gleich der Fünfeckseite.
Die Antwort auf diese Frage gibt unser Satz XIII 8:
„Wenn in einem regulären Fünfeck von zwei aufeinander-
folgenden Ecken Diagonalen gezogen werden[1], so schneiden

---

[1] Wörtlich: „Wenn zwei Gerade zwei aufeinanderfolgende
Winkel überspannen.‘‘

diese Diagonalen einander nach dem goldenen Schnitt, und der größere Abschnitt ist gleich der Seite des Fünfecks." Aus diesem Satze geht hervor, daß in dem gleichschenkligen Dreieck $A\Delta\Gamma$, bei dem jeder der Basiswinkel doppelt so groß ist wie der Winkel an der Spitze, die Basis (= der Fünfeckseite) der größere Abschnitt des nach dem goldenen Schnitt geteilten Schenkels ist. Zur Konstruktion des Fünfeckes war also nötig, ein dem IV 10 konstruierten Dreiecke ähnliches in den gegebenen Kreis des Fünfeckes einzubeschreiben. Und in der Tat wird die Konstruktion IV 10[2]) auf Grund des Satzes XIII 8 vollzogen. Gegeben ist die Gerade A B; ein geometrischer Ort für die Ecke Δ des gesuchten Dreiecks ist der Kreis mit dem Zentrum A und dem Radius A B, der zweite ein Kreis mit dem Zentrum B und dem Radius $A\Gamma$ (= dem größeren Abschnitt der nach dem goldenen Schnitt geteilten Geraden A B).

Mag nun diese Konstruktion des Fünfeckes von einem Pythagoreer[3]) oder, was wahrscheinlicher ist, von Eudoxos stammen, dem Theaetet ist sie so wenig zuzuschreiben wie der Satz XIII 8, auf dem sie beruht.

Dagegen scheinen die Sätze XIII 9 und XIII 10 Theaetet zu gehören. Ich will versuchen, zu zeigen, daß sie im Zusammenhange mit der Konstruktion des Ikosaeders gefunden sind.

Der Satz XIII 10 lautet: „Wenn ein reguläres Fünfeck in einen Kreis einbeschrieben wird, so ist das Quadrat der Fünfeckseite gleich dem Quadrat der Seite des regulären Sechsecks (d. i. des Umkreisradius) plus dem Quadrate der

---

[2]) Die Buchstaben und Figuren, die ich benutze, sind die der Euklidausgabe von Heiberg. Hier ist die Figur IV 10 vorausgesetzt.

[3]) Scholion IV 2 und 3 (Heib. V S. 273, 4 und 14) sagen, das 4. Buch stamme ganz von den Pythagoreern; wir sahen schon, daß der Begriff „Pythagoreer" sehr weit ist; hat doch Diogenes Laertios die Biographie des Eudoxos unter die Pythagoreerviten eingereiht. Übrigens kann das Scholion von Proklos stammen; das nähme der Aussage ihren Wert; Scholion 3 erwähnt die Ausgabe des Theon, ist also später als Pappos. Die Form von Buch IV ist, wie aus dem oben S. 96 (Anm.) über Buch II und das Folgende Gesagten hervorgeht, ein Werk des Euklid.

— 103 —

Seite des regulären Zehnecks, die in denselben Kreis be-
schrieben werden."

Dieser Satz, obwohl planimetrisch, ist durch Betrachtung der ebenen Geometrie nicht leicht zu finden. Dagegen
kann man beim Anblick des Ikosaeders gewissermaßen er-
raten, daß die Seiten der drei Figuren sich so verhalten.
An dem Körper kommt zweimal ein rechtwinkliges Dreieck
vor, dessen Hypotenuse die Seite des Fünfecks und dessen
eine Kathete die Seite des Zehnecks, die andere der Radius
des dem Fünfeck umschriebenen Kreises ist. An der
schönen Figur von Heath (The XIII Books of Eukl. El. III
S. 487), die ich mit
Erlaubnis der Univer-
sity Press Cambridge
hier abdrucken darf,
sind es z. B. die Drei-
ecke ZWQ und QEP.
Ebenso ließ sich aus
der Zeichnung der
Figur erkennen, daß
WQEV ein Quadrat
ist, dessen Seite der
Umkreisradius des re-
gulären Fünfecks
QRSTU bildet. Hatte
der Geometer das, was
er aus dem bloßen An-
blick der körperlichen
Figur erschließen
konnte, an der ebenen

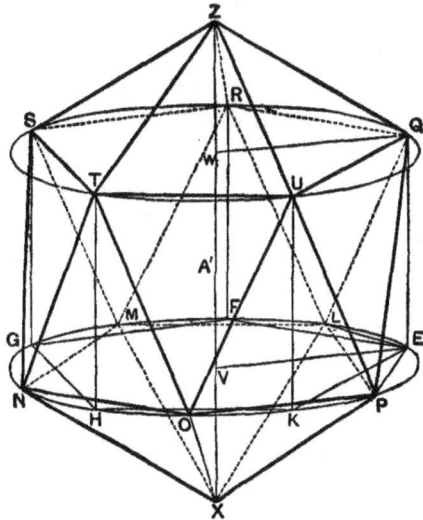

Figur des Ikosaeders, gezeichnet von Heath,
The XIII books of Eucl. Elements Cambridge. 1908. Bd. III S. 487.

Figur (XIII 10) be-
wiesen, so konnte er ebenfalls durch Anschauung am Ikosaeder erkennen, daß der Durchmesser der dem Ikosaeder
umschriebenen Kugel (ZX) sich zusammensetze aus der
zweimal genommenen Seite des regulären Zehnecks (ZW
+ VX) und dem Umkreisradius (VW) des regulären Fünfecks QRSTU, das in denselben Kreis wie das reguläre Zehn-

eck einbeschrieben ist. Dies ergab sich aus den Dreiecken, von denen wir eben redeten: Im Dreieck Z W Q war ZW = V X die Seite des Zehnecks; und in dem Dreieck Q E P war die Seite Q E = Q W = W V die Seite des in denselben Kreis wie das Fünfeck und Zehneck einbeschriebenen Sechsecks, d. h. der Umkreisradius des Fünfecks. Um also das Ikosaeder zu konstruieren, mußte Theaetet nur fragen, wie die Seite des Sechsecks (d. h. der Umkreisradius des regulären Zehnecks) sich zu der Seite des regulären Zehnecks plus der Seite des Sechsecks verhielte, er brauchte also einen Satz, in dem nach dem Verhältnis der S u m m e beider Seiten zur Sechseckseite gefragt wurde.

So fand er den Satz XIII 9: „Wenn die Seite des regulären Sechsecks um die Seite des regulären Zehnecks, das in den gleichen Kreis einbeschrieben ist, verlängert wird, so ist die ganze Gerade nach dem goldenen Schnitt geteilt und der größere Abschnitt ist die Seite des regulären Sechsecks" (d. h. der Umkreisradius des Zehnecks).

Daß dieser Satz von Theaetet stammt, geht noch aus einer anderen Erwägung hervor. Wir sahen aus der Konstruktion des regulären Fünfecks und Zehnecks, daß Euklid den Satz: „Die Zehneckseite ist der größere Abschnitt des nach dem goldenen Schnitt geteilten Radius des ihm umschriebenen Kreises", nicht zu kennen schien. Dies wird durch die Formulierung von XIII 9 bestätigt. Wäre jener Satz von der Zehneckseite schon bekannt gewesen, so würde aus diesem Satze und XIII 5 der Beweis von XIII 9 hervorgehen[1]). Auch dies zeigt, daß XIII 9 von Theaetet und

---

[1]) Der Beweis für den Satz vom Verhältnis der Zehneckseite zum Radius des Umkreises ließ sich mit Benutzung der Figur IV 10 in umgekehrter Folge wie IV 10 die Aufgabe gelöst wird, erbringen. Bei der Figur sind: $B\varDelta$ die Zehneckseite; BA und $A\varDelta$ die Radien des Umkreises; jeder der Winkel $A\dot{B}\varDelta = A\dot{\varDelta}B$ doppelt so groß wie der Winkel $B\dot{A}\varDelta$; schließlich $A\varGamma = B\varDelta$ nach Konstruktion. Nach III 32 ließ sich zeigen, daß $B\varDelta$ die Tangente an den um das Dreieck $A\varGamma\varDelta$ beschriebenen Kreis sei; und nach III 37, daß $B\varDelta^2 = \varGamma A^2 = BA \cdot B\varGamma$, d. h. $B\varDelta$ ist der größere Abschnitt des nach dem goldenen Schnitt geteilten Radius AB.

im Zusammenhang mit der Konstruktion des Ikosaeders gefunden wurde.

Die Konstruktion der fünf Körper (Satz 13—17) stammt von Theaetet. Vogt (Bibl. math. 3. F. IX S. 47)[1]) hat mit Recht gegen Tannery polemisiert, der (Géom. S. 101) die Konstruktion der fünf Polyeder den Pythagoreern zuschreibt, während nach ihm Theaetet nur die Berechnung des Verhältnisses der Kanten zum Radius der umschriebenen Kugel hinzugefügt hätte: denn erst auf jener Berechnung beruht die exakte Konstruktion. Da diese für alle fünf Körper auf irrationale Verhältnisse führt, so ist sie vor Theaetets exaktem Beweise für das Irrationale oder wenigstens vor Theodoros Entdeckung nicht möglich, so daß der innere Zusammenhang der geschichtlichen Ereignisse mit der Tradition (Suidas), die Theaetet die erste Konstruktion der fünf Körper zuschreibt, in Übereinstimmung ist.

Es ist also Tannerys Annahme, daß die Berechnung der Seiten von Theaetet stamme und daß das 13. Buch des Euklid im wesentlichen die Abhandlung dieses Mathematikers sei, richtig. Es kommt hinzu, daß in der Berechnung der Seiten des Tetraeders (Heib. IV S. 292, 24), des Oktaeders (S. 298, 18) und des Würfels (S. 302, 21) die erst von Theaetet begründete — von unserem Gebrauche abweichende — Einteilung[2]) der Geraden in „rationale" und „nur in der Potenz rationale" einerseits (ῥηταί und δυνάμει μόνον ῥηταί) und irrationale (μηδὲ δυνάμει ῥηταί = ἄλογοι) angewandt wird. (Vgl. auch die Verwendung von ῥητόν in Satz XI S. 284, 6, wo ausdrücklich gesagt ist, αἱ ΚΒ, ΚΜ ἄρα ῥηταί εἰσιν δυνάμει μόνον

---

[1]) S. 47: „Will man aber mit Bretschneider und Tannery Theaetets Leistung auf die Berechnung der Beziehungen zwischen räumlichen Diagonalen, Kugelradien und Kantenlängen der regelmäßigen Körper beschränken, so ist zu bedenken, daß auf diesen Beziehungen die stereometrische Konstruktion der fünf Körper beruht und daß es ein Widerspruch ist, diese Konstruktion dem Pythagoras, die Konstruktionsbedingungen aber dem 100 Jahre später lebenden Theaetet zuzuweisen.

[2]) Vgl. Vogt, B. M. 3. F X S. 135; De Theaeteto mathematico, Berlin 1914, S. 44ff. und die dort S. 11 und 12 zitierten Zeugnisse.

σύμμετροι.) Ebenso muß der Schluß von Satz 17: „Die Seite
des Dodekaeders ist eine Apotome, denn sie ist der größere
Abschnitt der nach dem goldenen Schnitt geteilten Kante
des in dieselbe Kugel einbeschriebenen Würfels" von Theaetet sein, da er erst den Begriff Apotome[1]) eingeführt hat
(s. Eudem in dem arabischen Kommentar zum 10. Buch
des Euklid, Woepke, Mém. prés. à l'cad. de Paris 1856 S. 691).
Anders verhält es sich mit dem Schluß des 16. Satzes
oder vielmehr mit Satz 11, auf dem die Berechnung der
Ikosaederkante beruht. Denn zu dem Beweise, daß die
Seite des regulären Fünfecks eine irrationale Gerade, die sogenannte ἐλάττων ist, sind aus dem 10. Buche erforderlich:
die Definition der Apotome (X 73) und der προσαρμόζουσα
(X 79); weiter der „4. Apotome" (Def. X 3, 4 und Satz X 88)
und der ἐλάττων, wozu noch der Satz X 76 kommt, nach
dem die Fünfeckseite eine ἐλάττων ist. Daraus sieht man,
daß hier der größte Teil des 10. Buches vorausgesetzt ist,
das nach Theaetet, wie es scheint, von Hermotimos überarbeitet wurde und in dem die Klassifikation der irrationalen
Geraden erst Euklid vollendet hat. Jedenfalls gehen die
Unterabteilungen der irrationalen Geraden über die von
Eudem als theaetetisch bezeichneten Einteilungen hinaus,
wenn nicht etwa der arabische Kommentar des Pappos eine
genauere Bezeichnung der Arbeiten des Theaetet ergibt.

Wenn aber auch die bei Euklid vorliegende Berechnung
der Seite des Fünfecks nicht von Theaetet stammt, so spricht
das nicht gegen die Tatsache, daß Theaetet das Ikosaeder
konstruiert habe. Denn die Konstruktion erfolgt mit Hilfe
von XIII 9 und 10 und XIII 5, durch die der Radius des
um das Fünfeck des Ikosaeders beschriebenen Kreises gefunden wird; die Fünfeckseite wird nach IV 10 konstruiert.
Dies alles ist möglich ohne die Berechnung, die am Schlusse
von Satz 16 angestellt wird; wie auch wir das Ikosaeder konstruieren können, ohne zu sagen, die Seite sei $\frac{r}{5} \sqrt{10\,(5-\sqrt{5})}$.

---

[1]) Über den Satz XIII 6 und seine Beziehung zu XIII 17 s.
unten S. 113.

Indessen ist nicht wahrscheinlich, daß Theaetet auf die Einordnung der Ikosaederseite in sein System der irrationalen Geraden verzichtet haben wird, da er die übrigen Seiten berechnete; er wird nur bei einer Oberabteilung stehen geblieben sein, wo Euklid schärfer präzisieren konnte.

Wir haben uns nun mit der weiteren Frage zu beschäftigen, ob Euklid im 13. Buche noch das Werk eines anderen Mathematikers außer Theaetet benutzt habe. Bretschneider (S. 171), dem Allman (S. 202) und Heath, Euklid III (S. 439) folgen, hat behauptet, Euklid habe in dem 13. Buche das Werk des Aristaios „über den Vergleich der fünf regulären Körper" herangezogen: „da es das neueste und letzte ist, was vor Euklides diesen Gegenstand behandelt, so dürfte die Vermutung nicht allzu kühn sein, die in dem Inhalt des 13. Buches des Euklides eine wenigstens teilweise Rekapitulation jener Schrift des Aristaios erblickt". Diese Vermutung gründet sich auf eine Stelle in dem sogenannten „14. Buche des Euklid", in Hypsikles' Abhandlung „über die Vergleichung der fünf regulären Körper" (Heib. V 6, 19): „Derselbe Kreis umfaßt das Fünfeck des Dodekaeders und das Dreieck des Ikosaeders, die in dieselbe Kugel einbeschrieben sind. Dies ist von Aristaios bewiesen in dem Buche „Vergleich der fünf Körper". Der hier genannte Satz benutzt außer zwei Theoremen, die nicht bei Euklid stehen, sechs Sätze aus dem 13. Buch des Euklid (S. 8, 10, 12, 15, 16 mit Corollarium und 17). Da man nun annahm, Aristaios habe kurz vor Euklid gelebt, und da er so viele Sätze des 13. Buches benutzte, so schloß man, Euklid habe einen Teil dieser Sätze aus Aristaios entnommen.

Es fragt sich, ob die Voraussetzungen und der Schluß berechtigt sind. Woher will man zunächst wissen, daß Aristaios um 320 vor Euklid gelebt habe? Überliefert ist dies so wenig wie ein Datum für die Lebenszeit des Euklid[1]). Bei Pappos

---

[1]) Vogt (Bibl. math. 3. F. XIII 1913 S. 193f.) hat versucht, die Lebenszeit des Euklid um 30 Jahre früher anzusetzen, als das nach der üblichen Annahme (um 300 v. Chr.) geschieht. Heiberg hat diesen Versuch kurz und schroff im „Sokrates" 1914 S. 206 abgelehnt.

(Coll. math. ed. Hultsch, II S. 676, 25) heißt es, daß Euklid
in seinen *Κωνικὰ στοιχεῖα* die *κωνικά* des Aristaios benutzt habe:
ὁ δὲ Εὐκλείδης ἀποδεχόμενος τὸν Ἀρισταῖον ἄξιον ὄντα ἐφ' οἷς
ἤδη παρεδεδώκει κωνικοῖς, καὶ μὴ φθάσας ἢ μὴ θελήσας
ἐπικαταβάλλεσθαι τούτων τὴν αὐτὴν πραγματείαν . . . ὅσον
δυνατὸν ἦν δεῖξαι τοῦ τόπου διὰ τῶν ἐκείνου κωνικῶν ἔγραψε.
Aus diesen Worten schloß man, daß Aristaios ein älterer
Zeitgenosse des Euklid gewesen sein müsse, und setzte seine
ἀκμή etwa 20—30 Jahre vor die des Euklid. Hierin ist das
eine richtig, daß beide Zeitgenossen waren; das liegt (so
Heiberg, Liter. Studien zu Eukl. S. 85) in ἐφ' οἷς ἤδη παρεδεδώκει und μὴ φθάσας, das die Möglichkeit voraussetzt, daß
Euklid gleichzeitig oder früher sein Werk hätte schreiben
können, aber die Arbeit des Aristaios abgewartet hat. Es geht
aber aus diesem Berichte nicht hervor, daß Euklid das Werk
desselben Aristaios über die regulären Körper in seinen Elementen benutzen mußte; die *κωνικά* des Euklid können
später verfaßt sein als die Elemente. Aristaios kann sein
Buch über die regulären Körper später verfaßt haben als

Er hat mit Recht betont, daß die Worte des Geometerverzeichnisses
(Procl. in Eucl. S. 68, 4—20) οὐ πολὺ δὲ τούτων (als die platonischen
Mathematiker) νεώτερός ἐστιν Εὐκλείδης zu einer exakten Datierung nicht ausreichen, da sie nur auf der Anekdote, die Euklid
im Gespräch mit dem ersten Ptolemäer zeigt, und auf der Erwähnung des Euklid bei Archimedes beruhe. Daß das Argument
Vogts, die Elemente seien bereits in der Schrift des Xenokrates
über die Atomlinien erwähnt, nicht stichhaltig ist, habe ich
in meiner Dissertation „de Theaeteto math." S. 61 bewiesen. An
Vogts Arbeit ist aber wertvoll, daß gezeigt wurde, daß der Ansatz der
ἀκμή des Euklid um 300 reine Willkür ist, und man kann nicht bestreiten, daß Proklos selbst — dessen Wert als Historiker Vogt freilich überschätzt — Euklid eher um 330 als um 300 datiert hat (Vogt
S. 196 über des Proklos Gebrauch von ὀλίγῳ νεώτερος). Außerdem
möchte ich bei dieser Gelegenheit gegen die ganz unberechtigt
scharfe Ablehnung von Vogts Interpretation der korrupten Stelle
aus der Schrift „Über die Atomlinien" 968, 19 bei Heath (Bolle-
tino di bibl. delle sc. mat. 1911 S. 4) und Heiberg (a. a. O.) Ein-
spruch erheben. Es sei mir gestattet, in einem Anhange am Ende
dieses Kapitels die Stelle zu interpretieren.

die *κωνικά*. Also aus der Papposstelle ist für Bretschneiders These nichts zu entnehmen[1]). Und wie steht es mit der Benutzung der Sätze aus dem Euklid? Wenn Aristaios in seinem Werke viele Sätze des Euklid verwandte, sollte man da nicht ebensogut umgekehrt schließen können, daß e r den Euklid benutzt hat, abgesehen davon, daß er ja auch die mit Euklid gemeinsamen Sätze aus Theaetet entnommen haben kann.

Es läßt sich aber gegen Heath beweisen, daß Euklid den Aristaios nicht benutzt hat. Zwar daß der Satz des Aristaios über Euklid hinausgeht[2]), ist nicht notwendig ein Zeichen dafür, daß Aristaios später geschrieben hat als Euklid. Der *στοιχειωτής* hat ja nicht alle damals gefundenen Sätze in seine Elemente aufgenommen[3]). Aber man kann aus zwei Stellen im Euklid zeigen, daß er den Aristaios nicht kannte, da er ihn sonst hätte benutzen müssen. Unter den zwei nichteuklidischen Sätzen, die das Theorem des Aristaios voraussetzt, befindet sich der von uns (s. oben S. 99) vermißte Satz: ,,Die Seite des regulären Zehnecks ist der größere Abschnitt des nach dem goldenen Schnitt geteilten Umkreisradius (Hypsikles Heib. V S. 12, 1 und S. 26, 4).'' Diesen hätte Euklid in seine Elemente aufnehmen müssen. Bei Heath (III S. 514) und Heiberg (V S. 13 Anm. 1) tritt nicht so scharf hervor, daß Aristaios einen über Euklid hinausgehender Satz benutzt hat, weil man diesen Satz nach Euklid XIII 9 und der Umkehrung von XIII 5 beweisen kann.

Aristaios aber hat den Satz offenbar nicht als ein selbstverständliches Ergebnis aus Euklid XIII 9 und 5 betrachtet. Das zeigt sich in Pappos' Coll. math., die im 3. und 5. Buche das Werk des Aristaios zugrunde legt[4]). Unter den Lehn-

---

[1]) Ebensowenig aus der Nichterwähnung im Geometerverzeichnis; es geht daraus nur hervor, daß er nach Philipp von Opus gelebt haben muß.

[2]) So Vogt, Bibl. math. 1913 S. 199.

[3]) S. Heiberg, Liter. Studien zu Eukl. S. 31.

[4]) Tannery, Géometr. gr. S. 158/59 meint, daß die Sammlung des Pappos sowohl in der Konstruktion der regulären Körper wie in

sätzen des 5. Buches (Hultsch, S. 434, 8ff.) steht der Satz
vom Verhältnis der Sechseckseite (d. h. des Umkreisradius)

der σύγκρισις τῶν ε̄ σχημάτων (Buch III, H. S. 132ff.; Buch V, H.
S. 410ff.) Abhandlungen darböte, die über das 13.
Buch der Ele-
mente hinausgingen und dieses völlig umgearbeitet hätten. Der Unterschied besteht darin, daß nicht wie bei Euklid von Sätzen der ebenen
Geometrie, sondern von Lemmaten über die Kugel ausgegangen wird,
von Sätzen, die in Theodosius Σφαιρικά enthalten sind, indes älter
sind als dieses Werk. Auch Heath (III S. 472) bemerkt, daß der
fundamentale Unterschied zwischen Pappos und Euklid darauf beruhe,
daß Euklid nicht eigentlich die fünf Polyeder in eine gegebene Kugel
hineinkonstruiere, sondern die Körper konstruiere, die eine der gegebenen gleiche Kugel umschreibe. Erst Pappos konstruiert die
Körper in die Kugel hinein. Da nun aber die Σφαιρικά des Theodosius nach Heibergs Urteil (Lit. St. zu Eukl. S. 46) im wesentlichen
das Werk des Eudoxos wiederholen, so spricht, glaube ich, nichts
gegen die Ansicht, die grundlegende methodische Änderung in der
Behandlung der regulären Körper gehe auf Aristaios zurück. Es ist
also kein Grund, mit Tannery (S. 154 Anm. 1) den Verfasser der
σύγκρισις von dem Autor der κωνικά, die Euklid nach Angabe des
Pappos (Hultsch S. 676, 25) benutzte, zu unterscheiden und den
nach Tannery (S. 159) unbekannten Verfasser dieses „remaniement"
des 13. Buches für wesentlich später als Euklid und Aristaios zu
halten. Die Konstruktionen bei Pappos scheinen von Aristaios
herzurühren, denn am Schlusse der Konstruktion des Dodekaeders
bemerkt Pappos: „Aus der Konstruktion (S. 162, 19) geht hervor,
— — — daß derselbe Kreis das Dreieck des Ikosaeders und das
Fünfeck des Dodekaeders, die in dieselbe Kugel einbeschrieben sind,
umfaßt." Wenn aus der Konstruktion sich der Satz des Aristaios
ergibt, so liegt es nahe zu denken, daß dieser Mathematiker die Konstruktion und den sich daraus ergebenden Satz gefunden habe. Dann
schließt er in seiner mathematischen Arbeit an Theaetet und Eudoxos
an, wie er in den Konika den Menaichmos fortsetzte. Wir bemerken
hier denselben Fortschritt in der stereometrischen Auffassung, wie
er sich in seiner Erweiterung der Lehre vom goldenen Schnitt, nämlich in dem Satze vom Verhältnis der Zehneckseite zum Radius
des Umkreises zeigt.

Daß Aristaios bei Pappos zugrunde liege, ist auch die Meinung
von Allman (S. 203), der beweist, daß in der Synagoge des Pappos
die Einbeschreibung der regulären Körper in die Kugel (Hultsch S. 142
bis 162) analytisch behandelt wird und daß Pappos im 5. Buche,
wo die σύγκρισις τῶν ε̄ σχημάτων behandelt ist, bemerkt, er wolle diese
nicht διὰ τῆς ἀναλυτικῆς λεγομένης θεωρίας, δι' ἧς ἔνιοι τῶν παλαιῶν

zur Zehneckseite. Er wird bewiesen nach Euklid XIII 9,
aber seltsamerweise nicht durch die Umkehrung von XIII 5,
sondern mit Hilfe eines Lemmas (Papp. V S. 428, 5; Hypsikles, Heib. V, S. 32, 10), das Aristaios noch einmal, nämlich zum Beweise seines Satzes von der Ikosaeder- und Dode-
kaederkante (Heib. V, S. 12, 6), verwandt hat. Damit zeigt
sich, daß der Beweis von Aristaios stammt und daß er von
diesem nicht als eine selbstverständliche Folge aus Euklid
XIII 9 betrachtet wurde. Wir hatten also recht, als wir
oben sagten, daß Euklid den uns so geläufigen Satz von der
Zehneckseite nicht kannte und daß dieser Satz nach Euklid
— wie ich glaube von Aristaios — gefunden wurde. Andererseits, wenn dieser Satz, ohne bei Euklid zu stehen, schon vor
Aristaios bekannt gewesen wäre und Aristaios vor Euklid
schrieb, so hätte er den Beweis in der von uns nach IV 10
(s. oben S. 104 Anmerkung) vorgeschlagenen Weise liefern
können. Zu demselben Resultat führt folgende Erwägung:
Nehmen wir an, Aristaios habe vor Euklid Theaetets Werk
bearbeitet, und der Satz von der Zehneckseite sei vor Euklid
XIII 9 bekannt gewesen, was für einen Grund hätte Aristaios
gehabt, den neuen Satz XIII 9 besonders zu beweisen und
den bekannten Satz von der Zehneckseite auf XIII 9 zurückzuführen? Das konnte er höchstens tun, wenn er auf das
bereits vorhandene klassische Werk des Euklid Rücksicht
zu nehmen hatte; also auch so wäre unsere These bewiesen,
daß das Werk des Aristaios später verfaßt ist als Euklid.
Da er den Satz XIII 9 berücksichtigt — mag er ihn nun
bei Theaetet oder bei Euklid gefunden haben —, ihn aber
mit Hilfe eines eigenen nicht bei Euklid vorkommenden
Lemmas beweist, so hat er ihn als etwas Neues gebracht,
was über Euklid hinausgeht[1]).

ἐποιοῦντο τὰς ἀποδείξεις darstellen (Hultsch S. 410—412). Zu den
ἔνιοι gehört Aristaios, der in der Einleitung zu Buch VII unter den
Autoren des ἀναλυόμενος τόπος zitiert wird (S. 634, 9). Seltsamerweise hindert aber diese Beobachtung Allman nicht, den Aristaios
für eine Quelle von Euklids 13. Buche zu halten.

[1]) Man könnte einwenden, daß der Beweis von Pappos sei;
aber der hätte wie Heath und Heiberg auf Euklid XIII 5 verwiesen;

Die zweite Stelle, die uns hier beschäftigen wird, ist der
Schlußbeweis des 13. Buches (XIII 18). Dort findet sich der
erste Anfang jener Vergleichung der regulären Körper, die
Aristaios so viel weiter geführt hat. (Vgl. Tannery, S. 155.)
Dort werden nämlich die Kanten der fünf in dieselbe Kugel
einbeschriebenen Polyeder verglichen; dabei sagt Euklid
(IV S. 334, 17), die Kante des Ikosaeders sei größer (S. 336, 12
πολλῷ μείζων) als die des Dodekaeders, das in dieselbe
Kugel einbeschrieben sei. Soll man nun annehmen, Euklid
habe sich mit dieser unpräzisen Angabe begnügt, wenn er
nach dem Satze des Aristaios beweisen konnte, die Kante
des Dodekaeders verhalte sich zu der des in dieselbe Kugel
einbeschriebenen Ikosaeders wie die Seite des regulären
Fünfecks zu der Seite des in denselben Kreis beschriebenen
gleichseitigen Dreiecks? Und würde Euklid sich mit dem
einen kurzen Schlußsatze begnügt haben, ohne die übrigen
Resultate der σύγκρισις mitzuteilen?

Schließlich führe ich für meine Behauptung, daß Euklid
den Aristaios nicht benutzt habe, die schon in der Anmerkung
S. 110 erwähnte Tatsache an, daß die Konstruktionen des
Pappos, aus denen sich der Satz des Aristaios ergibt — die also
von ihm stammen werden —, erheblich von Euklid abweichen
und einen höheren Standpunkt der Stereometrie zeigen
als das Werk des Theaetet, der somit Euklids alleinige
Quelle ist. Ist dies aber der Fall, so wird es vielleicht möglich sein, im Texte des Euklid an einigen Unebenheiten
noch die Hand des Theaetet zu erkennen, da ja Euklid, wie
wir schon sahen, nicht viel an dem Originalwerke geändert hat.

So scheint mir der von Heiberg aus dem Texte entfernte
6. Satz des 13. Buches solche Spuren zu zeigen.

Heiberg war durch folgende schwerwiegende Gründe
zu seiner Athetese bewogen: 1. In einigen theonischen
Handschriften (b und q) fehlt der Satz[1]. 2. In der vor-

also ist der Beweis von Aristaios selbst, der sich des von ihm entdeckten Lemmas bediente.

[1]) In q ist dieser Satz in geänderter Fassung zwischen das
12. und 13. Buch gestellt (Heib. IV S. 360).

theonischen Handschrift P steht zu XIII 6 am Rande: τοῦτο τὸ θεώρημα ἐν τοῖς πλείστοις τῆς νέας ἐκδόσεως οὐ φέρεται, ἐν δὲ τοῖς τῆς παλαιᾶς εὑρίσκεται. 3. In P steht der Satz VI zwischen Satz V und einem anderen Beweise dieses Satzes und den fünf Synthesen und Analysen zu Satz 1—5, von denen oben (S. 97) die Rede war und die Heiberg (V S. LXXIX und LXXXII; Hermes 38, 1903, S. 59) als interpoliert bezeichnet. 4. In P findet sich zu XIII 17, in dem XIII 6 gebraucht wird, ein Scholion, in dem dasselbe wie XIII 6, aber kürzer bewiesen ist. 5. In dem Satze XIII 6 wird mehr bewiesen als behauptet ist. Die Behauptung ist: „Wenn eine Gerade nach dem goldenen Schnitt geteilt wird, so ist jeder der beiden Abschnitte eine irrationale Gerade, die Apotome." Bewiesen wird aber, daß der kleinere Abschnitt eine erste Apotome ist (Euklid X 97).

Daraus schließt Heiberg, Theon habe mit Recht diesen Satz nicht aufgenommen und er wäre zu Theons Zeiten wohl noch nicht vom Rande in den Text gedrungen. Später aber wäre aus interpolierten vortheonischen Ausgaben — von denen P ein Exemplar ist — dieser Satz auch in einige theonische Handschriften eingedrungen. Möglich ist nach seiner Meinung auch, daß Theon den Satz, den er in der alten Ausgabe fand, in der seinigen an den Rand setzte, so daß einige theonische Codices den Satz haben, andere nicht.

Zunächst ist es unmöglich, daß XIII 6 bereits in der alten Ausgabe gefehlt hat. Denn alle Handschriften, auch b und q, die XIII 6 auslassen, zitieren diesen Satz wörtlich[1]) in XIII 17 (Heib. IV S. 326, 19—20): ἐὰν δὲ ῥητὴ γραμμὴ ἄκρον καὶ μέσον λόγον τμηθῇ, ἑ κ ά τ ε ρ ο ν τῶν τμημάτων ἄλο-γός ἐστιν ἀποτομή. Da aber alle hier mit P übereinstimmen, so liegt die vortheonische Fassung vor (vgl. Heib. V S. XXXV: consentiunt omnes Theonini cum P; tum scriptura communis,

---

[1]) Das sieht man daran, daß es für den XIII 17 erforderlichen Beweis nur nötig war, zu sagen: „Der größere Abschnitt ist eine Apotome", während unsere Handschriften auch von dem kleineren Abschnitt reden.

8

etiam si corrupta vel interpolata est, Theone, h. e. saeculo IV., antiquior est). Also hat Theon einen Satz, der im Texte stand, entfernt und dabei vergessen, XIII 17, wo der Satz zitiert war, umzuändern. Wenn im Cod. P Satz 6 vor den interpolierten Analysen und Synthesen steht, so ist der Heibergs Behauptung entgegengesetzte Schluß viel natürlicher: der Satz hat in dem Archetypus von P an seiner richtigen Stelle gestanden, bevor die Doppelfassungen von Satz 1—5 vom Rande in den Text kamen. Wenn ferner in P zu XIII 17 ein Scholion desselben Inhaltes wie XIII 6 sich befindet, so beweist das noch nicht, daß im Archetypus der vortheonischen Klasse XIII 6 fehlte. Wenn die Scholia Vat. — zu denen dies Scholion gehört — auf Proklos zurückgehen, wie ich glaube, so berücksichtigen sie sowohl die vortheonische Handschriftenklasse wie die theonische, denn Proklos hat beide benutzt[1]). Es ist also wohl möglich, daß Proklos der Handschrift des Theon folgte, zu XIII 6 aber die in P enthaltene Bemerkung machte: „Dieser Satz steht in der alten Ausgabe, aber nicht bei Theon", und daß er schließlich, eben weil er ihn aus dem Text entfernen wollte, den Satz in seinen Kommentar zu XIII 17 stellte. Genau so hat er die von ihm gestrichenen κοιναὶ ἔννοιαι mitsamt Beweis in seinen Kommentar gesetzt (in Eucl. S. 196—98). Daß dann der von Theon beseitigte Satz wieder in die theonischen Handschriften gedrungen ist, wurde durch den Schluß von XIII 17 bewirkt.

Auch der von Heiberg zuletzt angeführte Grund läßt sich widerlegen. Es ist freilich ganz unmöglich, daß Euklid den durch einen Kunstfehler verunzierten Satz in die Elemente aufgenommen hat. Aber sieht man näher zu, so berücksichtigt der Schlußsatz Ἐὰν ἄρα εὐθεῖα ῥητὴ ἄκρον καὶ μέσον λόγον τμηθῇ, ἑκάτερον τῶν τμημάτων ἄλογός ἐστιν ἀποτομή. die beanstandeten Worte (S. 262, 24—264, 6) gar nicht. Vor allem aber läßt sich erklären, wie die Interpolation entstanden ist.

---

[1]) S. oben S. 73.

Der Satz XIII 6 beweist, daß die beiden Abschnitte einer nach dem goldenen Schnitt geteilten Geraden die irrationalen Geraden sind, die Theaetet Apotomen nannte. Von Theaetet stammen aber nicht die Unterabteilungen der Gattung Apotome, die Euklid (def. X 3, Heib. III S. 254) wahrscheinlich selbst hinzufügte[1]). Nach Theaetets Klassifikation genügte es, von den beiden Abschnitten zu beweisen, daß sie „Apotomen" seien; er formulierte also seinen Satz so wie es das Scholion zu XIII 7 tut. Den Beweis nahm Euklid auf, ohne zu ändern. Das genügte aber den Späteren nicht; man fügte nach dem System des Euklid (X 97) hinzu, der kleinere Abschnitt sei eine „erste Apotome". Diese Interpolation veranlaßte dann Theon und, wie ich glaube, auch Proklos, so radikal wie Heiberg vorzugehen und den Satz zu athetieren.

Und man muß zugeben, daß Euklid, als er den Satz aufnahm und den Schluß von XIII 17, so wie er in den Handschriften steht, aus Theaetet abschrieb, etwas lässig vorgegangen ist[2]). Denn in XIII 17 ist für den Beweis nur erforderlich, zu zeigen, daß der größere Abschnitt einer nach dem goldenen Schnitt geteilten Geraden eine Apotome ist; der Beweis für den kleineren Abschnitt in XIII 6 war überflüssig. Darum hat Heiberg auch aus XIII 17 die Worte S. 326, 7—14 als unecht entfernt (Heib. IV S. 327 Anm.; V S. LXXXIII). Aber seine Einwände gegen diese Stelle sind nicht zwingend, wenn man sich erinnert, daß die Worte von Theaetet stammen können und Euklid sie nicht geändert hat. Heiberg nimmt Zeile 19 Anstoß an dem nichteuklidischen Sprachgebrauch γραμμή. Dieser Gebrauch ist aber nicht bloß bei den Philosophen des platonischen Kreises zu treffen, sondern muß auch bei Theaetet und Eudoxos[3]) üblich gewesen sein. Auch Xenokrates, der den Theaetet

---

[1]) So auch Zeuthen, Mém. de l'ac. de Danemark 1915 S. 355.
[2]) Daß dergleichen einem Herausgeber begegnen kann, zeigt Theon, der XIII 6 strich, aber vergaß, dementsprechend den Schluß von XIII 17 zu ändern.
[3]) Vgl. Anm. 1 der folgenden Seite.

in seiner Schrift von den Atomlinien wörtlich zitiert (S. 968b 19), sagt γραμμή für εὐθεῖα, ebenso Eudem im arabischen Papposkommentar (a. a. O. S. 691): „Théétète avait divisé les espèces très connues de lignes irrationelles." Es ist also denkbar, daß Euklid, wie er es in der Definition XI 11 tat, den älteren[1]) Sprachgebrauch gelegentlich beibehalten hat. Es ist daher wohl möglich, daß man den Schluß des 17. Satzes im Texte des Euklid stehen lassen kann, da er von Theaetet herrühren wird. Auch glaube ich, daß dann dieser Schluß des 17. Satzes — wenn XIII 6 beibehalten wird — dem Schluß des 16. besser entspricht, wo für die Berechnung der Ikosaederseite ebenfalls auf einen vorangestellten Satz (XIII 10) verwiesen wird.

Aus demselben Satze XIII 17 hat Heiberg auch S. 326 Zeile 7—14 entfernt, die vielleicht — dies will ich aber mit weniger großer Sicherheit behaupten — ebenfalls auf Theaetet zurückgehen können. Heiberg hat hier an zwei Dingen Anstoß genommen: 1. wird ein Satz der Elemente (V 15), der schon verwandt war, wörtlich zitiert, was gegen Euklids Gewohnheit ist. Dies würde aber in der Spezialabhandlung des Theaetet weniger befremdlich sein und, wenn man einmal beachtet hat, daß Euklid im 13. Buche weniger geändert hat als sonst, nicht zur Athetese veranlassen. Der zweite und größere Anstoß ist der ungewöhnliche Gebrauch der Partikel οἷον (Zeile 7), „wodurch angedeutet zu sein scheint, daß die Gerade NΞ (die Kante des derselben Kugel wie das Dodekaeder einbeschriebenen Würfels) nicht eigentlich nach dem goldenen Schnitte geteilt ist, da der kleinere Abschnitt aus zwei getrennt liegenden Stücken NP und ΣΞ gebildet

---

[1]) Von Eudoxos stammt vielleicht die Definition XI 11 Στε- ρεὰ γωνία ἐστὶν ἡ ὑπὸ πλειόνων ἢ δύο γραμμῶν ἁπτομένων ἀλλήλων καὶ μὴ ἐν τῇ αὐτῇ ἐπιφανείᾳ οὐσῶν πρὸς πάσαις ταῖς γραμμαῖς κλίσις, die dieselbe Terminologie verwendet. Heiberg IV S. 5 glaubt, daß Euklid selbst aus früheren Elementen diese Definition herüber- genommen habe. Da er jetzt (Norden-Gercke, Einl. II² S. 419) Eu- klids stereometrische Bücher für das älteste Lehrbuch der Stereo- metrie hält, so wird die Definition eher dem Theaetet oder dem Eudoxos gehören.

ist, was nicht zur Sache gehört, denn es handelt sich hier
nur um den größeren Abschnitt". Ich möchte noch hinzufügen, daß befremdlich auch die Einführung des Beweises
durch ein Asyndeton ist; Heiberg bemerkt das nicht ausdrücklich, hat aber in der Übersetzung das *οἷον ἐπεί* durch
„quoniam enim" wiedergegeben. Trotzdem, glaube ich,
kann man die gestrichenen Worte schlecht entbehren. Es
soll bewiesen werden, daß die Kante des Dodekaeders
$ΥΦ = ΡΣ$ der größere Abschnitt der nach dem goldenen
Schnitt geteilten Würfelkante $ΝΞ$ ist. Da nach der Konstruktion (S. 316/18) die halbe Würfelkante $ΝΟ$ und $ΟΞ$

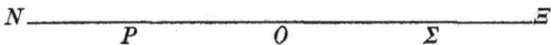

$$N\text{———————————}Ξ$$
$$P \qquad O \qquad Σ$$

nach dem goldenen Schnitt geteilt ist, so ist nötig, zu sagen,
daß $ΝΟ = ΟΞ$, oder $ΝΡ = ΣΞ$, sonst ist der Beweis unvoll-
ständig. Dies steckt aber in dem beanstandeten Satze
οἷον ἐπεί ἐστιν ὡς ἡ ΝΟ πρὸς τὴν ΟΡ, ἡ ΟΡ πρὸς τὴν ΡΝ,
καὶ τὰ διπλάσια. τὰ γὰρ μέρη τοῖς ἰσάκις πολλαπλασίοις τὸν
αὐτὸν ἔχει λόγον· ὡς ἄρα ἡ ΝΞ πρὸς τὴν ΡΣ, οὕτως ἡ ΡΣ
πρὸς συναμφότερον τὴν ΝΡ, ΣΞ. Man wird diesen also
schlecht entbehren können. Und wenn durch die Proportion
$ΝΞ : ΡΣ = ΡΣ : ΝΡ + ΣΞ$ gezeigt wurde, daß $ΡΣ$ der größere
Abschnitt der ganzen nach dem goldenen Schnitt geteilten
Geraden $ΝΞ$ sei, so mußte — weil das zu der den goldenen
Schnitt ausdrückenden Proportion gehört — auch der
kleinere Abschnitt, der hier aus den nicht zusammenliegen-
den Stücken $ΝΡ + ΣΞ$ besteht, angeführt werden. Ich
würde also die Worte nicht streichen; aber vielleicht
οἷον ⟨γὰρ⟩ . . . καὶ τὰ διπλάσια lesen und so das ungewöhnliche Asyndeton beseitigen. Der seltene Ausdruck und der
etwas umständliche Beweis erklärt sich vielleicht, wenn man
sich Theaetet als Autor denkt.

Vielleicht wird man aus derselben Erwägung heraus
auch das Lemma, das nach XIII 18 Epim. (Heib. IV S. 338)
steht, beibehalten. Heiberg (V S. LXXX) hält es für unecht, weil es schon in dem Satze vorher (IV S. 338, 8—9)
angewendet wird, was gegen den Gebrauch des Euklid ist.

Aber vielleicht hatte die Spezialuntersuchung des Theaetet noch nicht ganz die Eleganz und Strenge der Euklidischen Elemente erreicht, und Euklid hat sich auch hier, wie in den oben betrachteten Fällen etwas gehen lassen. Dann wäre auch hier eine Spur der Originalarbeit Theaetets zu finden. Vielleicht ist eine weitere Spur das wörtliche Zitat der Definition V 9 im Satz XIII 18 (S. 334 Zeile 21/22), das Heiberg, da dieselbe Definition schon öfter verwandt ist, für unecht hält.

Mögen diese Beobachtungen im einzelnen richtig sein oder nicht, es zeigt sich, daß Euklid in seinem 13. Buche nur Theaetet benutzt und daß er an der ihm vorliegenden Abhandlung Wesentliches nicht geändert hat. Einen deutlichen Zusatz zu dem von Theaetet Gegebenen fanden wir nur in dem Satze XIII 11. Das Werk des Aristaios hat Euklid, sollte es auch schon existiert haben, nicht verwendet.

Also die Entdeckung des Oktaeders und Ikosaeders, die Konstruktion aller fünf Körper, wie die Berechnung ihrer Kanten ist ein Werk des athenischen Mathematikers. Das Werk Theaetets, des Begründers der Steometrie, steht neben den stereometrischen Arbeiten des Eudoxos wie seine Lehre vom Irrationalen sich neben der Proportionslehre des Knidiers behauptet. Und diese Begegnung mit Eudoxos ist nicht zufällig. Wir können denken, daß die Arbeiten der beiden großen Forscher voneinander abhängig waren. Eudoxos' Buch über den „goldenen Schnitt" ist ohne Theaetets Lehre vom Irrationalen nicht möglich. Theaetet aber muß dann das Werk περὶ τῆς τομῆς benutzt haben und hat daraus die Sätze Euklid XIII 1—5 und vielleicht XIII 8 in sein Buch übernommen. Dagegen ist nicht, wie Heiberg, Math. und Naturw. i. Altert. 1912 S. 27 meint, anzunehmen, „daß Eudoxos sich auch mit der Konstruktion der regulären Körper abgegeben habe". Davon ist jedenfalls nichts überliefert. Die Tradition weist nur auf Theaetet. Wenn aber Eudoxos —wie Heiberg an einer anderen Stelle sagt — von der Betrachtung der regulären Körper aus zu seinen Sätzen über das Volumen der Pyramide und des Kegels gekommen ist, so haben diese stereometrischen Arbeiten das Werk des Theaetet zur Voraussetzung. Chronologisch ist diese Vermutung gut denkbar; Eudoxos wird etwa 7—10 Jahre jünger gewesen sein als Theaetet, der demnach gut die Forschungen des knidischen Mathematikers benutzt haben kann. Wir hätten, wenn diese Auffassung richtig ist, ein schönes Beispiel der gegenseitig sich fördernden Arbeit im Kreise der Platon befreundeten Forscher. Man meint in diesem Ineinander die Wirkung von Platons Mahnung, die er in der unten zu besprechenden[1]) Stelle seines „Staates" (528c) ausgesprochen hat, zu bemerken. Die beiden großen Forscher, die das Geometerverzeichnis zweimal als die Hauptvorgänger des Euklid nennt, sind sich auf dem Gebiete der Proportionslehre begegnet (vgl. Zeuthen, Les livres arithm. d'Eucl. Mém. de l'acad. de Danemark 1910 S. 427.); hier sehen wir sie in der Stereometrie in einem freundschaftlichen Wettstreit. Wir werden nachher beobachten, mit welcher Freude Platon die Fortschritte der Stereometrie begrüßte und verwandte. Man könnte glauben, in der Wärme und Liebe, mit der Platon im „Theaetet" dem früh gefallenen Freunde ein Denkmal setzt — das vor allem dem Menschen gilt — auch einen Ausdruck des Dankes an den Gelehrten zu finden, der den im „Staate" ausgesprochenen Wunsch so reich erfüllt hatte.

Ergebnisse: Erklärung für die Entstellung der Tradition über die pythagoreisch-platonische Mathematik.

Wir haben den Beweis geliefert, daß eine sichere Tradition über die Elementenlehre der Pythagoreer im Zusammenhang mit den fünf Polyedern nicht existiert, und sodann gesehen, daß die Pythagoreer mit der mathematischen Konstruktion dieser Körper nichts zu tun haben, da diese erst von Theaetet geleistet wurde. Damit fällt das ganze Gebäude der „pythagoreischen Elementenlehre" ebenso zusammen wie die Überlieferung über die mathematische Konstruktion.

---

[1]) S. unten Anhang zu Kapitel II 2.

Die Verfolgung dieser Überlieferungsgeschichte hat aber
noch einen Wert, der über den speziellen Nachweis hinausgeht. Sie hat uns eine Reihe von Erscheinungen gezeigt,
die ein allgemeines Urteil über einige Fehlerquellen der
antiken mathematischen Tradition gestatten. Es wird nicht
überflüssig sein, auf diese nun den Blick zu richten.

Die Trübung der mathematischen Überlieferung über
die Pythagoreer hat verschiedene Gründe. Der erste Haupt-
grund war das Fehlen aller schriftlichen Tradition, das
schon in sehr früher Zeit (4. Jahrh.) zu willkürlichen Rekon-
struktionsversuchen führte. Der erste Pythagoreer, der ein
Buch geschrieben hat, war Philolaos, des Sokrates jüngerer
Zeitgenosse. Von den Mathematikern wird — falls man
nicht mit Jamblichos den Theodoros und Hippokrates[1]) zu
den Pythagoreern rechnet — vor Archytas, dem Zeitgenossen
Theaetets, auch keiner etwas publiziert haben. Ein zu-
sammenhängendes Elementarbuch der Schule gab es nicht;

---

[1]) Vermutlich waren sie es beide nicht. Für Hippokrates existiert nur das eine Zeugnis bei Jamblichos, de comm. math. scientia
XXIV, Festa S. 78, 1 (vgl. D. V. 8, 4 und I³ S. 298 Z. 30 Anm.)
und was die eudem. Ethik (1247a, 17) von ihm erzählt, daß er sein
Vermögen δι᾽ εὐήϑειαν ὡς λέγουσιν verloren habe, stimmt nicht zu
einem Mitgliede des pythagoreischen Bundes. Dagegen scheint die
von Tannery (S. 81), wie ich glaube, mißdeutete Geschichte, die
Jamblichos — nach Nikomachos — in der V. Pyth. 89 und de comm.
math. scient. S. 78 — von dem Pythagoreer erzählt, der sein Vermögen
verlor und dem dafür die Erlaubnis gegeben wurde χρηματίσασϑαι
ἀπὸ γεωμετρίας auf Hippokrates von Chios zu gehen; deckt sie sich
doch völlig mit dem, was Eudem und Joh. Philoponos in phys. ed.
Vitelli, S. 31, 3 über sein Leben und sein Unglück erzählen. Er soll
ja erst nach Verlust seines Vermögens Lehrer der Geometrie geworden
sein. Ob er in Italien studiert hat, ist nicht ersichtlich, aber wahrscheinlich; im Pythagoreerverzeichnis steht er nicht. Dagegen steht
Theodoros zwar in der Liste (V. Pyth. 267), aber ein zweiter Theodoros aus Tarent (V. Pyth. ed. Nauck S. 190, 3), mit dem er verwechselt
sein kann, erregt Mißtrauen. Und was Platon im Theaetet von dem
Genossen und philosophischen Freund des Protagoras erzählt, läßt
sich auch nicht mit seinem Pythagoreertum vereinen. Daß man
später beide für den pythagoreischen Bund in Anspruch nahm,
vielleicht, weil sie in Italien studiert hatten, ist begreiflich.

denn Tannerys Vermutung darüber stammt aus einer falschen
Deutung der Stelle Jambl. V. Pyth. 89 (Tannery Géom.
gr. S. 81). Eudem hat sicher ὑπομνήματα der Schule zur Verfügung gehabt; aber er hat über den Stifter der Schule nichts
Sicheres aussagen können, wie Vogt unwiderleglich gezeigt
hat (B. M. 3. F. IX S. 51). In derselben Weise wie sein
Lehrer Aristoteles ist er sehr zurückhaltend in Angaben über
„die Pythagoreer".

Diese Zurückhaltung übten aber nicht alle, die über
die pythagoreische Schule zu berichten hatten. Und in
dieser Beziehung lehrt uns die Überlieferungsgeschichte über
die regulären Körper etwas Neues. Während Junge zu dem
Schlusse gelangt war, „aus dem halben Jahrtausend nach
Pythagoras' Tode ist nicht die kleinste geometrische Entdeckung von ihm mit einiger Sicherheit festzustellen", sahen
wir, daß die mathematische Überlieferung über die regulären
Körper sich bis auf die unmittelbaren Schüler Platons verfolgen ließ. Denn Speusippos hat in seinem Buche über
„die pythagoreischen Zahlen" die regulären Körper behandelt,
und zwar im Zusammenhange mit den Elementen (vgl. D.
V. 32 A, 13)[1]). Auf ihn ist also hauptsächlich die Entstellung der mathematischen Tradition zurückzuführen. Den
Einfluß seines Buches über die „pythagoreischen Zahlen"
kann man sich schwerlich zu groß vorstellen. Wir sahen ja
schon, daß Theophrast ihm erlegen war. Also schon auf
Speusippos, von dem wir wissen, daß er neben dem Werke
des Philolaos auch mündliche pythagoreische Traditionen
benutzte, auf Herakleides Pontikos, der vielleicht eine ge-
fälschte Schrift des Pythagoras selbst in seinem Dialoge
verwandt hat, auf Xenokrates, der ebenfalls Πυθαγόρεια geschrieben hat, geht die Überlieferung über die wissenschaftlichen Leistungen des Stifters der pythagoreischen Schule
zurück. Sie geht zurück auf einen Kreis von Pythagoreern,

---

[1]) Da er von der ἀναλογία und ἀνακολουθία der ἒ σχήματα
spricht, so sieht man deutlich, daß er die Proportion in Platons
Timaios (32 c ff; 56 c) im Auge hat, ihn also als Quelle für die „pythagoreische Lehre" verwandte.

der sein Recht, im Sinne des Stifters der Genossenschaft
Wissenschaft zu treiben — der selbst doch wohl nur eine ethi-
sche Gemeinschaft hatte gründen wollen — energisch geltend
machte. Diese Männer waren es, die ein Interesse daran hatten,
möglichst viel von den Errungenschaften der späteren Wissenschaft dem Pythagoras selbst zuzuschreiben[1]). Daher die Sage,
die die Spaltung der Schule in „Akusmatiker" und „Mathematiker" in die Zeit des Pythagoras selbst hinaufprojiziert;
daher die Berichte über das Schulgeheimnis und dessen Bruch
und die Nachrichten über das Verbot schriftlicher Mitteilung.
Alle diese Umstände, die nur geeignet waren, ein Wissen
über die wahre Entwicklung der Mathematik in der pythagoreischen Schule unmöglich zu machen, waren bereits im
4. Jahrh. v. Chr. vorhanden. Sie beeinflußten die Nachrichten, die der platonische Kreis aufnahm und mit weit
weniger Kritik als die Peripatetiker behandelte. Der erste
Grund also für die Entstellung der Tradition ist der bewußte
oder unbewußte Wille der Pythagoreer, ihre wissenschaftlichen Tendenzen dem Stifter der Schule selbst zuzuschreiben
und der Niederschlag dieser Stimmung in der altakademischen
Schriftstellerei über die Pythagoreer. In dem eben ange-
gebenen Sinne müssen die Pythagoreer des 4. Jhrh. das
einzige philosophische Buch der Schule, das Werk des Philolaos, ausgedeutet haben, indem sie den zum Teil doch recht
modernen Eklektizismus[2]) für ein Jahrhundert alte Tradition
erklärten. Dies ist ein Vorgang, der sich überall abspielt,
wo eine Art von religiöser Tradition und ein kanonisches
Buch existiert: Neues wird für uralt erklärt, in Altes wird

---

[1]) Vgl. die grundlegende Darstellung dieser Entwicklung bei
E. Rohde kl. Schr. II S. 107ff. Seine Darstellung ist in die Philo-
sophiegeschichte völlig übergegangen. Den Mathematikern aber,
denen Pythagoras noch immer eine gegebene Größe ist, scheint diese
Erkenntnis auch nach den Mahnungen von Vogt noch fremd zu sein,
doch hat Zeuthen in seiner neuesten Abhandlung (Mém. de l'ac. de
Danemark 1915, Heft 3—4, S. 357) mit mehr Zurückhaltung von der
Person des Pythagoras gesprochen.

[2]) Diels, Hermes 28, 1893 S. 419.

durch künstliche Interpretation die modernste Wissenschaft hineinerklärt.

Auch in unserem Falle sahen wir die Fehlerquelle darin, daß erst eine Lehre Platons in den Philolaos hineininterpretiert und dann diese Lehre selbst dem Stifter der Schule zugeschrieben wurde.

Aber auch eine zweite und sehr wichtige Art der Entstellung der Geschichte konnten wir beobachten. Das ist der Schaden, der der wahren Erkenntnis der wissenschaftlichen Entwicklung durch die Interpretation platonischer Schriften zugefügt wurde. Im Grunde ging die ganze Tradition über die Elementenlehre auf eine mißdeutete oder im Sinne späterer Erkenntnis umgedeutete Stelle in Platons Timaios zurück. Es ist dabei interessant zu beobachten, daß Platons unmittelbare Schüler hier nicht anders verfahren sind als alle späteren sogenannten „neupythagoreischen" und „neuplatonischen" Ausleger. Sie versuchen in eine unklare Stelle Sinn hineinzubringen, indem sie die damals modernste Theorie des Aristoteles, die Ätherlehre, darin ausgesprochen finden. Dann suchen sie diese Lehre auf pythagoreischen Einfluß und weiter direkt auf den Stifter der pythagoreischen Sekte zurückzuführen. Wir sehen hier die charakteristische Methode des Jamblichos und Proklos bereits im 4. Jhrh. v. Chr. an einem Musterbeispiel vor uns. In gewisser Weise kann man sagen, Xenokrates, Speusipp, Philipp von Opus, Herakleides sind die Stifter des Neupythagorismus. Dies würde sich auch auf anderem Gebiete als auf dem der Platoninterpretation erweisen lassen.

Dieselbe Art der Platoninterpretation möchte ich noch an anderen Beispielen vorführen und zeigen, welche Trübungen die Überlieferungsgeschichte durch sie erfuhr, wobei wir natürlich die Tradition nicht immer bis auf ihre Quelle zurückverfolgen können. Es genügte ja auch, zu zeigen, daß die eigentliche Idee dieser Platonerklärung nicht aus der Kaiserzeit stammt, sondern schon im 4. Jahrh. v. Chr. ihren Ursprung hatte. Die Späteren können nur Einzelheiten hinzugefügt haben. Der erste Schaden, den die Platoninterpretation der Wissenschaftsgeschichte zugefügt hat, entstand, wie wir schon sahen, durch den Versuch, aristotelische und platonische Gedanken aneinander anzugleichen. Dies war ein bei den Späteren (z. B. Simplikios[1]) vgl. oben B 17) deutlich ausgesprochenes Motiv, das sie veranlaßte, Platon die Äthertheorie zuzuschreiben.

Eine zweite Trübung der Überlieferungsgeschichte entstand dadurch, daß man versuchte, die einzelnen Schriften Platons untereinander in Übereinstimmung zu bringen. Hierfür möchte ich ein Beispiel anführen, das aus der Geschichte der Astronomie genommen ist. Platon hat im Timaios (40b) von der Erde ausgesagt: γῆν δὲ —— ἰλλομένην —— περὶ τὸν διὰ παντὸς πόλον τεταμένον, φύλακα καὶ δημιουργὸν νυκτός τε καὶ ἡμέρας ἐμηχανήσατο. Diese Stelle hat im Altertume und in unserer Zeit den Gegenstand heftiger Kontroversen gebildet. Bei unbefangenem Lesen findet man hier die Lehre von der Achsendrehung der Erde ausgesprochen, die von Herakleides Pontikos und Ekphantos stammen soll (D. V. 38, 5); und so hat Aristoteles, de caelo 293 b 31, Diogenes Laert. III 75, Cicero, acad. pr. II 39,123, der wahrscheinlich auf Theophrast[2]) als letzte Quelle zurückgeht, die Sache angesehen. Gegen diese Auffassung polemisiert Plutarch[3]), quaest. Plat. 1006c und noch ausführlicher Proklos, in Tim. ed. Diehl III S. 136ff. Bei beiden ist das Hauptmotiv der Polemik, daß andere Schriften Platons die Erdbewegung nicht kennen. τούτοις

---

[1]) S. oben S. 21.

[2]) Ciceros Bericht wohl nach Poseidonios; über Hiketas wird Theophrast zitiert, auf den auch die Angabe über Platon zurückgehen muß; vielleicht hat Poseidonios das Schwanken der Tradition bezeichnet (quidam arbitrantur). Es ist lehrreich, daß Aëtios (Plut. Ep. III 13 = D. D. S. 378) den Platon unter die einbegreift, die die Erde stillstehen lassen. Er hat also auch hier den Bericht entstellt.

[3]) Daß Theophrast die Quelle ist, geht aus Plut., Quaest. Plat. 1006c hervor: nachdem er gesagt hat, daß Platon die Lehre von der Erdbewegung im Sinne Aristarchs zugeschrieben wurde, fährt er fort: Θεόφραστος καὶ προσιστορεῖ τῷ Πλάτωνι πρεσβυτέρῳ γενομένῳ μεταμελεῖν ὡς οὐ προσήκουσαν ἀποδόντι τῇ γῇ τὴν μέσην χώραν.

— — — ἀντίκειται πολλὰ τῶν ὁμολογουμένως ἀρεσκόντων τἀνδρί (Plut. 1006 d). Proklos zitiert den Phaidon 109a, Phaidros 247a, Staat X 616c dagegen[1]), und seine Argumentation stützt sich auf die Deutung des Wortes ἴλλεσθαι unter Berufung auf Tim. 76b/c. ἰλλομένην — οὐχὶ τὸ κινουμένην, ἐρεῖ δὲ καὶ αὐτὸς — — ἴλλεσθαι τὰς τρίχας ἐπὶ τὴν κεφαλὴν ῥιζουμένας καὶ συσπειρωμένας εἴσω τοῦ δέρματος ὥστε εἶναι καὶ ἐκ τούτου δῆλον ὅπως „ἴλλεσθαι" καὶ ἐν τούτοις εἶπε τὴν γῆν. Diese Interpretation hat solchen Eindruck gemacht, daß fast alle Neueren[2]) ihr folgen. Noch Schiaparelli, Precursori di Copernico Pubbl. dell' osservatorio di Brera, Mailand, 1873 S. 14, der doch meint, Platon habe später die Achsendrehung gelehrt, hat hier[3]) das Beispiel des Proklos imitiert: „in fatto anche esso ἴλλεσθαι si può adoperare in senso di quiete come quando diciamo che i bastioni di Milano si avvolgono intorno alla città." Es kann aber kein Zweifel sein, daß Platon im Timaios die tägliche Achsendrehung gemeint hat, denn die Erde ist δημιουργὸς καὶ φύλαξ νυκτὸς καὶ ἡμέρας.

Da nun Zeller in seinem grundlegenden Werke diese Erkenntnis nicht verwertet hat, so ist sie nicht so verbreitet, wie sie es zu sein verdiente[4]).

Wir wenden uns nun zu einer anderen Seite der Platonauslegung, die die Mathematikgeschichte beeinflußt hat. Das ist die bei dem mangelnden historischen Sinne der Alten nicht befremdende Art, wie wissenschaftliche Lehren, besonders mathematische Sätze, die Platon erwähnt, für sein

---

[1]) Vgl. auch in Tim. III S. 138 Ἡρακλείδης μὲν οὖν ὁ Ποντικὸς ... ταύτην ἐχέτω τὴν δόξαν κινῶν κύκλῳ τὴν γῆν· Πλάτων δὲ ἀκίνητον αὐτὴν ἱστησι.

[2]) Vgl. Zeller, Phil. d. Gr. II⁴ S. 809, der die Lehre von der Erdbewegung überhaupt dem Platon abstreitet, ohne die im Text genannte Abhandlung von Schiaparelli, Precursori di Copernico, zu berücksichtigen.

[3]) Diese Auffassung teilt Ritter Kommentar zu Plat. Ges. S. 231.

[4]) Ich habe diese Frage auch darum behandelt, weil sie einen Beweis mehr dafür liefert, mit welcher Genialität Platon im Timaios alle modernsten Resultate der Naturwissenschaft verwendet hat. Vgl. das letzte Kapitel Schluß.

Eigentum erklärt werden. Daß die Zuschreibung bestimmter mathematischer Entdeckungen an Platon nur auf der Interpretation seiner Dialoge beruhe, hat schon C. Blaß in einer Bonner Dissertation, de Platone mathematico 1860, gezeigt und Tannery, Géom. gr. S. 111, hat das besonders betont. So ist ihm die „Erfindung der analytischen Methode" (Proklos, in Eucl. S. 211, 20) auf Grund von Staat VI 510c/d und Menon 86d ff. zugeschrieben worden. Wenn Nikomachos, Introd. arithm. II 24, 6 (Hoche S. 129, 16) die Sätze Eukl. VIII 11 und 12 als „platonische Theoreme" bezeichnet, so geht das auf Platons Timaios 32a/b zurück[1]). Die Erfindung der „platonischen Methode" zur Bildung rechtwinkliger Dreiecke mit rationalen Katheten und Hypotenusen (Prokl., in Eucl. S. 428; Heron Op. ed. Heib. IV S. 219) scheint aus Platons Staat VIII 546c erschlossen zu sein. Geradezu als eine Karikatur dieser Ausdeutung platonischer Dialoge erscheint die Behauptung des Vitruv, de architect. IX praef., Platon habe die Lösung der Aufgabe, ein Quadrat zu verdoppeln, gefunden (aus Menon 85b!). Dasselbe gilt für Jamblichos, bei dem sich (V. Pyth. 131) die Notiz findet, Platon habe das sogenannte „pythagoreische Dreieck" mit den Seiten 3, 4, 5 von Pythagoras gestohlen. Es ist natürlich keine Rede davon, daß Platon in der berüchtigten „Hochzeitszahl", Staat 546c, irgendwie daran gedacht hat, eine eigene Entdeckung vortragen zu wollen, so wenig wie an anderen Orten, an denen er Mathematisches erwähnt. Aber die Bemerkung des Jamblichos, ja eigentlich schon die von Heron zeigen uns, daß neben der Behauptung, die mathematischen Sätze, die Platon erwähnt, stammten von ihm, ein weiteres Hilfsmittel der Platoninterpretation die Zurückführung solcher Sätze auf Pythagoras war.

---

[1]) Daß Platon, Tim. 32b den arithmetischen Satz Euklid VIII 11 und 12 zitiert, ist sicher. Es geht aus einer (von Zeller II 1[4] S. 797 mißverstandenen) Bemerkung Platons (31c) hervor, wo von ἀριθμῶν τριῶν εἴτε ὄγκων εἴτε δυνάμεων die Rede ist. Das sind die bei Euklid VIII 11 und 12 erwähnten Quadrat- und Kubikzahlen. — Interessant ist, daß der hier zitierte Satz das Theorem ist, auf dem Theaetets Beweis für das Irrationale beruht.

Und hiermit kommen wir auf eine weitere Fehlerquelle unserer Überlieferung, die Zurückführung der platonischen Mathematik auf Pythagoras. Die Betrachtung über das Irrationale und über den pythagoreischen Lehrsatz schloß sich an die oben zitierte Stelle aus Platons Staat (546c) an. Es ist also möglich, daß auch hier die Veranlassung lag, dem Pythagoras die Lehre vom Irrationalen zuzuschreiben. Man muß sich aber noch etwas anderes klar machen. Die „Pythagoreer" sind ein weiter Begriff; die „pythagoreische Mathematik" umfaßt — wenn man den Stifter mit einschließt — fast $1^1/_2$ Jahrhunderte. Wie wir bei Jamblichos sahen, galten die beiden großen Mathematiker, die Platon zeitlich unmittelbar vorausgehen, Theodoros von Kyrene und Hippokrates von Chios, Zeitgenossen des Sokrates, für Pythagoreer. Aussagen des Proklos, wie die in seinem Kommentare zum Staat, ed. Kroll II S. 26 (vgl. die Anmerkung von Hultsch S. 395), besagen also in Wirklichkeit nur, daß die dort genannte Entdeckung in die Zeit vor Platon fällt. Damit ist aber diesen Aussagen ihre Verwendbarkeit für genauere chronologische Bestimmung genommen.

Die Platoninterpretation hat aber noch in anderer Weise auf die Tradition über Pythagoras eingewirkt. Wir sahen, daß die in Platons Timaios vorkommende Lehre von den regulären Körpern sofort von den Schülern Platons für Pythagoras in Anspruch genommen wurde. Dies setzte sich in der Zeit des Neupythagorismus fort, namentlich nachdem zahlreiche Schriften auf den Namen der älteren Pythagoreer gefälscht waren und für echt gehalten wurden. Es wurde ein allgemeiner Glaubensartikel, Platon sei ein getreuer Schüler des Pythagoras. Der weitere Schluß war dann, namentlich als man die Schrift des Ps. Timaios für echt hielt und mit dem platonischen Timaios verglich, derselbe, den noch ganz unbefangen Cantor, Gesch. d. Math. I³ S. 154 vorbringt: „Timaios von Lokroi war ein echter Pythagoreer, Platon dessen Schüler. Soll man nun annehmen, Platon habe diesem seinem Lehrer wissenschaftliche Äußerungen in den Mund gelegt (im Timaios), die er nicht ganz ähnlich von ihm gehört hatte,

er habe ihm insbesondere Mathematisches untergeschoben?"
Daraus müssen aber die Gelehrten des Altertums dieselben
Konsequenzen gezogen haben wie die Modernen: wenn
Pythagoras die regulären Körper konstruiert hat, so muß
die Mathematik damals ungefähr die Sätze umfaßt haben,
die jetzt der Euklid voraussetzt (Tannery, S. 87: „Le cadre
était déjà celui que remplissent les Éléments"). Da nun die
Konstruktion der regulären Körper auf der Berechnung der
Radien der umschriebenen Kugeln beruht, die alle mit der
Seite der Körper inkommensurabel sind und außerdem die
Konstruktion zweier von ihnen die Kenntnis des goldenen
Schnittes und des Irrationalen im Sinne Euklids verlangt,
so folgte aus der Zurückführung dieser Kenntnisse auf Pythagoras noch etwas Weiteres. Dann muß Pythagoras auch die
Lehre von den Proportionen, speziell der geometrischen
Proportion, gekannt haben. Auch dafür gibt es eine Tradition.
Daß ihm die Lehre vom Irrationalen zugeschrieben wurde,
sahen wir bereits. Daß die Tradition darüber damit zusammenhängt, daß man Pythagoras als den Entdecker der
regulären Körper ansah, zeigte die von uns ausführlich besprochene Stelle des Jamblichos. Eine andere Veranlassung
dafür, diese Entdeckung auf Pythagoras selbst zurückzuführen,
lag in der Tatsache, daß die Lehre vom Irrationalen, wie
uns Pappos in seinem Kommentar zum 10. Buch (Woepke
S. 691) berichtet, ihren Ursprung in der pythagoreischen
Schule nahm.

    Über die Lehre vom goldenen Schnitt ist uns im
Zusammenhange mit den Pythagoreern nichts überliefert.
Erst die Modernen (Allman, Greek Geom. S. 38; 42—43)
haben diese Verbindung hergestellt, natürlich um der regulären Körper willen. Das muß im Altertum auch geschehen
sein. Daneben aber existiert eine Tradition, die bis jetzt —
eben weil man diese Lehre um der Konstruktion der regulären Körper willen für alt hielt — nicht genügend beachtet wurde. Es heißt bei Proklos im Geometerverzeichnis
(S. 67, 6): „Eudoxos — — — vermehrte die Sätze über den
goldenen Schnitt, die ihren Anfang bei Platon ge-

nommen hatten, indem er dabei auch die analytische
Methode anwandte." Da dieser Satz mit der vorher von
Proklos aufgestellten Behauptung, daß Pythagoras die regulären Körper konstruiert habe, ganz unvereinbar ist, so kann er
nicht von ihm erfunden sein. Aber gerade das steigert die
Glaubwürdigkeit des Berichtes. Es ist allerdings richtig,
daß man Platon selbst die Auffindung der Konstruktion des
goldenen Schnittes nicht zutrauen wird, aber chronologisch
verwertbar scheint mir dieses Zeugnis darum doch zu sein.
Zugleich erklärt es die Tatsache, daß Eudoxos ein Werk über
den goldenen Schnitt schrieb, sehr viel besser, als wenn man
annehmen sollte, daß jene Lehre schon über ein Jahrhundert
bekannt gewesen wäre. Es scheint — wenn die Beobachtungen, die wir oben gemacht haben, richtig sind, — daß
diese Lehre noch nach Theaetets Zeiten nicht völlig ausgebildet war; denn der Satz: „die Seite der regulären
Zehnecks ist der größere Abschnitt des nach dem goldenen
Schnitte geteilten Umkreisradius dieser Figur" ist bei
Euklid noch nicht verwendet. Es ist also möglich, daß
auch die Entdeckung der Konstruktion des goldenen
Schnittes jünger ist, als man bisher geglaubt hat. Mit ihr
ist eng verbunden die Lehre von der geometrischen Proportion, deren Kenntnis allgemein dem Pythagoras zugeschrieben wird, und hier können wir nun verfolgen, welches
die Gründe waren, um derentwillen man diese Lehre für ein
Eigentum des Pythagoras erklärte. Die Tradition darüber
ist nicht alt, sie stammt erst von Nikomachos, also aus dem
1. Jahrhundert n. Chr. In der Introd. arithm. II 22, 1 (ed.
Hoche S. 122, 11) finden wir sie zuerst: εἰσὶν οὖν ἀναλογίαι
αἱ μὲν πρῶται καὶ παρὰ πᾶσι τοῖς παλαιοῖς ὁμολογούμεναι,
Πυθαγόρᾳ τε καὶ Πλάτωνι καὶ Ἀριστοτέλει, τρεῖς
πρώτισται ἀριθμητική, γεωμετρική, ἁρμονική, αἱ δὲ ταύταις
ὑπεναντίαι ἄλλαι τρεῖς, ἰδίων μὴ τετευχυῖαι ὀνομάτων, κοινότερον
δὲ λεγόμεναι μεσότητες τετάρτη, πέμπτη, ἕκτη· μεθ' ἃς καὶ
ἄλλας τέσσαρας οἱ νεώτεροι εὑρίσκουσι, συμπληροῦντες τὸν
δέκα ἀριθμόν, κατὰ τὸ Πυθαγορείοις δοκοῦν ὡς τελειότατον.
Ausführlicher noch bei Jamblichos in seiner Einleitung zu

Nikomachos, ed. Pistelli S. 100, 15[1]), wo Eudoxos als Erfinder des 3., 4., 5. Mittels erscheint und von Hippasos und
Archytas gesagt wird, daß sie das „harmonische Mittel", das
früher ὑπεναντία hieß, mit dem neuen Namen benannt hätten.
Wie diese Tradition entstand, ist interessant zu beobachten.
Alle drei Proportionen finden in Platons Timaios ihre
Verwendung; ebenso finden sie sich in der von den Neu-
pythagoreern für echt gehaltenen Schrift des Timaios Lokros
(95cff. bis 96c). Sie sind also „pythagoreisch". Daß aber
der Schluß von den Schülern auf den Lehrer als Urheber
wirklich gezogen wurde, das zeigen die Worte des Jamblichos über das „harmonische Mittel": „Man sagt (S. 118, 23),
es sei eine Erfindung der Babylonier und sie sei durch Pythagoras zuerst zu den Hellenen gekommen. So gibt es denn
auch viele Pythagoreer, die es verwenden, wie
Aristaios von Kroton und Timaios von Lokroi, Philolaos
und Archytas von Tarent und andere mehr und nach ihnen
Platon im Timaios" (36 a/b). Die Tatsachen, die hier angeführt werden, können wir bis auf die Babylonier[2]), die
wohl eine selbständige Zutat des Berichterstatters sind[3]), und
bis auf Pythagoras nachkontrollieren. Aristaios, den Jamblichos für den Nachfolger des Pythagoras hält (V. Pyth. 265),
hat in einer Schrift (περὶ ψυχῆς?) von den drei Analogien
gehandelt (Theol. arithm. ed. Ast. S. 41), den Ps. Timaios
habe ich schon zitiert; Philolaos (Nikomachos, Arithm.
S. 135, 10 = D. V. 32a, 24)[4]) hat den Würfel „geometrische
Harmonie" genannt und nach dem Urteil des Nikomachos
an ihm die harmonische Proportion gefunden. Der Würfel

---

[1]) Charakteristisch auch da der Unterschied des Berichtes: ἐπὶ
Πυθαγόρου gab es nur die drei ersten μεσότητες.

[2]) Cantor, Gesch. d. Math. I[3] S. 25, 45, meint Spuren der geometrischen Reihe in Ägypten gefunden zu haben, doch ist das ganz
unsicher; er sagt selbst, S. 112 als Gipfelpunkte (der ägyptischen
Mathematik) erschienen nach moderner Auffassung Beispiele aus dem
Gebiet der arithmetischen, vielleicht der geometrischen Reihe.

[3]) Nikomachos nach Rohde a. a. O.

[4]) S. oben S. 86.

hat zwölf Kanten, acht Ecken und sechs Flächen; acht
aber ist das harmonische Mittel von zwölf und sechs.

Archytas (D. V. 35 b, 2) kennt die drei Mittel und zeigt
zugleich, warum ihm die Namensänderung der ὑπεναντία in
ἁρμονικὴ μεσότης zugeschrieben wurde: μέσαι δέ ἐντι τρὶς
τᾷ μουσικᾷ, μία μὲν ἀριθμητικά, δευτέρα δὲ γαμετρικά, τρίτα
δὲ ὑπεναντία ἃν καλέοντι ἁρμονικάν und S. 335, 9 ἃ δὲ ὑπεν
αντία ἃν καλοῦμεν ἁρμονικάν.

Über das arithmetische Mittel ist keine Tradition vorhanden; über das geometrische aber können wir die Rechnung, die auf Pythagoras führte, ebenso wie Jamblichos aufstellen. Aristaios (Theol. S. 41), Timaios Lokros (a. a. O.),
Hippokrates von Chios (D. V. 30, 4), Archytas (a. a. O.),
Platon im Timaios (a. a. O.) und im Gorgias schon (465 b)
erwähnen es. Der Schluß von diesen „Schülern" auf den
Meister ist vollkommen einleuchtend. Andererseits aber
ist durchaus nicht sicher, daß Pythagoras das geometrische
Mittel wirklich gekannt hat, denn der älteste der hier erwähnten sogenannten „Pythagoreer" ist Hippokrates von
Chios, der ebenso wie Philolaos ein Zeitgenosse des Sokrates
war. In Wahrheit also ist auch über dieses Gebiet der Mathematik nicht mehr überliefert, als was wir auch von selbst
schließen können. Es mag bereits in den „Elementen" des
Hippokrates behandelt worden sein.

Ich glaube gezeigt zu haben, wie stark die Interpretation
der platonischen Dialoge die Überlieferung über die vorplatonische Mathematik beeinflußt hat. Dies erklärt sich vor allem
durch die Tatsache, daß die exakte wissenschaftliche Arbeit
auf mathematischem Gebiete, einer der Hauptruhmestitel
der platonischen Akademie, eine Art von Fortsetzung bei
den Akademikern der Kaiserzeit gefunden hat. Wenn sie
auch nicht selbsttätige Mathematiker waren, so beschäftigten
sie sich doch mit der Erklärung mathematischer Schriften.
Da es dieselben Leute waren, die Platon und Euklid kommentierten, so ist es begreiflich, daß die Interpretation der
Werke Platons in der antiken Mathematikgeschichte eine
so bedeutende Rolle spielt; die Beispiele, die ich angeführt

habe und die sich gewiß stark vermehren ließen, zeigen, daß
der Einfluß, den diese Erklärung der Werke Platons auf die
Geschichte der Mathematik geübt hat, kein günstiger war.
Das ist kein Wunder: mathematischer Geist widerspricht dem
Wesen geschichtlicher Betrachtung. Er richtet sich auf das
Sein, die Geschichtsforschung auf das Werden; er betrachtet
das Allgemeine, die Historie das Individuelle. Vielleicht ist
das der Grund, warum auch heute noch historische Arbeiten,
die eine Entwickelung verfolgen, bei den Mathematikern so
schwer Eingang finden.

Anhang zu Kapitel II, 2.

Ich möchte als Anhang zu diesem Kapitel drei Stellen interpretieren, die für die Geschichte der griechischen Mathematik interessant sind. Die eine ist eine korrupte Stelle aus der Schrift „Über die Atomlinien" (968b 17), die ich S. 108 erwähnt habe. Die beiden anderen (Staat 528c ff. und Gesetze 818a—820b) gehen Platons Stellung zur Mathematik an.

Xenokrates über die „Atomlinien".
(Aristoteles 968b 17.)

Die jetzt von Vogt[1]), Heath[2]), Heiberg[3]) umstrittene Stelle aus Ps. Aristoteles περὶ τῶν ἀτόμων γραμμῶν 968b, 17 lautet: ἀλλὰ μὴν εἴ τι τμηθήσεται μέτρον τινὰ τεταγμένην καὶ ὡρισμένην γραμμήν, οὐκ ἔσται οὔτε ῥητὴ οὔτε ἄλογος οὔτε τῶν ἄλλων οὐδεμία, ὧν νῦν εἴρηται οἷον ἀποτομὴ ἢ ἡ ἐκ δυοῖν ὀνομάτοιν· ἀλλὰ καθ᾿ ἑαυτὰς μὲν οὐδέ τινας ἕξουσι φύσεις, πρὸς ἀλλήλας δὲ ἔσονται ῥηταὶ καὶ ἄλογοι.

Dieser Satz ist an zwei Stellen korrupt. Bevor ich die Korruptel bespreche, gebe ich die Übersetzung von Apelt, der sich um das Verständnis des ganz verwahrlosten Textes in seiner Edition (Aristoteles quae feruntur de plantis etc. Leipzig 1888) und in seiner Übersetzung (Beitr. zur Gesch. d. gr. Phil. Leipz. 1891, S. 271) so große Verdienste erworben hat: „Wenn aber ein Maß nach Verhältnis einer bestimmt ab-

---

[1]) Bibl. math. 3. F. X, S. 147; S. 151—53; Boll. di bibl. delle scienze mat. 1912, S. 33.

[2]) Boll. di bibl. delle sc. mat. 1911, S. 1ff.

[3]) Sokrates 1914, April S. 206.

— 134 —

geteilten und begrenzten Linie[1]) genommen wird, so ist diese Linie weder rational noch irrational, noch eine von denen, deren Quadrate rational sind, wie z. B. eine ‚Apotome‘ oder eine ‚aus zwei Namen‘. An und für sich vielmehr haben diese gar keine bestimmte Beschaffenheit, sondern nur im Verhältnis zueinander sind sie rational und irrational" (S. 273).

Man sieht, daß Apelt an der zweiten Stelle ὧν νῦν δὴ εἴρηται eine Konjektur macht: δυνάμεις ῥηταί. Diese Konjektur ist sachlich falsch, denn die Quadrate (δυνάμεις) der Apotome usw. sind nicht ῥηταί sondern ἄλογοι (Euklid, X 73 vgl. mit X def. I 4). Aber Apelt sagt mit Recht von dem überlieferten εἴρηται „non habent quo referantur"; es war vorher von irrationalen Linien (ἄλογοι γραμμαί) nicht die Rede. Auch Heiberg, „Mathematisches zu Aristoteles" (S. 35. Anm. 3) erklärt den Text für korrupt. Vogt hat nun (a. a. O. S. 153) den überlieferten Text mit einer minimalen Änderung εἴρη⟨ν⟩ται für εἴρηται = τούτων αἳ νῦν δὴ εἴρηνται zu erklären gesucht. Das gibt den Sinn: „noch eine andere von denen, die jetzt z. B. Apotome oder aus zwei Namen genannt worden sind". Wenn er in diesem Worte eine Anspielung auf Euklids Elemente sieht, so ist dies freilich ein Irrtum, der in meiner Dissertation „De Theaeteto mathematico" S. 47 widerlegt ist. Aber die Form, in der Heath und Heiberg die Konjektur abgelehnt haben, ist unberechtigt schroff. Heath (S. 4) sagt: „Il significato naturale ed usuale di quella frase sarebbe ‚nessuna delle altre (linee) testè menzionate‘. Vogt vuole invece che essa significhi linee designate con ‚die anderen Bezeichnungen, welche jetzt aufgekommen sind‘." Und er spricht außerdem von Vogts ungenügender Kenntnis des Griechischen. Heiberg (a. a. O. S. 206) sagt: „Wie der Verfasser aus diesen Worten herauslesen kann, ‚die in den Bereich der Elementarkenntnisse jetzt eingeführten irrationalen Linien,‘ wird für jeden, der Griechisch versteht, ein Rätsel bleiben."

---

[1]) Ich werde mich auch des unkorrekten Ausdruckes „Linie" für Gerade bedienen, der bei den philosophischen Verfassern üblich ist.

— 135 —

Diese Kritik ist unbillig; erstens verschweigt sie, daß Vogt den Text ändert, und zweitens sagt keiner der beiden Kritiker wie die „natürliche Bedeutung der Worte" in diesem Zusammenhange verstanden werden könne. Es ist wahr, daß $\alpha\tilde{\iota}$ $\epsilon\tilde{\iota}\varrho\eta\nu\tau\alpha\iota$ im Sinne von $\varkappa\acute{\epsilon}\varkappa\lambda\eta\nu\tau\alpha\iota$ nicht zu halten ist. Aber der Gedanke Vogts — abgesehen von der Beziehung auf Euklid — ist ganz richtig; man erreicht, was er will, durch eine Konjektur von Wilamowitz, die er mir auf eine Anfrage mitteilte: $\tilde{\omega}\nu$ $\nu\tilde{\upsilon}\nu$ $\delta\iota\acute{\eta}\varrho\eta\nu\tau\alpha\iota$ „noch eine andere von denen, die jetzt unterschieden worden sind". $\delta\iota\alpha\iota\varrho\epsilon\tilde{\iota}\nu$ ist der technische Ausdruck für die logische Einteilung des Systems, hier der Einteilung der irrationalen Geraden, die nach Eudem (Woepke, Mém. prés. a l'acad. de Paris 1856 S. 691) von Theaetet stammt, der also von Xenokrates zitiert wird. In dem eben genannten arabischen Kommentar Abu Othmans, der eine Übersetzung von Pappos Kommentar zum X. Buch des Euklid ist, finden sich dieselben Worte (Woepke, S. 685) „Il avait distingué les puissances commensurables en longueur d'avec les incommensurables". Das war bei Pappos $\delta\iota\alpha\iota\varrho\epsilon\tilde{\iota}\nu$.

Schwieriger ist es, den Sinn der ersten Stelle zu finden. Apelts Übersetzung ist unverständlich, „wenn ein Maß nach Verhältnis einer bestimmt abgeteilten und begrenzten Linie genommen wird", und seine Erklärung (Proleg. zur Ausgabe von 1888 S. X) unbefriedigend. Man kann freilich von einer Linie sagen, sie werde $\tau\grave{o}\nu$ $\acute{\epsilon}\pi\iota\tau\alpha\chi\vartheta\epsilon\nu\tau\alpha$ $\lambda\acute{o}\gamma o\nu$[1] „nach einem gegebenen Verhältnis" geteilt, aber nicht $\tau\grave{\eta}\nu$ $\tau\epsilon\tau\alpha\gamma\mu\acute{\epsilon}\nu\eta\nu$ $\gamma\varrho\alpha\mu\mu\acute{\eta}\nu$. Vor allem aber, wie kann das, was hier abgetrennt werden soll, ein „Maß" sein, da es die Linie nicht mißt. Um das Beispiel zu brauchen, das Apelt (S. X) anführt: eine Apotome erhält man, wenn von einer rationalen Geraden (a) ein Teil fortgenommen wird (Eukl. X, 73), der mit der gegebenen Geraden „nur in der Potenz kommensurabel ist", d. h. nach unserem Sprachgebrauch eine irrationale Wurzel ist; die Apotome ist $a-\sqrt{b}$. Wie kann nun die Strecke $\sqrt{b}$

---

[1] So z. B. in unserer Schrift S. 969a 4.

ein „Maß" von a sein, da sie doch gerade nicht in a aufgeht[1])?
Eine Linie muß rational (ῥητή) oder irrational (ἄλογος) sein;
ein drittes gibt es nicht. Das hat Apelt (vgl. oben S. 135
Anm. 1) nicht beachtet. Außerdem ist auch seine Übersetzung
des letzten Satzes falsch: „An und für sich vielmehr haben
diese gar keine bestimmte Beschaffenheit, sondern nur im
Verhältnis zueinander sind sie rational oder irrational." Die
Struktur des Satzes ist so, daß von der Bedingung εἰ τμηθήσεται ein Hauptsatz abhängt οὐκ ἔσται . . . ἀλλὰ . . .
ἕξουσι . . . πρὸς ἀλλήλας δὲ ἔσονται. Also auch der Satz . . .
ἀλλὰ καθ᾽ αὑτὰς . . . ἕξουσι ist Folge der Bedingung und nicht,
wie Apelt es will, eine Erklärung; außerdem steht da, „sie
werden rational und irrational sein", nicht „oder".

Heinze, Xenokrates, Leipzig 1892, S. 64 sagt also mit
Recht: „Endlich findet sich noch Xenokrates auf eine mir
nicht ganz verständliche Art mit der Tatsache der Inkommensurabilität ab."

Schließlich hat Vogt auch diese Stelle gestreift, ohne
zu sagen, welchen Text er befolgt. Er gibt ihren Sinn (a. a. O.
S. 153) so wieder: „Eine gezeichnet vorliegende begrenzte
Linie wird — mit dem als unteilbar vorausgesetzten
Maße gemessen — weder „aussprechbar" (ῥητή) noch „ver-
hältnislos" (ἄλογος) sein, noch wird auf sie eine der anderen
Bezeichnungen zutreffen, welche jetzt aufgekommen sind,
wie „Abschnitt" oder „aus zwei Benennungen". Es läßt
sich nicht erkennen, was Vogt liest; aber ich glaube, daß
der Sinn, den er erreichen will, nicht dem Zusammenhange
entspricht.

Seite 147 sagt er, Xenokrates, der Verteidiger der „Atomlinien", habe seine Sache so geführt: „Eine mit dem Atom-

---

[1]) Apelt sagt: „Potest linea ita dividi, ut eius partes neque
ῥηταί sint, neque ἄλογοι, sed ita comparatae, ut cum ipsae inter se
irrationales sint, tamen δυνάμει ῥηταί sint." Dies ist irrig, eine
Linie ist entweder rational oder irrational, und Linien, die δυνάμει
ῥηταί sind — eigentlich δυνάμει σύμμετροι τῇ προτεθείσῃ ῥητῇ — sind
nach Euklidischem (Theaetetischem) Sprachgebrauche ῥηταί (X def.
I 3). Also die Linie a der Apotome ist ἡ προτεθεῖσα ῥητή, und das von
ihr abgetrennte Stück (√b̄) ist ῥητόν; der Rest a−√b̄ aber ἄλογον.

maß gemessene Linie wird weder rational, noch irrational (im terminologischen Sinne) sein. Sein Gegner nimmt den Gedanken auf (969ᵇ 33) „ἔπειτα πᾶσαι αἱ γραμμαὶ σύμμετροι ἔσονται" usw. ,Dann werden alle Linien kommensurabel sein, denn alle, die in der Länge wie in der Potenz kommensurablen, werden die Atomlinien als Maß haben.‘ Aber dieses gemeinsame Maß ist in allen Strecken unendlich oft enthalten, und weil die Maßzahlen ,unendlich zu unendlich‘ [1]) kein angebbares Verhältnis haben, deshalb sind, wenn die Atomtheorie auf die Linien übertragen wird, zwei beliebige Gerade ἄλογοι — ,verhältnislos‘."

Daß Theophrast, der Gegner, so argumentierte, ist begreiflich; aber sollen wir wirklich annehmen, Xenokrates habe zu seiner Verteidigung gesagt: „Wenn mein Atommaß gilt, dann gibt es keinen Unterschied zwischen rational und irrational[2])?" Das hieße ja nichts anderes als die Mathematik aufheben, die er doch selbst als Beweismittel für seine Theorie aufgerufen hatte (p. 968ᵇ 5): ἐξ ὧν αὐτοὶ οἱ ἐν τοῖς μαθήμασι λέγουσι . . . εἴη ἂν ἄτομος γραμμή. Ihr „unfreiwilliger Gegner" ist er gewiß. Wenn er aber so vorging, wie ihn Vogt disputieren läßt, dann hätte sich wohl Theophrast nicht die Mühe gemacht, einen Mann zu bekämpfen, der mit dem Satze des Widerspruches auf dem Kriegsfuße stand.

Wir brauchen also eine andere Erklärung für den Text, dessen Sinn unklar ist und den man auch grammatisch nicht konstruieren kann; denn die beiden Akkusative in Verbindung mit dem Passivum τμηθήσεται sind nicht zu verstehen.

---

[1]) Xenokrates hatte gerade, um der unendlichen Teilbarkeit zu entgehen, seine Atomlinien eingeführt. 968a 5: τὸ δὲ ἀπείρους σχεδὸν διαιρένεις ἔχον οὐκ ἔστιν ὀλίγον ἀλλὰ πολύ, φανερὸν ὅτι πεπερασμένας ἕξει διαιρέσεις τὸ ὀλίγον καὶ τὸ μικρόν. Dies spricht aber nicht gegen Vogts Interpretation des Demokritischen Titels περὶ ἀλόγων γραμμῶν (a. a. O.); denn Demokrit nahm an, daß es in einem endlichen Körper unendlich viele Atome gäbe (Brieger, Hermes 36, 1901, S. 177).

[2]) Ich wiederhole, was den Euklidkennern bekannt ist, daß Theaetet sowohl √a̅ wie √p rational nennt, und für ihn „irrational" (ἄλογοι) die Geraden sind, deren Quadrate in unserem Sinne nicht rational sind (z. B. a + √b̅; a − √b̅). Die Quadratdiagonale z. B. ist für ihn ῥητή.

Es läßt sich aber aus dem, was folgt, und dem Zusammenhange ahnen, welches der Sinn des verdorbenen Kondizio-
nalsatzes ist. Er muß die Bedingung enthalten, deren Auf-
hebung die Mathematik aufhebt. Dieses kann aber nach dem
ganzen Zusammenhange nichts anderes sein als die Notwendigkeit, das Atommaß einzuführen; denn das hatte er
zu beweisen versprochen. Ich übersetze, was vorangeht, soweit es der korrupte Text erlaubt: „Auch geht, wie sie behaupten (d. h. Xenokrates behauptet), aus den Lehren der
Mathematiker selbst hervor, daß es eine Atomlinie gäbe,
wenn ‚kommensurabel die Linien sind, die von demselben
Maße gemessen werden‘. Nun sind aber sämtliche Linien,
die gemessen werden können[1]), alle kommensurabel. Es
gibt also ein Längenmaß, das sie alle mißt. Dies muß aber

[1]) So die Handschrift N, Apelt in seiner Ausgabe und Heinze,
Xenokrates S. 64 Anm. 2. In der Übersetzung liest Apelt: „Alle
die kommensurabel sind, können gemessen werden, denn es gibt ein
Maß, das alle mißt." Das wäre eine Petitio principii; er will ja erst beweisen, daß es ein solches Maß gäbe; von Heinze S. 64 Anm. 2 ist
daher richtig γὰρ in ἄρ geändert. Der logische Fehler, den der Gegner
klar erkennt (s. 969a 14), ist das Verwechseln der stetigen Größen
mit den Zahlengrößen einerseits, andererseits die kindliche Hilflosig-
keit gegenüber den relativen Begriffen, die der Sophistenzeit eigen
ist. Daher hat auch Theophrast (969b 8) des Xenokrates Beweisführung als „sophistisch" gerügt. Xenokrates meint, alle Linien, die gemessen werden können, d. h. alle, die man mit Zahlen benennen kann,
seien kommensurabel; er glaubt, dieser Begriff sei nicht relativ, sondern absolut wie „rational". Daher kommt er zu der Forderung, es
müsse für die stetigen Größen ein kleinstes Maß existieren, gewissermaßen eine „Eins", die bewirkt, daß man alle jene Größen mit Zahlen
benennen könne. (Für diese Argumentation ist lehrreich die Auseinandersetzung des Scholions zu Euklid Buch X [Heib. V S. 415, 9ff.].)
Der Fehlschluß ist im Grunde von der Art, die Platon im Euthydem
verspottet, wo auch verschiedentlich die relativen Begriffe absolut
genommen werden. Theophrast nennt daher mit Recht die Argumentation seines Gegners „eristisch". Diese Beweiskette wird daher zerstört, wenn man mit Apelt liest ὅσαι δέ εἰσιν σύμμετροι, πᾶσαί εἰσιν
μετρούμεναι. In der Propositio major hatte er ja schon gesagt, alle
Linien, die kommensurabel sind, könnten mit demselben Maße gemessen werden. Es ist also klar und brauchte nicht bewiesen zu
werden, daß sie gemessen werden können.

notwendig unteilbar sein. Denn, wäre es teilbar, so müßten auch die Teile in gewisser Weise Maße sein[1]), denn sie sind dem Ganzen kommensurabel, *ὥστε μέρους τινὸς εἴη διπλασίαν τὴν ἡμίσειαν*. Da dies aber unmöglich ist, so gibt es ein unteilbares Maß. In gleicher Weise aber wie die einmal von ihm gemessenen Linien bestehen auch die aus dem Maße zusammengesetzten aus unteilbaren Größen[2]). Dasselbe gilt auch für die Flächen, denn ‚alle Quadrate, die über rationalen Linien errichtet werden, sind untereinander kommensurabel‘, so daß ihr Maß ein ungeteiltes sein muß.“

Xenokrates will also beweisen, daß alle Linien, die kommensurabel sind, ein gemeinsames Maß, das Atommaß, haben. Nun können — nach Euklid — Linien *μήκει σύμμετροι* und *δυνάμει σύμμετροι* sein; von diesem handeln die unserm Satze vorausgehenden Worte. Beide Arten sind nach Euklid *ῥηταί*[3]). Dann kommen die Euklidischen *ἄλογοι*, von denen Xenokrates zwei Beispiele anführt, Apotome und *ἐκ δυοῖν ὀνομάτοιν*. Daß die Einteilung, die wir hier machen, richtig ist, zeigt die Widerlegung (970a I ff.). Theophrast beweist: nach Xenokrates' Theorie *πᾶσαι αἱ γραμμαὶ σύμμετροι ἔσονται, πᾶσαι γὰρ ὑπὸ τῶν ἀτόμων μετρηθήσονται* 1) *αἵ τε μήκει σύμμετροι καὶ* 2) *αἱ δυνάμει, αἱ δὲ ἄτομοι σύμμετροι πᾶσαι μήκει — ἴσαι γάρ, — ὥστε καὶ δυνάμει.* 3) *εἰ δὲ τοῦτο, ἀεὶ ῥητὸν ἔσται τὸ τετράγωνον*, d. h. dann gibt es keine *ἄλογοι*[4]).

In den vorhergehenden Sätzen war der Schluß beide Male *ἀδιαίρετον ἂν εἴη μέτρον* (968b 12) und *ὥστε ἔσται τὸ μέτρον αὐτῶν ἀμερές* (968b 17). Wenn er also in unserem Satze die folgende Stufe der irrationalen Größen, die *ἄλογοι*

---

[1]) Das überlieferte *μέτρον τινὸς ἔσται*, was unverständlich ist, hat Heinze in *μέτρα τινά* geändert (S. 64 Anm. 1). Der griechisch gegebene Satz ist korrupt und unverständlich.

[2]) Dieser Satz ist unklar (so auch Apelt in seiner Übersetzung).

[3]) S. oben S. 137 Anm. 2.

[4]) Schon aus dieser Widerlegung geht übrigens hervor, daß Xenokrates nicht so, wie Vogt es meint, argumentiert hat.

heranzieht, so muß er auch hier sein „unteilbares Maß‘‘ haben beweisen wollen. Nun ist der im Futurum stehende Satz negiert; also muß auch der Sinn des Bedingungssatzes verneinend sein: „Wenn es kein Atommaß gibt, so wird eine gegebene Gerade weder rational, noch irrational sein, d. h. dann ist die Theorie vom Irrationalen — die er doch als zu Recht bestehend anerkennt — aufgehoben.‘‘

Ich schlage darum folgendes vor: ἀλλὰ μὴν εἰ εἰς¹) ⟨ἀεὶ⟩ τμηθήσεται ⟨τὸ⟩ μέτρον ⟨τὸ μετροῦν⟩ τινα τεταγμένην καὶ ὡρισμένην γραμμήν usw.

„Weiter aber: Wenn das Maß, das eine beliebige gegebene Strecke²) mißt, ins Unendliche teilbar ist, so wird diese weder rational, noch irrational sein, noch eine andere von den Liniengattungen, die jetzt unterschieden worden sind, z. B. eine ‚Apotome‘ oder eine ‚aus zwei Benennungen‘, sondern sie werden nicht einmal absolut genommen eine Bestimmtheit (φύσις) haben und im Verhältnis zueinander werden sie ⟨zugleich⟩ rational und irrational sein.‘‘

Man wird an der dreifachen Änderung Anstoß nehmen; sie scheint mir aber durch den trostlos korrupten Text gerechtfertigt. Wilamowitz beanstandet εἰς ἀεὶ τέμνειν für εἰς ἄπειρον τέμνειν; aber denselben Ausdruck verwendet Proklos (in Eucl. 278, 22) μέγεθος εἰς ἀεὶ διαιρεῖται parallel mit εἰς ἄπειρον διαιρεῖται an einer Stelle, die dem Gedankeninhalt wie der Form nach — auf dem Umwege über Geminos — auf die Schrift von den Atomlinien zurückgeht³).

Der Gedanke wird klar, wenn man von dem ersten fal-

---

¹) Die Hds. τι.

²) τεταγμένη „gegeben‘‘ wie bei Archimedes (Heib. II² S. 4, 14) τὰ τμάματα τὸν ταχθέντα λόγον ἔχειν, „so daß die Abschnitte in dem gegebenen Verhältnis sind‘‘; ebenso in unserer Schrift ἐπιταχθέντα λόγον (969 a, 5). Dies bezieht sich auf die auch in den Scholien zu Euklid vorgetragene Lehre (Heib. V S. 416): τὸ μὲν σύμμετρον φύσει ἂν εἴη αὐτοῖς καὶ τὸ ἀσύμμετρον, τὸ δὲ ῥητὸν καὶ ἄλογον θέσει. Also auch dies ist nur ein Ausdruck dafür, daß dann die Lehre vom Irrationalen aufgehoben sei.

³) Über diese Stelle s. unten S. 143 den Abschnitt über Proklos und die Atomlinien.

schen Schluß ausgeht: „Alle Linien, die gemessen werden können, sind kommensurabel." Denn von dem irrigen absolut genommenen Begriff der Kommensurabilität aus war er zur Forderung des „unteilbaren Maßes" gekommen. Von diesem Begriffe des σύμμετρον hängt aber der Begriff δυνάμει σύμμετρον ab [also nach Xenokrates ebenfalls von seinem „Atommaß"[1])]. Hier lag der logische Fehler darin, daß zwar „alle Quadrate, die über rationalen Linien errichtet werden, untereinander kommensurabel sind"[1]), aber doch nicht auch die Seiten aller dieser Quadrate, denn auch die Quadrate von Linien, die nur δυνάμει σύμμετροι sind (Euklid X, Porisma zu X 9; X def. I 3 und X def. I 4) heißen ῥητά.

Wenn aber der Begriff σύμμετροι vom Atommaße abhing, so gilt dasselbe von den Begriffen ῥητόν und ἄλογον. Denn um eine ἄλογος γραμμή zu erhalten, braucht man 1. eine προτεθεῖσα ῥητή, die willkürlich gewählt ist (X def. 1, 3), 2. eine εὐθεῖα δυνάμει μόνον σύμμετρος ἐκείνη, die von ihr abgezogen oder zu ihr zugefügt wird, oder mit ihr ein Rechteck bildet. Dann wird die ἄλογος die Differenz, Summe oder Wurzel dieser beiden anderen sein (a+√b̄; a—√b̄; $\sqrt[4]{ab}$). Also hängt auch der Unterschied von ῥητόν und ἄλογον nach Xenokrates vom Atommaße ab, weil dieser Unterschied und die Scheidung der Klassen „irrationaler Größen" auf den Begriff der Kommensurabilität aufgebaut sind. Aus der oben (S. 139) zitierten Widerlegung Theophrasts geht das ebenfalls hervor. Bei ihm sieht man, daß Xeno-

---

[1]) Er übersieht (968b 16), daß das „unteilbare Maß" der ῥητὰ τετράγωνα in Wahrheit ein Atomquadrat sein müßte — es ist interessant zu beobachten, daß die wörtlichen Zitate aus Theaetet (968b 6 und 968b 15) beide korrekt sind, also in diesen nie σύμμετρον absolut gesetzt wird (σύμμετροί εἰσιν αἱ τῷ αὐτῷ μέτρῳ μετρούμεναι wörtlich = Euklid X 1. def. 1. Ebenso korrekt: πάντα γὰρ τὰ ἀπὸ τῶν ῥητῶν γραμμῶν σύμμετρα ἀλλήλοις = Euklid X 1. def. 4. Theophrast tadelt mit Recht, daß es lächerlich sei, die Beweisführungen der Mathematiker und seine eigenen zu einem sophistischen λόγος zu vereinen.

krates' Fehler in der falschen Prämisse über die Kommensurabilität sämtlicher gemessener Linien steckt (vgl. auch
969b 7). Wenn eine gegebene Gerade ins Unendliche geteilt
werden kann, meint Xenokrates, so kann sie mit einer anderen
kommensurabel und inkommensurabel zugleich sein, denn
die Maßzahlen unendlich zu unendlich ergeben keinen λόγος.
Die Linie hat keine φύσις, weder die zugrunde gelegte ῥητή,
ἥτις ἀρχή μέτρων ἐστὶ καὶ οἱονεὶ κανὼν εἰς μέτρησιν ἡμῖν κατὰ
μῆκος (Scholion zu Eukl. X def. I 3; Heib. V S. 435, 5),
noch die mit ihr δυνάμει μόνον σύμμετρος, noch endlich die
ἄλογος, die die Differenz oder Summe beider ist.

Gegen diese Behauptung — nicht sie aufnehmend,
wie Vogt will — sagt Theophrast: „Wenn alle Linien vom
Atommaße gemessen werden, so haben alle ein gemeinsames
Maß, nicht nur die μήκει σύμμετροι, sondern auch die δυνάμει;"
die Quadratdiagonale z. B. wird rational. „Dann aber sind
alle Quadrate rational;" denn die Quadrate rationaler Seiten
sind rational; also gibt es keinen Unterschied mehr zwischen
ῥηταί und ἄλογοι, da die ἄλογος eine Gerade ist, deren Quadrat nicht rational ist. „Zugleich ist es ein Widerspruch zu
behaupten, alle Linien seien kommensurabel, und dabei
zu fordern, alle, die kommensurabel seien, sollten ein gemeinsames Maß haben" (969b 10; ἅμα δὲ ἐναντίον πᾶσαν
μὲν γραμμὴν σύμμετρον γενέσθαι, πασῶν δὲ τῶν συμμέτρων
κοινὸν μέτρον ἀξιοῦν). Hatte das Xenokrates behauptet?
Heinze (Xenokrates, S. 64) meint, das läge in der Behauptung „alle Linien, die gemessen werden, sind kommensurabel", denn es könnten alle gemessen werden. Dies ist
nicht richtig, denn es können gar nicht alle Linien gemessen
werden; z. B. die Kreisperipherie nicht. Aber es lag einmal in der im Proömium aufgestellten Forderung: für alle
Größen müsse es ein Atommaß geben (968a 8), da in allen
das Kleine sei und das Kleine πεπερασμένας διαιρέσεις hätte.
Auf diese Weise wären alle Linien, da alle die Atomlinie
als Maß haben, untereinander kommensurabel. Derselbe
Fehler, daß alle Linien kommensurabel wären, ergab sich
auch aus Xenokrates Auseinandersetzung über das Irratio-

nale: Wenn die Seiten aller von Euklid $\acute{\varrho}\eta\tau\acute{\alpha}$ genannten Quadrate kommensurabel waren, dann war $\sqrt{a}$ und b kommensurabel, und auf diese Weise war der Unterschied zwischen rational und irrational in unserem wie in Euklids Sinne aufgehoben.

So, glaube ich, ist die Stelle klar, von der Apelt sagt: „Die Ausflucht leidet nicht an übergroßer Klarheit." Man versteht das Schlußverfahren des Xenokrates, wenn man seinen Fehler eingesehen hat. Er besteht darin, daß er den Begriff „kommensurabel" absolut faßt und daß er den Unterschied zwischen Zahlen und stetigen Größen verkennt.

Proklos und die Lehre von den Atomlinien.

Bei der Besprechung der eben behandelten Stelle aus der Schrift „Von den Atomlinien" wurde von Heinze (Xenokrates, S. 63) und Apelt (Beitr. z. Gesch. d. Phil. S. 267, 273) auch des Proklos Urteil (in Eucl. S. 278) über den $\Xi\varepsilon\nu o\varkappa\varrho\acute{\alpha}$-$\tau\varepsilon\iota o\varsigma$ $\lambda\acute{o}\gamma o\varsigma$ herangezogen. Ich gehe auf diese Stelle ein, da sie für die Frage, ob Proklos die Quelle unserer Euklidscholien sei, von Wichtigkeit sein kann. Heinze bezeichnet Proklos zwar nicht als „einen orthodoxen Bekenner der Lehre von den Atomlinien", meint aber, Proklos leugne, daß die Mathematiker die unendliche Teilbarkeit der stetigen Größen beweisen könnten. Apelt sieht in Proklos Erklärungen zu Eukl. I 10 „ein Argument, das Proklos als treuer Platoniker zur Verteidigung der Xenokratischen Lehre beibringt". „Wie hilft sich nun Proklos?" fährt er fort. „Er sagt etwa so: ,Teilt nur immer weiter, soviel ihr wollt, es wird immer noch etwas Ungeteiltes übrig bleiben; ihr könnt aber nicht beweisen, daß man nicht schließlich doch auf etwas Ungeteiltes gerate. Wenn jede kontinuierliche ($\sigma v\nu\varepsilon\chi\acute{\eta}\varsigma$) Linie teilbar ist, . . . wer sagt euch, daß es nur kontinuierliche Linien geben könne?'"

Ich bespreche den Zusammenhang und gebe die Übersetzung der von Apelt so seltsam mißverstandenen Worte. Proklos will in seinem Kommentar zu den Elementen I 10:

Euklid gegen den Vorwurf verteidigen, daß er bei der Lösung
der Aufgabe, eine gegebene Gerade zu halbieren, die unendliche
Teilbarkeit des Kontinuierlichen als ein Axiom voraussetze.
Denn, wenn die Lehre, daß eine Linie aus Atomen bestehe
(ἐξ ἀμερῶν), richtig sei, dann könne von der Halbierung jeder
gegebenen Geraden nicht die Rede sein; wenn nämlich eine
Gerade, die aus ungerade vielen Atomen besteht, halbiert
wird, so muß eine der Atomlinien halbiert werden, was gegen
die Voraussetzung ist. Also ist die Halbierung einer beliebi-
gen Geraden, wenn die Atomlinientheorie richtig ist, unmöglich (S. 278, 10). Das Problem, ,,eine gegebene Strecke zu
halbieren" (Eukl. I, 10), setzt also die unendliche Teilbarkeit
der Geraden voraus. Ist dies nun, wie einige meinen, ein
Prinzip der Geometrie? Nein, antwortet Proklos unter
Berufung auf Geminos: ,,Daß das Kontinuierliche teilbar ist,
setzen die Geometer als Axiom voraus (προλαμβάνουσι).
Denn wir nennen kontinuierlich, was aus Teilen, die ineinander übergehen, besteht (ἐκ μερῶν συνημμένων συνεστός).
Dies kann aber durchaus geteilt werden. Daß es aber ins
Unendliche geteilt werden kann, das nehmen sie nicht
als Axiom an (οὐ προειλήφασιν), sondern das beweisen
sie, ausgehend von ihren Prinzipien. Denn, wenn sie zeigen,
daß es in den Größen ein Inkommensurables gibt und daß
nicht alle kommensurabel sind, was anderes — kann man
wohl sagen — tun sie da, als beweisen, daß jede Größe
ins Unendliche teilbar ist, und daß wir nie auf das Unteilbare stoßen werden, daß das kleinste gemeinsame
Maß der Größen ist. Dies also läßt sich beweisen, jenes dagegen, daß jede kontinuierliche Größe teilbar ist, ist ein
Axiom; so daß also auch eine kontinuierliche Strecke teilbar
ist. Von diesem Prinzip ausgehend, vollzieht Euklid die Halbierung der begrenzten Geraden, aber nicht indem er das
Axiom voraussetzt, sie sei ins Unendliche teilbar. Denn
,,teilbar" und ,,ins Unendliche teilbar" ist nicht dasselbe."
   Es ist also gar keine Rede davon, daß Proklos die Atom-
linienlehre für richtig hält. Im Gegenteil, er bekämpft sie,
zum Teil mit denselben Gründen, deren sich Theophrast be-

dient (vgl. de ins. lin. 970a 1, 970a 29). Er wendet sich nur dagegen, daß die Teilung ins Unendliche ein Prinzip sei; denn sie ist ja beweisbar: ein Beweis dafür ist die Lehre vom Irrationalen.

Doch, damit kein Zweifel übrig bleibe, setze ich des Proklos eigne Worte über Xenokrates her, mit denen er seine Argumentation schließt (S. 279, 5): „Durch dies Problem wird auch die Xenokratische Lehre von den Atomlinien widerlegt. ἐλέγχοιτο δὲ ἂν διὰ τοῦ προβλήματος τούτου καὶ ὁ Ξενοκράτειος λόγος ὁ τὰς ἀτόμους εἰσάγων γραμμάς[1].

Und nun die Rechtfertigung, warum ich diese Stelle hier behandle. Ich habe oben[2]) versucht zu zeigen, daß Proklos die Quelle unserer Euklidscholien sei. In den Scholien zum X. Buch, zur Lehre vom Irrationalen, wird ebenfalls auf die Xenokratische Lehre angespielt, und zwar wie hier im Zusammenhang mit der unendlichen Teilbarkeit. Dort wird die Theorie des Xenokrates abgewiesen. Hätte nun Proklos, so wie Heinze und Apelt es wollen, argumentiert, so war das ein Grund, ihm die Autorschaft der Scholien abzusprechen. Jetzt aber sehen wir die Verwandtschaft beider Beweisführungen. Der Scholiast sagt (Heib. V S. 415, 9): „Die Pythagoreer kamen zuerst auf die Erforschung des Inkommensurablen, und zwar durch die Betrachtung der Zahlen. Denn während es bei allen Zahlen ein gemeinsames Maß gab, die Einheit (μονάς), konnten sie in den Größen nicht auch ein solches gemeinsames Maß finden. Der Grund war, daß zwar jede wie immer beschaffene Zahl, wie oft sie auch geteilt werden mag, ein kleinstes Bruchteilchen zurückläßt, das nicht mehr dividiert werden kann, daß aber jede Größe ins Unendliche teilbar ist und kein Teilchen übrig läßt, das — da

---

[1]) Vgl. auch Procl. in Remp. ed. Kroll II S. 27, wo aus der Irrationalität der Quadratdiagonale geschlossen wird: ᾧ καὶ δῆλον ὅτι ἀσύμμετρά ἐστιν μεγέθη, καὶ ὅτι Ἐπίκουρος ψευδῶς ποιῶν μέτρον τὴν ἄτομον πάντων σωμάτων καὶ ὁ Ξενοκράτης τὴν ἄτομον γραμμὴν τῶν γραμμῶν ἐπενόησαν.

[2]) Vgl. S. 71 f.

10

es das Kleinste wäre — eine Teilung nicht mehr gestattete; sondern daß auch jenes noch, bis ins Unendliche geteilt, unendlich viele Teile ergibt, von denen jeder wieder ins Unendliche teilbar ist. — Da nun aber die Maße kleiner sein müssen als das Gemessene und jede Zahl gemessen werden kann, so muß es ein Maß geben, das kleiner ist als alle (Zahlen), so daß auch bei den Größen, wenn alle mit einem gemeinsamen Maße gemessen werden können, dies notwendig ein kleinstes Maß sein muß. Aber bei den Zahlen gibt es ein solches Maß. — Bei den Größen dagegen nicht. Es gibt also kein gemeinsames Maß der Größen."

Man erkennt die Übereinstimmung des Scholiasten mit Proklos und sieht zugleich, daß die Widerlegung des Theophrast ihre Wirkung getan hat.

Platon und die Anfänge der Stereometrie.
(Platon, Staat 528b ff.)

Die Überlieferungsgeschichte der fünf platonischen Körper hat uns gezeigt, daß die Entdeckung dieses wichtigen Gebietes der Stereometrie mit den Pythagoreern nichts zu tun hat, und daß sie erst dem 369 bei Korinth gefallenen Freunde Platons, Theaetet, verdankt wird. Da man aus dem Timaios weiß, einen wie lebhaften Anteil Platon an der Entdeckung genommen hat, so wird es von Interesse sein, auf die Stellung, die Platon sonst zur Stereometrie einnimmt, einen Blick zu werfen.

Schon lange spielte in der Beurteilung von Platons Haltung der Mathematik gegenüber die Stelle Politeia 528b ff. eine große Rolle. Wenn ich sie hier noch einmal ausführlich bespreche, so geschieht das, weil ich meine, daß die allgemein angenommene Beziehung von Platons Worten auf das sogenannte „delische Problem" nicht richtig ist[1]), ebensowenig die

---

[1]) Heiberg bei Norden-Gercke, Einleitung i. d. Altertw. II² S. 419, hat eine andere Deutung der Stelle gegeben, die er auf die noch nicht in die Elemente aufgenommene Stereometrie bezieht. Ich

Deutung, die Blaß (de Platon. math. Bonn 1861) Brandis
zuschreibt, Platon sei der Entdecker der Stereometrie gewesen (S. 21).

Die Stelle ist innerhalb von Platons Staat durch ihre
Form auffallend. Platon bespricht den Unterrichtsplan für
die zukünftigen Philosophen: sie sollen Arithmetik, Geometrie, Astronomie treiben (525 b, 26c, 27d). Dann unterbricht er sich und fordert (528 b), daß zwischen Geometrie
und Astronomie eine neue Wissenschaft gelehrt werde, für
die er noch keinen Namen kennt. Diese Selbstkorrektur
ist ein Kunstmittel der Darstellung und hat zum Zweck, die
so eingeführten Worte besonders hervorzuheben.

Ich gebe die Übersetzung.

528a: „Zieh deine Truppen wieder zurück! Jetzt nämlich haben wir es nicht richtig gemacht, als wir den Unter-
richtsgegenstand, der auf die Geometrie folgen soll, vornah-
men." — Inwiefern? sagte er (Glaukon). — „Nach den ebenen
Figuren haben wir — *sagte ich, (Sokrates)* — gleich die in
Bewegung befindlichen Körper vorgenommen, bevor wir sie
an sich betrachteten. Richtig aber ist es, nach der zweiten
Dimension auf die dritte überzugehen. Diese Wissenschaft[1])
aber handelt, denke ich, von der Dimension der Würfel und
von dem, was Tiefe hat (den Körpern)." — Ja, das ist richtig,
sagte er. Aber diese Lehre, meine ich, ist noch nicht erfunden,
Sokrates. — „Du hast recht," fuhr ich fort, „und das hat
zwei Gründe: Weil kein Staat diesen Wissenszweig in Ehren
hält, wird auf diesem Gebiet — denn es ist schwer — nur
lässig gearbeitet, und dann brauchen die Forscher einen Leiter,

---

kannte seine Notiz darüber bei der Abfassung dieser Arbeit nicht
und gebe meine Ausführungen im wesentlichen ungeändert so, wie
ich sie vor fast vier Jahren niederschrieb. — Campbell, in seiner
Ausgabe des Staates III S. 338, spricht zu der Stelle die Vermutung
aus, die ich bestätigen will, daß Platon an die regulären Körper gedacht habe. (Plato's own love of regular solids may be remarked.)

[1]) τοῦτο müssen wir substantivisch wiedergeben, aber es ist zu
beachten, daß damit gesagt wird, diese Wissenschaft sei noch ein
neues, unbekanntes Gebiet. Sie hat noch keinen Namen. τοῦτο =
τὸ ἑξῆς τῇ γεωμετρίᾳ.

ohne den sie ihre Entdeckungen nicht machen könnten, und
einen solchen gibt es nur schwer, und wenn er vorhanden
ist — wie die Dinge jetzt liegen — würden die Fachgelehrten
ihm nicht folgen, da sie sich dafür für zu gut halten[1]).
Wenn aber ein ganzer Staat dem Leiter mithülfe, dadurch,
daß er dafür Interesse zeigte, dann würden diese Männer
sich überzeugen lassen, und auf diesem Gebiete würde es
licht werden, wenn es systematisch und mit angespannter
Kraft bearbeitet würde[2]). Denn auch jetzt schon wird diese
(werdende) Wissenschaft, obwohl ihr die große Menge die
(gebührende) Beachtung versagt und die Forscher auf diesem
Gebiete sie nicht aufkommen lassen wollen, da sie nicht
einsehen wollen, wozu sie nütze sei, dennoch, allen diesen
Widerständen zum Trotz, wegen des ihr eigenen Reizes
(um ihrer selbst willen) gefördert[3]). Und es ist kein Wunder,
daß sie ans Licht gekommen ist." — Und anziehend ist sie
ja auch wirklich, meinte er, und zwar im höchsten Maße.
Aber erkläre mir noch deutlicher, was das ist, wovon jetzt die
Rede war. Denn — die Wissenschaft von den ebenen Figuren
nanntest du ja doch wohl Geometrie? — „Ja," sagte ich. —
Und darauf zuerst die Astronomie als folgenden Gegenstand,
später aber zogst du zurück. — „Ja, ich machte mir drei
aus einer Meile, da ich schnell gleich alles erledigen wollte.
Denn obwohl die Lehre von der Dimension der Tiefe hätte
folgen sollen, lief ich an ihr vorbei, da sie sich in einem lächer-
lichen Zustand der Forschung befindet, und nannte nach
der Geometrie die Astronomie, die doch die Körper ⟨bereits⟩
in Bewegung voraussetzt." — Da hast du recht, sagte er. —
„Wir müssen also die Astronomie als vierten Gegenstand
ansetzen in der Annahme, daß der jetzt Übergangene schon
existieren werde[4]), wenn er von Staats wegen methodisch
betrieben wird."

---

[1]) μεγαλοφρονούμενοι richtig Rotlauf (Math. zu Platons Zeit
Jena, 1878, S. 69): „Aus gelehrtem Handwerksdünkel".

[2]) ἐκφανῆ γένοιτο ὅπῃ ἔχει „es würde erscheinen, wie es sich
damit verhält".

[3]) Wilamowitz: „Die Chariten lassen sie wachsen".

[4]) Diels: ὡς ὑπαρξούσης τῆς νῦν παραλειπομένης ἐὰν αὐτὴν πόλις μετίῃ.

Zunächst der Text. Überliefert ist: 528c 4 *ἐπεὶ καὶ νῦν ὑπὸ τῶν πολλῶν ἀτιμαζόμενα καὶ κολουό- μενα ὑπὸ δὲ τῶν ζητούντων λόγον οὐκ ἐχόντων καθ' ὅτι χρήσιμα, ὅμως πρὸς ἅπαντα ταῦτα βίᾳ ὑπὸ χάριτος αὔ- ξάνεται καὶ οὐδὲν θαυμαστὸν αὐτὰ φανῆναι.* Die Worte *πολλῶν ... ζητούντων* sind korrupt, obwohl die Herausgeber, Campbell, Burnet, James Adam den über- lieferten Text zu verteidigen suchen. Adam will *ὑπὸ δὲ τῶν ζητούντων* unter *ἀτιμαζόμενα καὶ κολουόμενα* unterordnen; aber es geht nicht zu konstruieren; man müßte dann *τε* für *δέ* schreiben. Außerdem ist der Gedanke parallel mit dem weiter oben stehenden Satze: *ὅτι οὐδεμία πόλις ἐντίμως αὐτὰ ἄγει ἀσθενῶς ζητεῖται* und *οὐκ ἂν πείθοιντο οἱ περὶ ταῦτα ζητητικοὶ μεγαλοφρονούμενοι.* Da auch hier *οἱ πολλοί* und *οἱ ζητοῦντες* gegenüberstehen, so muß dem *δέ* im zweiten Satzgliede ein *μέν* im ersten entsprechen, und dann brauchte man wieder ein Partizipium zu dem Satze *ζητούντων* (diesen Gedanken hat offenbar der Schreiber der Handschrift F ge- habt, der liest *ὑπὸ μὲν τῶν πολλῶν*). Zwei Vorschläge zur Änderung sind beinahe gleichwertig gut. Cobet in den „Variae lectiones" (Leiden 1873, S. 532) streicht das *ὑπό* und liest *τῶν δὲ ζητούντων* mit der Erklärung: „Poterat dicere *τῶν μὲν πολλῶν ἀτιμαζόντων αὐτήν, τῶν δὲ ζητούντων,* sed variare maluit. Variata repente verborum structura tur- bavit scribas."

Doch ist noch einfacher die Änderung von Madvig (Ad- vers. I S. 427), der nur *δέ* tilgt. Es war varia lectio *ὑπὸ τῶν πολλῶν ἀτιμαζόμενα καὶ κολουόμενα ὑπὸ τῶν ζητούντων* und *ὑπὸ μὲν τῶν πολλῶν ἀτιμαζόμενα, κολουόμενα δέ.* Wie ich sagte, hat die Handschrift F noch das *μέν* vor *πολλῶν,* das aber in der tradierten Konstruktion nicht haltbar ist. An Madvigs Lesung ist außerdem gut, daß *κολουόμενα* zu *ὑπὸ τῶν ζητούντων* zu ziehen ist. Doch das führt bereits zu einer Besprechung des Inhalts der ganzen Stelle, wie denn auch die Frage, ob das handschriftlich überlieferte *αὐτὰ φανῆναι* gehalten werden kann, ohne eine Besprechung des ganzen Zusammenhanges nicht zu beantworten ist.

Die Klage Platons über den unbefriedigenden Stand
der Stereometrie hat man ganz allgemein auf das sogenannte
„delische Problem" bezogen, um so mehr, als in den Worten
ἔστι δὲ ταῦτα περὶ τὴν τῶν κύβων αὔξην nach der Meinung
der meisten Forscher eine Anspielung auf die „Verdoppelung
des Würfels" liegt. Dazu ist zu bemerken, daß unsere ganze
Tradition über das sogenannte „delische Problem", seine
Lösung und Platons Stellung dazu nicht auf historischer
Grundlage ruht, sondern auf dem Dialoge „Platonikos"
des Eratosthenes, der auch im wesentlichen die Quelle der
bei Eutokios, in Archim. de sphaera et de cyl. (Heib., Archim.
III S. 66 ff.) gegebenen Berichte über die Lösungen dieses
Problemes ist. Historisch beglaubigt ist einzig die bei Eutokios aus Eudem zitierte Lösung des Archytas (S. 98). Es
liegt auch auf der Hand, daß, wenn Eratosthenes fingiert,
daß alle die bedeutenden Mathematiker in der Akademie
zusammen — wo sie doch gar nicht alle lebten — auf Platons
Geheiß die Lösung suchen, er nicht die von ihnen wirklich verfaßten Arbeiten wörtlich abschrieb; dann wäre ja
sein Dialog keine Dichtung gewesen. So ist z. B. die
Lösung des Menaichmos, die die Ausdrücke „Parabel"
und „Hyperbel" verwendet, nicht von diesem selbst, sondern
von Eratosthenes, dem Zeitgenossen des Apollonios von Perge,
der erst diese Ausdrücke einführte. Doch wird eine Entscheidung über diese Frage erst möglich sein, wenn der Dialog
„Platonikos" rekonstruiert ist [1]). Jedenfalls wird man gut
tun, alle Angaben, die auf diese Quelle zurückgehen, wie
z. B. daß Hippokrates das Problem der Würfelverdoppelung
auf das andere Problem, zwei mittlere Proportionale zwischen
zwei Zahlen zu finden, reduziert habe (Heib., Archim. III
S. 104, 12), zu bezweifeln.

---

[1]) Es entspricht ganz dem Wesen alexandrinischer Gelehrten-
dichtung, daß der Mathematiker sich selbst eine ganze Reihe ver-
schiedener Lösungen des Problems ausdenkt und dabei die einzelnen
früheren Mathematiker ihre Entdeckungen verwenden läßt, wie eben
Menaichmos bei Erotasthenes seine Kegelschnitte anwendet. Das
braucht so wenig historisch zu sein wie etwa bei Platon die Äußerungen,
die er seinem Parmenides, Sokrates, Protagoras in den Mund legt.

Also zunächst ist überhaupt nicht sicher, ob Platon sich mit dem delischen Problem abgegeben hat. Das zweite ist, daß die Worte τὴν τῶν κύβων αὔξην heißen „die Dimension der Würfel". Wir sagen auch die „kubische" Dimension. Ein paar Zeilen vorher sagt Platon μετὰ δευτέραν αὔξην τρίτην λαβεῖν. Gemeint ist dasselbe, wofür Aristoteles — als erster (s. Heath, Eukl. I S. 158) — in der Physik 204b 20 διάστασις sagt; doch schwankt auch bei Aristoteles noch der Gebrauch, und er nennt dasselbe (de coelo 268a 7; de gen. et. corr. 315b 28; Met. 1020a 11; Περὶ ψυχῆς 423a, 22) auch μέγεϑος[1]).

Demnach, wenn hier von der Verdoppelung des Würfels die Rede gewesen sein sollte, so kann das Problem nur angedeutet sein. War aber in Platons Zeit αὔξη etwas, das man auf die Verdoppelung des Würfels beziehen konnte? Im allgemeinen ist für die Griechen das Delische Problem διπλασιάσαι τὸν κύβον (so Ps. Eratosthenes bei Eutokios, Archim. Op. III S. 104, 9; Theon von Smyrna ed. Dupuis Paris 1892, S. 4; Pappos, Coll. math. ed. Hultsch S. 164, 3; S. 242, 13). „Multiplikation" des Würfels wäre für Platon wie für die Geometer πολλαπλασιάζειν (Platon πολλαπλασιοῦν. Rep. 525e). Außerdem war für seine Zeitgenossen αὔξη, αὔξησις nicht Multiplikation.

Αὔξη ist bei Platon „Vergrößerung, Wachstum"; αὐξάνειν ist „wachsen machen, vergrößern". Politeia 546b, c sind αὔξοντες ἀριϑμοί[2]) Produkte, die aus einer Quadratzahl bestehen und einer Zahl, die größer ist als die rationale Wurzel jener Quadratzahl (z. B. 3². 4). Es sind also „vergrößernde" Zahlen. Αὐξήσεις an dieser Stelle sind Potenzen, und zwar suchte Platon, da er αὐξήσεις δυνάμεναι und δυναστευόμεναι scheidet, d. h. rationale Wurzeln und Quadrate, einen Ausdruck, der arithmetisch dem „erste, zweite, dritte Dimension" entsprach. Auch wir nennen die Basis „erste Potenz" (vgl. Kroll, II S. 400f.). An derselben Stelle ist τρὶς αὐξηϑείς

---

[1]) Das Schwanken auch in der Bezeichnung des Begriffes „Dimension" zeigt, wie jung die Stereometrie ist.

[2]) Vgl. dazu Proklos, In Remp. ed. Kroll II S. 36, 16 und den Anhang von Hultsch zu dieser Stelle.

(546 c) „in die dritte Potenz erhoben". Auch hier herrscht die geometrische Vorstellung vor. So hat es auch Philipp in der Epinomis 990d τρὶς ηὐξημένους καὶ τῇ στερεᾷ φύσει ὁμοίους.

Bei den Mathematikern fand ich αὔξη in Platons Sinne nirgend, wie es denn überhaupt ein ganz seltenes Wort ist; nur Proklos, der die alten Platonischen Ausdrücke nach 800 Jahren wieder belebt, hat einmal genau in Platons Sinne (in Eucl. S. 39, 19) εἰς τρίτην αὔξην προόδους = „das Übergehen in die dritte Dimension". Auch hier zeigt sich die für die Griechen so charakteristische Art, in der Arithmetik überall von der geometrischen Anschauung auszugehen; es ist genau so, wie wenn sie von Quadrat-, Rechtecks-, Dreieckszahlen usw. reden.

Im Griechischen wie bei uns ist zunächst Dimension „Ausdehnung", Vergrößerung, αὐξάνειν ist, etwas nach einer anderen Dimension hin ausdehnen. Spät wird es zum Ausdrucke der Multiplikation, die ja nach griechischer Vorstellung auch die Zahlen in eine andere Dimension versetzt. So ist z. B. 2 eine „Linienzahl"; 2 . 3 eine „ebene Zahl"; 2 . 3 . 3 eine „Körperzahl". Doch kommt das Wort in diesem Sinne zuerst, wie es scheint, bei Pappos vor. Im zweiten Buche, Hultsch S. 28, 17 ist αὔξησις Multiplikation. In demselben Sinne findet sich das Wort dann in den Theol. Arithm. S. 39 Ast ὁ λε ἑξάδι αὐξηθεὶς ἑπτάμηνον χρόνον ἀποτελεῖ (dh. 35 · 6 = 210).

Diophant (Einl. zu dem Buche von den Polygonalzahlen, ed. Tannery I S. 450, 3), Pappos (s. Index von Hultsch) haben αὔξειν für „addieren". Diels macht mich darauf aufmerksam, daß schon bei Epicharm (D. V. I³ S. 119, Zeile 5) αὐξόμενος λόγος „Addition" ist. Nikomachos verwendet das Wort immer so (vgl. Ind. von Hoche), daß es bei seiner geometrischen Darstellung der Arithmetik heißt: eine Zahl in eine andere Dimension bringen. An einer Stelle, Buch II 17, 7, S. 111, 10 bedeutet es zweifellos, „in welche Potenz ich sie auch erhebe" oder „wie oft ich sie ⟨mit sich selbst⟩ multipliziere".

Plutarch, de genio Socrat. VII S. 579c sagt vom Würfel: ἐκ πάσης ὁμοίως αὐξόμενος διαστάσεως. Eutokios Archim. Op. III S. 106, 11ff. τὸ δοθὲν στερεὸν παραλληλογράμμοις περιεχόμενον εἰς κύβον καθιστάναι ἢ ἐξ ἑτέρου εἰς ἕτερον μετασχηματίζειν, καὶ ὅμοιον ποιεῖν καὶ ἐπαύξειν διατηροῦντας τὴν ὁμοιότητα.

Beide Male ist αὔξειν von diesen späten Autoren in Verbindung mit dem Delischen Problem gebraucht; dort ist es „vergrößern".

Ich glaube demnach nicht, daß zu Platons Zeit einer unter den Worten κύβων αὔξη die Multiplikation des Würfels verstanden hätte.

Das dritte, was man gegen die übliche Deutung unserer Stelle einwenden kann, ist, daß es sich hier nicht um die Auffindung eines Problemes handelt, sondern darum, daß eine Wissenschaft geschaffen werden soll. Platon sagt, diese Disziplin als solche sei noch nicht da (οὔπω ηὑρῆσθαι); er nennt sie ἡ βάθους αὔξης μέθοδος, er will τὸ στερεὸν αὐτὸ κατ' αὐτὸ λαβεῖν. Es handelt sich also deutlich um die Stereometrie als gesamte Wissenschaft, „die vorhanden sein wird, wenn sie von Staats wegen betrieben wird" (528e)[1]).

Was fehlt nun damals der Stereometrie? Was hatte

---

[1]) Prof. Vogt, dem ich meine Auffassung von dieser Stelle mitteilte, schrieb mir in einem ausführlichen Briefe: „Es ist mir unmöglich, Platons Vorwurf der noch nicht vorhandenen Stereometrie auf etwas anderes als auf das ungelöste „Delische Problem" zu beziehen. Erwähnt er doch als Standardaufgabe geradezu τὴν τῶν κύβων αὔξην — deshalb — weil man die Unlösbarkeit mit Hilfe von Zirkel und Lineal nicht erkannte — mußte er (Platon) glauben, daß durch συνεχῶς und ἐντόνως ζητεῖσθαι dies Problem, das wie ein Block am Eingang der Stereometrie lag, beseitigt und damit der Zugang zu dieser ganzen Wissenschaft frei gemacht werden könne." Es ist aber nicht absolut sicher, daß das Problem der Würfelverdoppelung zu Platons Zeiten eine so zentrale Stellung einnahm, daß man glauben konnte, von seiner Lösung hänge die Entwicklung der Stereometrie ab. Jedenfalls hing sie nicht davon ab. Die stereometrischen Bücher des Euklid, die ein Lehrgebäude darstellen, das Platon sicher befriedigt hätte, haben mit der Würfelverdoppelung nicht das mindeste zu tun.

Platon an ihr auszusetzen? Heiberg (a. a. O. S. 419) sagt: „Daß die regulären Polyeder schon die Pythagoreer beschäftigten, ist sicher; aber dennoch ist Platon (Staat 528b/c) mit dem Zustande der Stereometrie sehr unzufrieden. Wahrscheinlich gab es noch kein systematisches Lehrgebäude." Man sieht, daß das Urteil Heibergs von der Voraussetzung ausgeht, daß die Pythagoreer schon über die regulären Körper gearbeitet hätten. Dies ist aber, wie wir jetzt wissen, nicht der Fall. Es war also zu Platons Zeiten auf dem Gebiete der Stereometrie kaum eine systematische Arbeit vorhanden. Überliefert ist bei Eratosthenes — also unsicher — daß Hippokrates von Chios das Problem der Würfelverdoppelung auf ein anderes, zwischen zwei Zahlen zwei mittlere Proportionale zu finden, zurückgeführt habe. Demokrit hat — ohne sie streng zu beweisen — die Sätze vom Volumen der Pyramide und des Kegels aufgestellt, von denen wir jetzt durch Archimedes wissen, daß er sie entdeckt hat (Heib. II² S. 430, 2). Doch müssen diese Sätze Platon erst durch Eudoxos zugänglich geworden sein, wenn der Nachweis von I. Hammer-Jensen (Arch. f. Gesch. d. Philos. 1910, S. 92; 211) richtig ist, daß Platon erst, als er den Timaios verfaßte, Demokrit kennen lernte. Über die Datierung von Archytas' stereometrischen Arbeiten (D. V. 35a 14) wissen wir nichts; sie können später fallen als Platons Staat. Eudoxos hat zweifellos in seinen bedeutungsvollen stereometrischen Forschungen über die Volumina von Pyramide, Kugel und Kegel an Theaetet angeknüpft. Man sieht also, daß erst zu Platons Zeiten die Möglichkeit, eine Wissenschaft der Stereometrie zu schaffen, gegeben war. Es fehlte also nicht nur an einer elementaren Darstellung; es waren noch eine große Reihe von Entdeckungen zu machen, ehe die Stereometrie eine Wissenschaft werden konnte. Dasselbe Resultat ergibt sich aus der Betrachtung der Terminologie. Über das Wort διάστασις sprachen wir; die Wissenschaft, von der Platon redet, hat noch keinen Namen; er sagt τοῦτο, ταῦτα, τὰ ἑξῆς τῇ γεωμετρίᾳ, dann βάθους αὔξης μέθοδος. Glaukon kennt diese Disziplin nicht: ταῦτα οὐ δοκεῖ ηὐρῆσθαι.

In den Gesetzen (s. unten S. 161) fehlt ebenfalls der Name; doch hat Platon die neue Disziplin bereits als ein Teilgebiet der Geometrie erkannt (817e μετρητικὴ μήκους καὶ ἐπιπέδου καὶ βάθους).

Unmittelbar nach Platons Tode begegnet bei Philipp von Opus der Name „Stereometrie" deutlich als eine neu eingeführte Bezeichnung (990d τέχνη . . . ἣν δὴ στερεομετρίαν ἐκάλεσαν οἱ προστυχεῖς αὐτῇ γεγονότες)[1].

Nun hat Heiberg, „Mathematisches zu Aristoteles" (Abhandlg. z. Gesch. d. math. Wissensch. 1904 S. 24, 25) gezeigt, daß bei Aristoteles „aus der Stereometrie äußerst wenig nachweisbar ist", und „von einem Lehrgebäude der Stereometrie gibt es bei Aristoteles keine Spur". Dementsprechend deutete er Platons Klage in dem oben wiedergegebenen Sinne (s. oben S. 146 Anm. 1). Wir werden aber noch etwas weiter gehen. Platon beklagt nicht bloß, wie er es in den Gesetzen von der noch nicht in die Elemente aufgenommenen Lehre von den irrationalen Größen tut (Ges. 819d ff.; s. unten S. 161), daß das große Publikum von den Entdeckungen der Gelehrten nichts wisse, sondern er sagt ausdrücklich, daß Forschungsarbeit fehle (ἀσθενῶς ζητεῖται; ἐκφανῆ γένοιτο ὅπῃ ἔχει). Wenn er dann von der besprochenen Disziplin sagt γελοίως ἔχει τῇ ζητήσει, so sieht man deutlich, daß es sich nicht nur um die Einreihung dieser Lehre in die Akademieausgabe der Στοιχεῖα handelt. Und das wird, nachdem wir uns den Zustand des stereometrischen Wissens zu Platons Zeit vergegenwärtigt haben, nicht in Erstaunen setzen. Zugleich aber kommt Heibergs Deutung doch zu ihrem Recht, denn Platon scheidet zwischen λόγον οὐκ ἔχοντες καθ᾽ ὅτι χρήσιμα, die dem Epistates nicht folgen wollen, und anderen Forschern, durch die πρὸς ἅπαντα ταῦτα βίᾳ diese Wissenschaft, „weil sie so reizvoll ist", gefördert wird. Daß Platon hier in einer nicht mißzuverstehenden Art auf die unmittelbare Gegenwart anspielt, ist unverkenn-

[1] Aristoteles braucht den Ausdruck „Stereometrie" einmal in den Analyt. post., 78 b38, die auch sonst das ganze Gebiet der modernen mathematischen Terminologie verwenden.

bar. Daß er selbst der Epistates ist, der sich wünschte, König in seinem Idealstaate sein zu können, um die Mitglieder seiner Akademie, die ihm „nicht folgen wollten", zur systematischen Arbeit auf dem Gebiete der jungen Wissenschaft zwingen zu können, scheint mir auch nicht zweifelhaft[1]). Wir wissen ja, Platon hat es nicht erreicht, daß die Stereometrie in die Elemente aufgenommen wurde. Also: οἱ περὶ ταῦτα ζητητικοὶ μεγαλοφρονούμενοι bezieht sich auf den Herausgeber der Elementa, Theudios, der λόγον οὐκ εἶχεν καθ᾽ ὅτι χρήσιμα und dem ja wirklich das Material noch fehlte, das Platon durch συνεχῶς ζητεῖσθαι zu erhalten hoffte. Auf wen bezieht sich aber ὑπὸ χάριτος αὐξάνεται? Ich glaube, man wird an Theaetet denken müssen, der als Erster ein systematisches Buch über einen stereometrischen Gegenstand geschrieben hat, das Platon, wie der Timaios zeigt, so hoch schätzte, daß er es zur Grundlage seiner Elementenlehre gemacht hat (s. unten Kp. III 2). Man muß das Präsens beachten (αὐξάνεται) „sie ist im Begriff, gefördert zu werden". Andererseits kann das Werk Theaetets damals noch nicht erschienen sein; wie hätte Platon sonst sagen können οὔπω ηὑρῆσθαι und τῇ ζητήσει γελοίως ἔχει. Man wird sich also vorstellen müssen, daß Platon von den Arbeiten seines Freundes genug wußte, um zu sehen, daß hier eine neue Wissenschaft im Entstehen war[2]), deren Be-

---

[1]) Adam (II, S. 124) bestreitet das und meint, Eudoxos sei der Epistates. Aber er selbst hat doch das reizvolle Wortspiel ἐπιστάτου τε γενομένου ὡς νῦν ἔχει οὐκ ἂν πείθοιντο erkannt, wo ὡς νῦν ἔχει sowohl zu οὐκ ἂν πείθοιντο wie zu ἐπιστάτου γενομένου gezogen werden muß. Und Epistates in der Akademie war Platon und nicht Eudoxos. Adam kannte Heibergs Abhandlung nicht, die zwischen den Elementen und der Wissenschaft scheidet. Darum bestreitet er, daß die getadelten ζητητικοί Platonschüler seien.

[2]) Diese Erklärung hat Wilamowitz bestritten, da Sokrates ja Theaetets Buch — selbst wenn es, als Platon den Staat schrieb, schon existierte — nicht zitieren konnte, und Platon diese Dinge, wenn er sie in Sokrates' Zeit zurückprojizierte, nur als Prophezeiung aussprechen lassen konnte. Dem widerspricht aber αὐξάνεται, was von Sokrates' Zeit nicht gilt, und daß die ganze Anspielung sich auf die unmittelbare Gegenwart bezieht. Platon hat auch an einer an-

deutung namentlich für die Astronomie er erfaßte, andererseits
aber annehmen, daß das Werk als solches damals noch nicht
vorlag, ebensowenig wie die grundlegenden stereometrischen
Arbeiten des Eudoxos. Daß aber trotzdem, wenn Platon
überhaupt von dieser neuen Wissenschaft reden konnte,
etwas da sein mußte, was ihn zu seiner Forderung an die Mitglieder der Akademie veranlaßte, ist klar. Zwar daß Glaukon
auf Platons Bemerkung ὑπὸ χάριτος αὐξάνεται antwortet
(528d): „Ja wirklich, reizvoll ist sie ganz außerordentlich",
beweist nicht, daß er von der neuen Wissenschaft schon gehört habe. Schließlich kann jeder Laie, wenn ihm jemand
von einem neuen Gegenstand erzählt, sagen: „Ja, das ist
freilich sehr interessant." Ganz genau so verhält sich in der
unten (s. S. 160f.) interpretierten Stelle der Gesetze Kleinias,
der von den Dingen, die Platon vorträgt, noch viel weniger
Ahnung hat als Glaukon. Und daß Glaukon wirklich nichts
weiß, zeigt das Folgende: „Erkläre es mir, bitte, deutlicher."

Zwischen der Bemerkung des Sokrates aber und dieser
Antwort Glaukons steht ein Satz, der von vielen Herausgebern
für korrupt gehalten wurde, und von dem erst Wilamowitz
gezeigt hat, daß er und wie er zu erklären sei[1]).
Ὅμως ... ὑπὸ χάριτος αὐξάνεται καὶ οὐδὲν θαυμαστὸν αὐτὰ
φανῆναι. Hier scheiden sich die Erklärer in zwei Gruppen;
die einen wollen dem φανῆναι futurische Bedeutung geben;
so Campbell, der es im Sinne von „εἰ φανείη" faßt. Dies
ist grammatisch unmöglich, da der Aorist diese Futurbedeu-

---

deren Stelle des Staates, wo er die Theaetetischen ἄλογοι zitiert,
solche Anachronismen nicht gescheut (534d; vgl. „de Theaeteto
math." S. 59).

[1]) Wilamowitz hat diesen Satz zweimal mündlich mit mir durch-
interpretiert, ohne daß zunächst ein sicheres Resultat erzielt wurde.
Schließlich hat er mir in einem Briefe die im Texte wiedergegebene
Erklärung mitgeteilt. In einigen Punkten, in denen er mich über-
zeugt hatte, mußte ich wieder zu meiner früheren Meinung zurückkehren. So glaube ich nicht mehr, daß die Stelle eine Anspielung
auf Thoactots in Herakleia bereits publiziertes Buch enthält
(vgl. meine Dissertation „de Theaeteto math." S. 64; s. auch oben
S. 156 Anm. 2).

tung nicht haben kann, auch wäre das ἄν des Optativs
nicht zu entbehren, das doch bei der Wortstellung des Satzes
nicht unterzubringen wäre. Außerdem würde nach θαυμαστόν
ein Satz mit εἰ erwartet werden. Hervorgerufen war diese
Deutung durch die fast gleichlautenden Worte etwas weiter
oben ἐκφανῆ γένοιτο ὅπῃ ἔχει, auf die Adam (zu der Stelle)
auch verweist.

Andere, Stallbaum und Madvig, haben die Stelle durch
Konjektur zu heilen versucht. Madvig schlägt vor (Advers.
I S. 427) αὐτὰ ⟨τοιαῦτα⟩, was die Bedeutung haben soll „der-
artig, nämlich so, wie es aus ὑπὸ χάριτος αὐξάνεται zu verstehen sei, d. h. ἐπιχάριτα". Dem entspräche τό γε ἐπίχαρι
καὶ διαφερόντως ἔχει. Das würde man aber ohne seine Erklärung nicht verstehen. Nahe dem zu erwartenden Sinne
kommt Stallbaums Vermutung ταύτῃ φανῆναι „daß sie auf
diesem Wege ans Licht gekommen sei". „Nec mirum est ea
hac via in conspectum prodire." Beiden gemeinsam ist, daß
sie φανῆναι grammatisch richtig auf die Vergangenheit beziehen. Aber dies scheint im Widerspruche zu dem vor- und
nachher so lebhaft betonten οὔπω ηὑρῆσθαι und ὡς ὑπαρξούσης τῆς νῦν παραλειπομένης zu stehen.

Wilamowitz gibt auch dafür die Erklärung: „„Und es
ist kein Wunder' — was? αὐτὰ φανῆναι ,daß es ans Licht
getreten ist'. Weil es so reizvoll ist, ist es nicht wunderbar,
daß es ans Licht getreten ist. ,Ja, es ist wirklich sehr reizvoll; ich bitte um eine genauere Erklärung'. Was ist ans
Licht getreten? Die Stereometrie. Sie ist doch als ein Objekt da, als ein Forschungsgebiet, auf dem man die ersten
Schritte tut. Er könnte ja nicht davon reden, wenn nicht
etwas da wäre. . . . αὐτὰ = τοσαῦτά γε. Selbst ταῦτα für
αὐτὰ, so leicht es wäre, scheint entbehrlich."

Wenn man das festhält, so ist auch die von Madvig ge-
änderte Stelle ὑπὸ τῶν ζητούντων klar; diese ζητοῦντες sind
nicht dieselben, durch die die junge Wissenschaft gefördert
wird (αὐξάνεται). Wer das Wachsenmachen besorgt, kann
nicht κολούειν.

Diese αὐξάνοντες sind Theaetet und vielleicht Eudoxos,

die damals so viel geleistet haben müssen, daß Platon sagen kann *αὐτὰ φανῆναι*, aber deren Werke noch nicht fertig vorlagen; daher *γελοίως ἔχει τῇ ζητήσει*. Das *κολούειν* ist Schuld des Theudios, der sich geweigert haben muß, die Stereometrie in sein Werk aufzunehmen, und die Schuld aller derer, die nicht durch *ἐντόνως καὶ συνεχῶς ζητεῖν* dem Mangel abhelfen wollten.

Die Stelle ist so reizvoll, weil sie uns einen Einblick gewährt in die Art, wie Platon seine Akademie regiert. Natürlich war beides mit gutem Bedacht gewählt, Lob sowohl wie Tadel, und vielleicht hat Platon gehofft, wenn Theaetet und Eudoxos mit ihren Arbeiten fertig waren, wenn die junge Wissenschaft über das *τῇ ζητήσει γελοίως ἔχειν* hinweg war, doch noch seinen Wunsch für die Einreihung der Stereometrie in die Elementa erfüllt zu sehen. Es ist ihm hiermit so wenig gelungen wie mit der Lehre vom Irrationalen, von der Aristoteles so gut wie nichts weiß (Heib. a. a. O. S. 24), und die ebenfalls erst Euklid in die *Στοιχεῖα* einreihte. Die Stelle wirft auch ein Licht auf die Gründe, aus denen Platon Mathematisches in seine Schriften einfügte: er war der große Organisator, der *ἐπιστάτης ἄνευ οὗ οὐκ ἂν εὕροιεν*, der dauernd mahnt, überwacht, ja selbst mit einer gewissen Härte — wie wir gleich sehen werden —[1]) eingreift, wo etwas ihm verfehlt erscheint. Er will seine Leser zwingen, die Mathematik, die er als beste Vorbereitungsschule für die höhere Philosophie betrachtet, zu treiben, und seine Schüler zwingen, das „wunderbare System der Elementargeometrie mit seinem für die Ewigkeit gefügten Aufbau"[2]) zu vollenden. Das ist ihm schließlich doch gelungen, wenn seine Augen auch nicht mehr sehen sollten, daß sein Enkelschüler Euklides dem Bau den Schlußstein einfügte, die Arbeiten der beiden größten Mathematiker aus Platons Kreis: die Proportionslehre des Eudoxos, die Lehre vom Irrationalen, die Theaetet geschaffen hat, und die Stereometrie, das gemeinsame Werk beider.

Zum Schluß meine ich, daß für die Entdeckungsge-

---

[1]) Siehe unten S. 160 f. die Interpretation von „Gesetze" 819 a ff.
[2]) Vgl. Heiberg bei Norden-Gercke, Einl. i. d. Altert. II² S. 390.

schichte der regulären Körper aus Platons Andeutungen
eine wichtige Tatsache zu entnehmen ist: Als Platon von der
Stereometrie sagte τῇ ζητήσει γελοίως ἔχει, war Theaetets
Werk noch nicht erschienen, aber doch angekündigt (vgl.
αὐτὰ φανῆναι). Da Theaetet 369 v. Chr. bei Korinth gefallen
ist, der Staat Platons aber gegen die Mitte der siebziger Jahre
des 4. Jahrhunderts ediert sein wird, so muß Theaetets
Buch über die regulären Körper um 370 v. Chr. erschienen
sein; im Timaios hat Platon es ausführlich benutzt und so
verwandt, daß man ihm deutlich die Freude über die schöne
Entdeckung des Freundes anmerkt.

Platon und die Lehre vom Irrationalen.

(Platon, Gesetze 818a—820b.)

Ich bespreche nun eine Stelle aus Platons Gesetzen, die
in der Diskussion zwischen Vogt und Zeuthen[1]) über den
pythagoreischen Ursprung der Lehre vom Irrationalen eine
bedeutende Rolle gespielt hat. Hier möchte ich die von
ihnen behandelten Sätze in ihrem Zusammenhang und von
einem andern Gesichtspunkte aus interpretieren: sie bieten
eine sehr interessante Parallele zu der eben besprochenen
Stelle aus dem Staat. Der Unterschied ist nur, daß Platon
in den Gesetzen ausdrücklich betont hat, er wolle nur von
den elementaren Kenntnissen handeln, die die große Menge[2])
sich als ἀναγκαῖα aneignen müsse, während im Staat die Unter-
richtsfächer für die zukünftigen Philosophenkönige[3]) gewählt sind.

Ich übersetze die Einleitung:
„Weiter gibt es dann noch drei Lehrgegenstände für
die Freien: Rechnen und die Lehre von den Zahlen, als ein

---

[1]) Vogt, Bibl. math., 3. F. X S. 136; 3. F. XIV S. 13. — Zeuthen,
Mém. de l'académie de Danemark 1910 S. 434; 1913 S. 439.
[2]) 818a οἱ πολλοί, πλῆθος, 819b τοὺς ἐλευθέρους, 820d τοὺς νέους.
[3]) Staat 525b, c προσῆκον μάθημα ἂν εἴη νομοθετῆσαι καὶ πείθειν
τοὺς μέλλοντας ἐν τῇ πόλει τῶν μεγίστων μεθέξειν ἐπὶ λογιστικὴν ἰέναι.

Unterrichtsfach; das Messen von Linien, Flächen, Körpern[1])
(Geometrie der drei Dimensionen), wieder ein Fach als zweites,
als drittes die Lehre davon, wie sich die Gestirnumläufe zueinander verhalten.

Darauf folgt: Ταῦτα δὲ σύμπαντα οὐχ ὡς ἀκριβείας ἐχό-
μενα δεῖ διαπονεῖν τοὺς πολλούς, ἀλλά τινας ὀλίγους — οὓς
δέ, προιόντες ἐπὶ τῷ τέλει φράσομεν — τῷ πλήϑει δὲ ὅσα
αὐτῶν ἀναγκαῖα καί π ω ς ὀρϑότατα λέγεται μὴ ἐπίστασϑαι μὲν
τοῖς π ο λ λ ο ῖ ς αἰσχρόν, δι᾽ ἀκριβείας δὲ ζητεῖν πάντα οὔτε
ῥᾴδιον οὔτε τὸ παράπαν δυνατόν, τὰ δὲ ἀναγκαῖα αὐτῶν οὐχ
οἷόν τε ἀποβάλλειν (818 a).

Der Text bietet an den zwei durch gesperrten Druck hervorgehobenen Stellen Schwierigkeiten.

Stallbaum und C. Ritter haben versucht, die überlieferte
Lesart zu verteidigen: aber mir scheint der Versuch nicht
gelungen.

Ritter in seinem Kommentar zu den Gesetzen S. 217
übersetzt: „so viel, als davon (tantum quantum) für die Menge
notwendig (im relativen Sinne unerläßlich) ist und gewissermaßen in besonders bedeutsamem Sinne (nämlich in absolutem)
als notwendig bezeichnet wird", sollen die πολλοί lernen.

Er faßt τῷ πλήϑει ἀναγκαῖα zusammen; das verbietet

---

[1]) μετρητικὴ μήκους καὶ πλάτους καὶ βάϑους ist der Versuch,
einen Namen für die Geometrie zu finden, der die Stereometrie mit
umfaßte. Die Terminologie der neuen Wissenschaft machte Schwierigkeiten (s. oben S. 155). Philipp von Opus in der Epinomis 990 d rechnet
die Stereometrie nicht zur Geometrie, die er ein σφόδρα γελοῖον ὄνομα
nennt. — Die Lehre vom Irrationalen, von der Platon 819 c ff. handelt
(ἐν ταῖς μετρήσεσιν, ὅσα ἔχει μήκη καὶ πλάτη καὶ βάϑη, περὶ ἅπαντα
ταῦτα ... κτλ.), gehört zur Geometrie. Die irrationalen Größen sind ja
keine Zahlen (vgl. Aristoteles, Analyt. post. 76 b 9).

Heiberg bei Norden-Gercke, Einl. i. d. Altert. II² S. 419 hat
diese Stelle ebenso wie die oben besprochene aus dem Staat darauf
gedeutet, daß Platon mit dem Zustande der Stereometrie unzufrieden
sei, da es noch kein Lehrbuch gab. Hier handelt es sich aber hauptsächlich um die Lehre vom Irrationalen, und der Unterschied beider Stellen liegt darin, daß im Staat die Entdeckungen noch nicht
gemacht sind, hier die Forscherarbeit geleistet ist und nur die Verbreitung im Volke gefordert wird.

die Wortstellung, die deutlich τῷ πλήθει δέ den vorher genannten ὀλίγοι entgegenstellt. Was Ritter übersetzt, müßte heißen ὅσα δὲ αὐτῶν τῷ πλήθει ἀναγκαῖα. Zweitens kann ὅσα ἀναγκαῖα καί πως ὀρθότατα λέγεται nicht sein: „was notwendig ist und genannt wird"; bei der prägnanten Gegenüberstellung von ἔστι und λέγεται kann das erste nicht fehlen. Schließlich ist die von Ritter hier angenommene Unterscheidung von ἀναγκαῖον in absolutem und relativem Sinne an dieser Stelle, wie ich gleich zeigen will, unmöglich.

Auch Stallbaums Verteidigung leidet an demselben Fehler wie die Ritters; wenn er übersetzt: „sed vulgo quaecumque ex iis necessaria sunt (ad usum vitae) et quae aliquo modo rectissime indicantur ei esse necessaria", so fehlt auch hier ἔστι vor λέγεται. Gegen die überlieferte Lesart spricht ferner, daß καί πως ὀρθότατα λέγεται für das stark betonte ἀναγκαῖα ein viel zu schwacher Ausdruck wäre, selbst wenn man den Einwand gelten ließe, daß der alte Platon eine Vorliebe für limitierende Behauptungen zeigt und in den Gesetzen an zahllosen Stellen πως und σχεδόν gebraucht. Stallbaum hat aber eines richtig erkannt, daß in dem Satze τῷ πλήθει, das er nicht mit ἀναγκαῖα zusammenfaßt, durch τοῖς πολλοῖς wieder aufgenommen wird, wenn er auch keine Belege für diese Erscheinung bringt.

Dies ist charakteristisch platonischer Sprachgebrauch. Daß ein Substantiv oder Pronomen im selben Satz durch ein Pronomen wieder aufgenommen wird, ist nicht selten. Ein besonders bezeichnendes Beispiel ist Symp. 200a: ὁ Ἔρως ἐκείνου οὗ ἔστιν ἔρως ἐπιθυμεῖ αὐτοῦ ἢ οὔ; aber auch, daß irgendein beliebiges Satzglied durch ein sinnverwandtes wieder aufgenommen wird, kommt vor. Eduard Schwartz[1] hat im Index lectionum von Rostock, Sommer 1889, S. 5 einige Beispiele für dies eigenartige Zurückkehren der Rede zu ihrem Ausgangspunkte, nachdem anderes dazwischen

[1] Unsere Stelle und die hier zugrunde liegende sprachliche Erscheinung wird nächstens in einer Berliner Dissertation von Luise Reinhard, „Anakoluthe bei Platon" besprochen werden. Ich verdanke der Verfasserin den Hinweis auf die Arbeit von Schwartz.

getreten ist, behandelt. Besonders schöne Belege sind Prot. 343d und Gorgias 456d. Ähnlich wie an den von Schwartz behandelten Stellen ist hier τῷ πλήθει wegen des Gegensatzes zu τινὰς ὀλίγους lebhaft vorweggenommen und, nachdem ὅσα αὐτῶν — ἐπίστασθαι dazwischen getreten ist, durch τοῖς πολλοῖς wieder aufgenommen.

Einen guten Sinn erhält man, wenn man mit Wilamowitz καί streicht und ὅπως an Stelle von πως liest[1]).

Platon sagt also: „Was aber die große Menge anlangt, so ist, was von diesen Kenntnissen notwendig ist, wie es mit vollstem Recht genannt wird, nicht zu wissen, für die Masse eine Schande, alles aber exakt zu erforschen, ist weder leicht, noch überhaupt möglich."

Man sieht, auf dem Worte ἀναγκαῖα[2]) liegt hier der Ton; seine Bedeutung wird, wenn man unbefangen an den Satz herangeht, schon aus dem Zusammenhang mit dem Vorhergehenden klar. Aus der Gesamtheit der mathematischen und astronomischen Wissenschaften soll ein Teil herausgehoben werden, der „für alle Freien", für die πολλοί nicht zu

---

[1]) Ich sehe jetzt, daß Ast denselben Gedanken verfolgte: er streicht auch καί und liest ὡς; aber ὅπως erklärt die Korruptel leichter.

[2]) Ich interpretiere diese Stelle, obwohl man mir vorwerfen kann, daß dabei nicht sonderlich viel Neues herauskommt, weil C. Ritter in seinem Kommentar S. 211 ff. ihr offenbar Gewalt angetan hat. Aus dem harmlosen Scherz über die θεία ἀνάγκη hat er einen tiefsinnigen Unterschied zwischen zwei Arten von ἀναγκαῖα in unseren Satz hineingelesen. In τῷ πλήθει ἀναγκαῖα wäre ἀναγκαῖον im Sinne der ἀνθρωπίνη ἀνάγκη gemeint; ἀναγκαῖον absolut aber sei der notwendige Naturzusammenhang, den Gott schafft, aber nicht durchbricht. Diese Notwendigkeit komme nun aber allen Sätzen der Mathematik zu, nicht bloß denen, die die Menge lernen solle. Darum paßt ihm in der besprochenen Stelle ὅσα αὐτῶν ἀναγκαῖα, das deutlich eine Auswahl aus den σύμπαντα bezeugt, nicht, und er will τῷ πλήθει ἀναγκαῖα zusammenfassen und in πως ὀρθότατα λέγεται den Sinn finden, „die für die Menge notwendig sind und auch in absolutem Sinne notwendig sind". Dann soll, was gleich folgt, τὸ δὲ ἀναγκαῖον αὐτῶν οὐχ οἷόν τε ἀποβάλλειν wieder absolut zu fassen sein. Ich hoffe, die oben gegebene einfache Interpretation wird zur Widerlegung seiner scharfsinnigen, aber künstlichen Deutung genügen.

wissen eine Schande ist. *ἀναγκαῖον* ist also das absolut Notwendige, unumgänglich Nötige. So redet Platon in den
Gesetzen (VIII 848a) von der *ἀναγκαῖος τροφή*: „dem Mini-
mum von Nahrung, das zum Leben nötig ist"; so von den
ἀναγκαῖα πώματα (Gesetze VIII 844b). So ist in der Politeia (II 369d) die *ἀναγκαιοτάτη πόλις* der denkbar kleinste
— aus vier bis fünf Menschen bestehende — Staat.

So sagt Platon 819c *τὰς τῶν ἀναγκαίων ἀριθμῶν χρήσεις*
und 820b, mit Wiederholung unserer Stelle über die Lehre
vom Irrationalen *ἐν ἐκείνων τοῦτ' ἐστιν ὧν ἔφαμεν αἰσχρὸν μὲν
γεγονέναι τὸ μὴ ἐπίστασθαι, τὸ δὲ ἐπίστασθαι τἀναγκαῖα
οὐδὲν πάνυ καλόν*. In diesem Sinne ist *ἀναγκαῖον* immer relativ und die Fundamente der Mathematik sind nach Platons
Urteil im Staat (522e) nicht nur für den *πολεμικὸς ἀνήρ*,
sondern für jeden *ἀναγκαῖα, εἰ καὶ ὁτιοῦν μέλλει τάξεων ἐπαΐειν*,
μᾶλλον δὲ εἰ καὶ ἄνθρωπος ἔσεσθαι. Dasselbe ist hier
gemeint, wo Platon das *μὴ ἐπίστασθαι τἀναγκαῖα* ein *πάθος
οὐκ ἀνθρώπινον ἀλλὰ ὑηνῶν τινων μᾶλλον θρεμμάτων* nennt
(819d).

Denselben Sinn hat *ἀναγκαῖον* in dem auf die besprochene
Stelle folgenden Satze; alles, so hieß es vorher, sollen sie
nicht lernen, nur das Notwendige. Daran schließt an: „Das
Notwendige aber unter ihnen (*αὐτῶν = τούτων τῶν μαθημάτων*,
nämlich aus der Mathematik und Astronomie) darf man unmöglich verwerfen, sondern es scheint, daß der Erfinder[1])
des Spruches von dem Gotte dies im Auge gehabt habe,
als er sagte, daß gegen die Notwendigkeiten offenbar selbst
Gott nicht ankämpfen könne — gegen göttliche Notwendigkeiten wenigstens, denn auf die menschlichen angewandt, die die große Masse meint, wenn sie ein solches Wort
gebraucht, ist der Spruch die allergrößte Naivetät.

Welches nun sind die nicht nach menschlichem, sondern
nach göttlichem Maße notwendigen Kenntnisse[2])?

---

[1]) *πρῶτον παροιμιασάμενος*; so Ritter S. 215.

[2]) Dies scheint mir die einfachste Übersetzung; *ἀνάγκαι τῶν
μαθημάτων = ἀναγκαῖα μαθήματα*. Demgemäß beziehe ich das fol
gende *ἃς πράξας* auf das *πράττειν* der *μαθήματα*, und die weitergehen-

Ich meine, die einer ausüben oder lernen müsse, wenn er den Menschen ein Gott oder Heros oder Dämon sein will, der imstande ist, Menschen im Ernst zu regieren. Und es würde viel fehlen, daß einer auch nur ein „göttlicher Mann" werden könnte, wenn er nicht fähig ist, Eins, Zwei, Drei oder im ganzen Gerade und Ungerade zu erkennen, und überhaupt nicht zu zählen versteht, noch Tage und Nächte[1]) durchzuzählen vermag, da er von den Umläufen von Sonne und Mond und der übrigen Gestirne keine Kenntnis hat."

Hier ist noch einmal auf das ἀναγκαῖον zurückgegriffen, und zwar mit einem für die Altersschriften besonders charakteristischen Scherz. Diese Kenntnisse sind ἀναγκαῖα im vollsten Sinne des Wortes (ὅπως ὀρθότατα λέγεται): daß die Masse sie lernen muß, ist eine ἀνάγκη; gegen die hilft ihnen kein Gott — denn Gott selbst muß diese Kenntnisse haben, wenn er die Menschen regieren will. Gott und die Dämonen πράττουσι τὰ μαθήματα[2]) = sie treiben praktisch Mathematik; Heroen und θεῖοι ἄνθρωποι müssen sie lernen. Hierbei ist nicht „an die Gesamtheit aller mathematischen Wahrheiten" gedacht, sondern an die ganz elementaren Kenntnisse, die der Himmel uns weist und das Leben in der Gemeinschaft der Menschen fordert; sie werden ja aufgezählt: Kenntnis der

---

den Betrachtungen Ritters (S. 212) verlieren damit z. T. ihre Stütze. Die folgenden Sätze geben der Deutung recht.

[1]) Man kann schwanken, ob man nicht νύκτας καὶ ἡμέρας διαριθμεῖσθαι lesen müßte. Gemeint ist die von den Himmelsvorgängen abhängige Bestimmung des Kalenders: das zeigt 809d, wo Platon die Kenntnisse aufzählt, ὅσα τε [ἔφαμεν] πρὸς πόλεμον καὶ τὴν κατὰ πόλιν διοίκησιν χρῆναι ἑκάστους λαβεῖν καὶ πρὸς τὰ αὐτὰ ταῦτα ἔτι τὰ χρήσιμα τῶν ἐν ταῖς περιόδοις τῶν θείων . . . τίνων δὴ πέρι λέγομεν; ἡμερῶν τάξεως εἰς μηνῶν περιόδους καὶ μηνῶν εἰς ἕκαστον τὸν ἐνιαυτόν. Liest man ἡμέραν καὶ νύκτα, so klingt es, als handele es sich bloß um das Unterscheiden von Tag und Nacht, wozu keine Kenntnis der Gestirnumläufe nötig ist.

[2]) Wie Gott und die Dämonen die Mathematik πράττουσι, sieht man im Timaios. Ein hübsches Beispiel ist die Stelle aus Philipps Epinomis 978d καὶ ἑλίττων δὴ ταῦτα αὐτὰ ὅταν μὴ παύηται πολλὰς μὲν νύκτας πολλὰς δὲ ἡμέρας ὁ οὐρανός, οὐδέποτε παύεται διδάσκων ἀνθρώπους ἕν τε καὶ δύο, πρὶν ἂν καὶ ὁ δυσμαθέστατος ἱκανῶς μάθῃ ἀριθμεῖν.

Zahlen und Kenntnis der elementaren Himmelserscheinungen. Es würde wohl auch etwas viel verlangt sein, den Heroen, etwa Agamemnon, den Platon im gleichen Zusammenhange im Staat 522d nennt, oder Lykurg, an den man bei den ϑεῖοι ἄνϑρωποι denken mag, umfängliche mathematische und astronomische Kenntnisse zuzutrauen.

Dann aber kommt ein Satz, der durch seinen Inhalt wie durch seine Verknüpfung mit dem Vorausgehenden Schwierigkeiten macht (818d): „Daß nun dies alles (ταῦτ᾽ οὖν δὴ πάντα) nicht notwendige Kenntnisse seien für einen, der auch nur das geringste etwa von dem schönsten Wissen erreichen will, das auch nur zu denken, ist eine große Verkehrtheit[1]). Wie aber die einzelnen ⟨Kenntnisse⟩ beschaffen sein sollen, wie viele gelernt werden sollen und wann, was zuerst, was zusammen mit anderen und was getrennt von den anderen, und die ganze Verteilung aller dieser, das ist es, was man kennen muß, nachdem man diese Dinge richtig als erste vorgenommen hat, wenn man an die anderen herantreten will, da diese Wissenschaften allen vorangehen (τούτων — [sc. τῶν μαϑημάτων] ἡγουμένων τῶν μαϑημάτων). Denn so fordert es die Naturnotwendigkeit, von der wir sagen, daß keiner der Götter gegen sie kämpfen könne, weder jetzt noch je."

Hier könnte es Schwierigkeiten machen zu erklären, was „ταῦτα πάντα" ist.

C. Ritter hat in dem Satze τοῦτ᾽ οὖν δὴ πάντα ὡς μὲν οὐκ ἀναγκαῖά ἐστι μαϑήματα τῷ μέλλοντι καὶ ὁτιοῦν τῶν καλλίστων μαϑημάτων εἴσεσϑαι einen Hinweis auf die Erkenntnis Gottes gesehen. Das würde die πολλοί, von denen doch hier dauernd die Rede ist, ausschließen. Seine Auffassung scheint eine Stütze in einer Stelle aus Platons Staat

---

[1]) Πολλὴ καὶ μωρία will C. Ritter (S. 218) beibehalten; aber seine Erklärung, „schon die Torheit, daran zu denken, ist groß", bedeutet doch, „dies auch nur zu denken" und würde gerade die von ihm bekämpfte Umstellung von καί vor τοῦ διανοήματος voraussetzen. — Stallbaum hat also καί vor διανοήματος gestellt. Für die Stellung πολλὴ καί gibt es kein Beispiel.

(526 d) zu finden, wo es heißt: πρὸς μὲν τὰ τοιαῦτα (nämlich das Kriegswesen) καὶ βραχύ τι ἂν ἐξαρκοῖ γεωμετρίας τε καὶ λογισμῶν μόριον. τὸ δὲ πολὺ αὐτῆς καὶ πορρωτέρω προϊὸν σκοπεῖσθαι δεῖ εἴ τι πρὸς ἐκεῖνο τείνει, πρὸς τὸ ποιεῖν κατιδεῖν ῥᾷον τὴν τοῦ ἀγαθοῦ ἰδέαν.

Aber an unserer Stelle ist nur vom Elementarunterricht, der allen Freien zuteil werden soll, die Rede, und wenn Platon sagt, daß diese Kenntnisse der Arithmetik und der Astronomie (ταῦτα οὖν δὲ σύμπαντα), von denen wir schon 809c hören χρῆναι ἑκάστους λαβεῖν, jeder besitzen müsse, der ὁτιοῦν τῶν καλλίστων μαθημάτων εἴσεσθαι will, so kann er nicht gemeint haben, daß alle Bauern und Handwerker durch die Volksschule bis zur Erkenntnis der ἰδέα τοῦ ἀγαθοῦ geführt werden können. Aber an alle hat er zweifellos gedacht.

Es ist eben ein Unterschied hier gegenüber der Behandlung derselben Wissenschaften im Staat, und dem wird C. Ritter nicht gerecht, wenn er nur an die begabten ὀλίγοι denkt. Der Platon, der für die Kinder Gesetze gibt und bis ins einzelne liebevoll die Bestimmungen für die kleinsten und das kleinste trifft, nimmt auch zu dem Elementarunterricht eine andere Stellung ein als der Verfasser des Staates. Jeder seiner Bürger soll „ὁτιοῦν τῶν καλλίστων μαθημάτων" erfassen und von diesem Gesichtspunkte aus nicht nur von dem des praktischen Nutzens wählt er die Unterrichtsgegenstände für das Volk. So sagt er 819c von arithmetischen Kenntnissen: ὠφελοῦσι τοὺς μανθάνοντας εἴς τε τὰς τῶν στρατοπέδων τάξεις καὶ ἀγωγὰς καὶ στρατείας καὶ εἰς οἰκονομίας αὖ, καὶ πάντως χρησιμωτέρους αὐτοὺς αὐτοῖς καὶ ἐγρηγορότας μᾶλλον τοὺς ἀνθρώπους ἀπεργάζονται. Nachher rechnet er (819d) die Lehre vom Irrationalen zu den δέοντα μαθήματα (820e) und betrachtet eine eben neugefundene astronomische Theorie als unerläßlich für den Elementarunterricht. Man sieht, wie Platon, der im Anfangsunterricht[1]) immer die πολυμαθία bekämpft, auch hier nicht totes Wissen, sondern das lebendige Erfassen von Problemen als „menschenwürdig" be zeichnet und von „allen" Bürgern seines Staates fordert.

---

[1]) Vgl. Gesetze 811a/b, 819a.

Was daran anschließt, leitet uns zu dem Gedanken über, um dessentwillen wir eigentlich diese Stelle hier betrachten. „Wieviel man von den einzelnen Gebieten wissen soll, wann, in welcher Reihenfolge, nach welcher systematischen Ordnung man sie lernen soll, das muß man lernen," sagt Platon. Wer muß das lernen? Ritter (a. a. O. S. 214) meint, die Schüler, und da es sich nach seiner Meinung um die Erkenntnis des Gottes handelt, die begabten ὀλίγοι, die in der Erlernung der Wissenschaften einen bestimmten Stufengang einhalten.

Dieser Gedanke stört den Zusammenhang, denn es ist dauernd vom Elementarunterricht die Rede. Vor allem aber: um die Verteilung des Lehrstoffes (die κρᾶσις τούτων) braucht sich der Schüler nicht zu kümmern; das ist Sache des Lehrers, in diesem Falle des Gesetzgebers und seiner beiden Zuhörer, Kleinias und Megillos. Und daß mit dem λαβεῖν ὀρθῶς πρῶτα der Gesetzgeber gemeint ist, nicht die Schüler, zeigt die Antwort des Kleinias auf des Atheners Bemerkung: οὕτω γὰρ ἀνάγκη φύσει κατείληφεν. Der Kreter nimmt das auf mit den Worten ἔοικεν . . . νῦν οὕτω πως ῥηθέντα ὀρθῶς εἰρῆσθαι καὶ κατὰ φύσιν ἃ λέγεις. Das wird noch deutlicher aus dem Folgenden (818e): „Ja, so ist es, Kleinias, aber es ist schwer, diese Dinge durch Vorschriften so gesetzlich zu bestimmen; doch zu einer anderen Zeit können wir, wenn es euch recht ist, genauere Gesetze darüber vorschreiben. — Kl.: Du fürchtest wohl, scheint's, die bei uns übliche Unkenntnis dieser Dinge. Doch du hast nicht recht mit der Furcht. Ist das der Grund, so versuch es nur zu sagen und enthalte es uns nicht vor. — Ath.: Ich fürchte wohl auch das, von dem du jetzt redest, mehr aber noch fürchte ich die, die sich gerade mit diesen Wissenschaften selbst beschäftigen, es aber schlecht machen. Denn daß man dies alles nicht weiß, ist gar nichts Unerhörtes und Schlimmes und lange nicht das größte Übel, sondern die Vielwisserei und Vielgeschäftigkeit mit schlechter Methode (μετὰ κακῆς ἀγωγῆς), das ist bei weitem der größte Schaden."

Aus diesen Worten geht deutlich hervor, daß es sich mit dem λαβεῖν ὀρθῶς πρῶτα ἐπὶ τἆλλ᾽ ἰόντα um den Gesetzgeber handelt. Das Zögern des Atheners fällt auf, und sein schließliches Nachgeben; er sagt ja nachher, worin im wesent-lichen der Unterricht in der Mathematik und Astronomie be-stehen soll. Aber er gibt keine Gründe. Wir werden uns dieser Stelle am Schlusse des ganzen Abschnittes erinnern, und dann wird dieses seltsame Verhalten des Atheners verständlicher werden.

Platon geht nun zunächst kurz auf die Arithmetik ein (819a—c), die uns in diesem Zusammenhang nicht interessiert.

Es folgt darauf der Abschnitt über die Lehre vom Irrationalen:

819d: „Danach aber in der Berechnung dessen, was Länge und Breite und Tiefe hat, werden sie die Kinder von einer allen Menschen von Natur innewohnenden Unwissen-heit auf diesem Gebiete erlösen, die lächerlich und schmach-voll ist.

Kl.: Was für eine Unwissenheit[1]) meinst du und worin?

Ath.: Ach, lieber Kleinias, ich habe mich selbst wirklich, als ich erst spät davon erfuhr, sehr über unseren Zustand in diesen Dingen gewundert, und er schien mir mehr dem von Schafen als dem von Menschen zu entsprechen, und ich schäm-te mich, nicht nur meinetwegen, sondern für alle Hellenen.

Kl.: Weshalb? sag, was du denn damit meinst, lieber Freund.

Ath.: Gut, ich wills sagen; vielmehr ich will's dir durch Fragen klar machen. Und du antworte mir kurz; es gibt doch Linien[2]), weißt du?

Kl.: Aber freilich.

Ath.: Weiter: auch Flächen?

Kl.: Ganz sicher.

Ath.: Und das sind zwei Dinge, es gibt aber als drittes dazu auch Körper?

Kl.: Natürlich.

Ath.: Glaubst du nun nicht, daß die alle untereinander meßbar sind?

---

[1]) τίνα [ἄγνοιαν] = τίνων ἄγνοιαν.
[2]) Vgl. unten S. 171 über μῆκος, βάϑος, πλάτος.

Kl.: Ja.

Ath.: Ich meine „Linie gegen Linie, Fläche gegen Fläche und ebenso die Körper".

Kl.: Sehr wohl.

1.) Ath.: Wenn aber einige von ihnen (ἔνια) weder wohl noch übel gemessen werden können, sondern ein Teil freilich, der andere aber nicht, du aber meinst, es könnten alle gemessen werden — sag mal, wie stehst du dann zu den Dingen? Kl.: Das ist klar: schlecht.

2.) Ath.: Weiter (αὖ): Wie verhält es sich mit Linien und Flächen gegen Körper, oder mit Flächen und Linien untereinander? Glauben nicht von diesen (ταῦτα) wir Hellenen alle, daß es möglich ist, sie so irgendwie (ἀμῶς γέ πως) miteinander zu messen?

Kl.: Ganz gewiß.

Ath.: Wenn dies aber ebenso (αὖ) durchaus auf keine Weise möglich ist, wir Hellenen aber alle denken, es wäre möglich, muß man sich da nicht für alle schämen und zu ihnen sagen: Beste Hellenen, dies ist eines von den Dingen, von denen wir sagten, daß, sie nicht zu wissen, eine Schande sei, daß aber das absolut Notwendige zu wissen noch durchaus nichts Schönes sei!

Kl.: Freilich.

3.) Ath.: Und zu diesen gibt es noch andere ähnliche Fragen, bei denen wir wieder (αὖ) viele Fehler machen, die jenen Fehlern verwandt sind.

Kl.: Was für welche denn?

Ath.: Die Frage, wie die rationalen (μετρητά) und die irrationalen (ἄμετρα) Größen sich ihrer Natur nach zueinander verhalten (πρὸς ἄλληλα ᾗτινι φύσει γέγονεν).

Denn diese muß man betrachten und unterscheiden, oder man ist nichts wert, und indem man diese Probleme einander vorlegt und so einen Zeitvertreib hat, der für alte Leute viel hübscher ist als Brettspielen, seinen Ehrgeiz in der den Alten angemessenen (τούτων = πρεσβυτῶν) Beschäftigung suchen.

Kl.: Es scheint mir, daß Brettspiel und diese Lehre voneinander nicht viel verschieden sind.

Ath.: Dies, Kleinias, sollen die Jungen wirklich lernen,
und mit Recht, denn es ist weder schädlich noch schwer,
und wenn sie es spielend lernen, dann wird es dem Staat
nützen und nicht schaden."

Bei der Interpretation dieser in der Geschichte der Mathematik berühmten Stelle sind zwei Dinge zu beachten: Platon
hat den Abschnitt deutlich in drei[1]) Teile geteilt (820a 6 τί δ'
αὖ; 820c 1 ἐν οἷς αὖ πολλὰ ἁμαρτήματα . . . ἐγγίγνεται). Jede
Erklärung, die nicht drei scharf voneinander abgegrenzte Gedanken herausfinden kann, wird dem Sinn des Ganzen nicht
gerecht. Das zweite ist, daß man sich darüber klar wird, in
welcher Bedeutung die Worte μῆκος, πλάτος, βάθος gebraucht
sind, denn diese Frage ist mit der ersten eng verknüpft.

Μῆκος, πλάτος, βάθος kann entweder die drei Dimensionen Länge, Breite, Tiefe bedeuten, oder es ist dasselbe wie
μῆκος, πλάτος, βάθος ἔχοντα = Linie, Fläche, Körper. Die
zweite Auffassung verteidigt C. Ritter in seinem Kommentar zu den Gesetzen S. 222. Gegen sie macht Vogt in der Bibl.
Math. 3 F., X S. 136ff. zwei Gründe geltend, und zwar mit
Recht: Das von Ritter (S. 223) gewählte Beispiel für irrationale Flächen- und Körperinhalte: nämlich der Kreis und die
Kugel, ist falsch. Niemand konnte zu Platons Zeit ihre Irrationalität beweisen. Zweitens ist Ritters Erklärung von 820a 7
nicht dem Wortlaut des Textes entsprechend.

Aber die eigene Deutung Vogts, der μῆκος, πλάτος, βάθος
für die drei Dimensionen hält, leidet an einem Fehler, den
Ritter vermieden hatte. Er meint, Platon rede nur von der
Inkommensurabilität von Strecken und die Wiederholung
der Worte μῆκος, πλάτος, βάθος besage nichts weiter, als
daß für die Frage der Kommensurabilität und Inkommensurabilität die räumliche Lage der zu vergleichenden Strecken
gleichgültig sei (S. 137). Dann fiele der Inhalt der beiden von
uns mit 1.) und 2.) bezeichneten Abschnitte in eins zusammen.
Da dieser Mangel seiner Erklärung durch seine Auffassung

[1]) Von uns oben mit 1.), 2.), 3.) bezeichnet.

von μῆκος, πλάτος, βάθος hervorgerufen ist, so muß hierin der Fehler stecken.

Wir müssen also fragen, ob sich Ritters Erklärung der Worte πλάτος usw. durch eine andere Interpretation der einzelnen Stellen halten läßt.

Zu Ritters Auffassung stimmen zunächst schon die ersten Worte unserer Stelle, 819d: ἐν ταῖς μετρήσεσι ὅσα ἔχει μήκη καὶ πλάτη καὶ βάθη ist dasselbe, was vorher 818a μετρητικὴ μήκους καὶ ἐπιπέδου καὶ βάθους genannt war. Platon braucht also hier μῆκος usw. gleichbedeutend mit μῆκος ἔχοντα[1]).

Auch der erste Abschnitt läßt eine andere Deutung nicht zu. Platon verlangt, es solle μῆκος πρὸς μῆκος, πλάτος πρὸς πλάτος und βάθος ὡσαύτως gemessen werden. 819e 10 heißt es ἆρ᾽ οὖν οὐ δοκεῖ σοι ταῦτα εἶναι πάντα μετρητὰ πρὸς ἄλληλα. Hier kann ταῦτα πάντα nichts anderes besagen als die vorhergenannten μῆκος, πλάτος und βάθος. Ebenso wird in dem folgenden Satz (820a) εἰ δ᾽ ἔστι μήτε σφόδρα μήτε ἠρέμα δυνατὰ ἔνια das ἔνια Subjekt in dem Satz mit δυνατά, und das sind ebenfalls die μήκη, πλάτη, βάθη. Wie sollten das aber die Dimensionen sein, die doch nicht miteinander gemessen werden können?

Nach Vogts Polemik gegen Ritter sind freilich die in dem Kommentar gegebenen Beispiele für den Vergleich von πλάτος πρὸς πλάτος und βάθος πρὸς βάθος (Kreis- und Kugelinhalt) falsch; aber Vogts Einwand könnte nur gelten, wenn Platon überhaupt keine irrationalen Flächen- und Körperinhalte kannte. Das Gegenteil ist aber der Fall. Platon kennt und zitiert im Staat (VII 534d) und im Theaetet (148a)[2]) Theaetets Lehre von den ἄλογοι γραμμαί. Nun ist aber nach Euklid (Def. X 1, 4) eine ἄλογος eine Gerade, deren Quadrat nicht rational ist; aus derselben Definition geht auch hervor, daß Platon auch andere Flächeninhalte (ἕτερά τινα εὐθύγραμμα) kannte, die irrational waren.

---

[1]) Ritter hat diesen Gebrauch auch sonst als platonisch belegt. Das bezeichnendste seiner Beispiele scheint mir Staat 528d βάθους αὔξης μέθοδος, wo er, um die Dimension zu benennen, noch das Wort αὔξη zu βάθος hinzufügt.

[2]) Vgl. de Theaeteto mathematico S. 46; 59.

Aber auch, wenn wir βάϑος πρὸς βάϑος so auffassen,
daß Platon Körper und Körper miteinander vergleicht und
findet ἔνια μὴ δυνατὰ μετρεῖσϑαι, trauen wir ihm nicht zu,
„daß er, seiner Zeit vorauseilend, eine besondere Kenntnis
des Kubisch-Irrationalen besessen habe"[1]). Daß es zunächst
Würfel mit irrationalen Kanten gab, mußte er aus dem von
ihm imTimaios (32a) zitierten SatzeEuklidVIII12 schließen[2]).
Daß ferner ein Würfel mit der Kante $\sqrt{p}$ den Kubikinhalt
p $\sqrt{p}$ halte, ergab eine einfache Rechnung. Und daß der Kubikinhalt p $\sqrt{p}$ ebenso δυνάμει μόνον ῥητόν war wie der Inhalt
eines Rechtecks mit den Seiten p und $\sqrt{p}$, war ihm auch
klar. Für den ersten Abschnitt ist also Ritters Auffassung
von μῆκος, πλάτος, βάϑος die einzig mögliche.

An dem zweiten Abschnitt aber soll sie nach Vogt
(S. 137) scheitern. Dort sollen μῆκός τε καὶ πλάτος πρὸς
βάϑος und πλάτος τε καὶ μῆκος πρὸς ἄλληλα gemessen werden. Dies aber sei, wenn man unter μῆκος usw. Linien, Flächen
und Körper verstehe, nicht möglich; denn es „ist unmöglich,
ungleichartige Größen durcheinander zu messen" (Euklid V
def. 1,2; X def. 1).

Aber auch hier ergibt die grammatische Konstruktion,
daß 820a 8 in dem Satze ἆρ᾽ οὐ διανοούμεϑα περὶ ταῦτα
οὕτως Ἕλληνες πάντες, ὡς δυνατά ἐστι μετρεῖσϑαι πρὸς ἄλληλα
ἁμῶς γέ πως; wieder ταῦτα gleichbedeutend mit μῆκός τε
καὶ πλάτος πρὸς βάϑος und πλάτος τε καὶ μῆκος πρὸς ἄλληλα
ist. Dann aber ist μῆκος und βάϑος usw. Subjekt und δυνατά
μετρεῖσϑαι Prädikat nicht nur in diesem Satz, sondern auch
in dem folgenden (820b 2) Εἰ δ᾽ ἔστι αὖ μηδαμῶς μηδαμῇ
δυνατά, πάντες δὲ ὅπερ εἶπον, Ἕλληνες διανοούμεϑα ὡς δυνατά.
Vogt übersetzt: „Wenn es nun derartige Größen gibt, die
auf keinerlei Weise miteinander meßbar sind, wir Hellenen
aber trotzdem alle Größen für meßbar halten." Das steht

---

[1]) Vogt, a. a. O. S. 116 gegen Ritter, Kommentar S. 225; die
Kenntnis des Kubisch-Irrationalen bezeugt Philippos von Opus in
der Epinom. 990d.

[2]) Vgl. Theaetet 148b: περὶ τὰ στερεὰ ἄλλο τοιοῦτον; dazu
Zeuthen, Mém. de l'acad. des sciences de Danemark 1910 S. 420.

aber nicht da; erstens ergibt die Analogie mit dem ersten Satz, daß auch in diesem Satze ταῦτα Subjekt ist; zweitens würde, selbst zugegeben, man könnte mit Vogt übersetzen, „wenn es aber Größen gibt, die nicht meßbar sind", der von Vogt selbst gefühlte Gegensatz διανοούμεϑα ὡς πάντα δυνατά erforderlich sein, der im Texte fehlt. Außerdem ist nach Vogt in dem ganzen Abschnitt, der mit αὖ eingeführt ist, nichts Neues gegenüber 820a gesagt; und was sollte man darunter verstehen, daß „Länge und Breite gegen Tiefe immer meßbar sind", wenn μῆκος usw. die Dimensionen sein sollen?

Also auch in diesem Abschnitt sind μῆκος usw. Linien, Flächen, Körper.

Aber was hat Platon damit gemeint, wenn er sagt, alle Hellenen sind des Glaubens, daß ungleichartige Größen miteinander meßbar seien? Man muß davon ausgehen, daß Platon aus der Gesamtmathematik einige fundamentale Tatsachen herausgreift, über die die meisten Menschen im Irrtum befangen sind: „alle" ist natürlich hier ebenso übertrieben wie im ersten Abschnitt. Ist uns nun aus Platons Zeit bekannt, daß man allgemein den Fehler machte, verschiedenartige Größen miteinander zu messen? Ich glaube, wir kennen wirklich eine Tatsache, die den Tadel Platons als berechtigt erscheinen läßt. Ein älterer Zeitgenosse Platons, der große Historiker Thukydides, bemißt die Größe der Insel Sizilien nach der zu ihrer Umschiffung nötigen Zeit (VI 1, 2), d. h. mathematisch gesprochen, er bestimmt den Inhalt nach dem Umfang; er mißt also πλάτος mit einem Längenmaße (πρὸς μῆκος). Noch Polybios erwähnt es IX 21 als einen bei den „meisten Menschen" verbreiteten Irrtum, den Inhalt nach dem Umfang zu berechnen (οἱ δὲ πλεῖστοι τῶν ἀνϑρώπων ἐξ αὐτῆς τῆς περιμέτρου τεκμαίρονται τὰ μεγέϑη). Und Quintilian I 10, 40 setzt noch bei allen seinen Zeitgenossen voraus, daß sie zunächst glauben, Figuren mit gleicher Peripherie seien inhaltgleich. Er fährt fort, offenbar mit Hinblick auf Thukydides: „at it falsum est, . . . reprehensique a geometris sunt historici qui magnitudinem insularum satis significari navigationis ambitu crediderunt."

Man sieht, daß hier wirklich eine — um mit Platon zu reden — φύσει γελοία καὶ αἰσχρὰ ἄγνοια hervortritt, und es scheint mir kein Zweifel, daß Platon diese hier an unserer Stelle mit den Worten πλάτος τε καὶ μῆκος πρὸς ἄλληλα gemeint hat. Nun wird auch klar, warum er 820a 9 sagt ὥς δυνατά ἐστι μετρεῖσθαι ἀμῶς γέ πως; das ist nicht „stets auf irgendeine Weise", sondern „schließlich doch irgendwie" und drückt eine Unsicherheit aus. Es wird ferner der Unterschied der Antwort gegenüber der im ersten Abschnitt deutlich: 820a hieß es auf die Frage, ob μῆκος πρὸς μῆκος usw. meßbar seien: εἰ δ' ἐστι μήτε σφόδρα μήτε ἠρέμα δυνατὰ ἔνια. An unserer Stelle aber wird gesagt: ἐστὶ δὲ μηδαμῶς μηδαμῇ δυνατά. μῆκος und μῆκος aneinander zu messen ist in den Fällen möglich, in denen es sich um rationale Strecken handelt; μῆκος und πλάτος zu messen, ist niemals und unter keiner Bedingung möglich. Daß für das zweite Beispiel μῆκός τε καὶ πλάτος πρὸς βάθος μετρεῖσθαι ein ähnlicher allgemein gemachter Fehler zufällig nicht bekannt ist, darf gegen unsere Erklärung nicht eingewandt werden, die sonst in allen Punkten Platons Angaben entspricht[1]).

---

[1]) Wir können vielleicht noch einen Schritt weiter gehen. Wenn Platon hier den Fehler tadelt, daß alle Hellenen glauben, man könne ungleichartige Größen aneinander messen, so muß er an ein Mittel gedacht haben, diese Irrtümer zu vermeiden. Im ersten Abschnitt war es die Theaetetsche Lehre vom Irrationalen, die die Jungen von der αἰσχρὰ ἄγνοια erlösen sollte. Im dritten Abschnitt werden wir einem ähnlichen Hinweis auf eine neubearbeitete Lehre begegnen und auch der auf unsere Stelle folgende Passus über die Astronomie enthält die Anspielung auf eine erst vor kurzem gefundene astronomische Theorie. Auch hier, glaube ich, hat Platon daran gedacht, Resultate neuester Forschung dem Elementarunterricht nutzbar zu machen, und gerade die Mathematik der platonischen Zeit besaß ein Hilfsmittel, Fehler wie den oben gerügten allgemein und prinzipiell zu meiden. Die berühmte Proportionslehre des Eudoxos, durch die der größte Mathematiker des platonischen Kreises „fast den Rang eines Neuschöpfers der Mathematik einnimmt" (Heiberg, Naturw. u. Mathem. i. Altert. Leip. 1912 S. 26), beruht auf einer Definition der Proportion (Eukl. V Def. 5), die ihrerseits auf die Definition von λόγος und ὁμογενῆ μεγέθη Bezug nimmt (Def. V 3 u. 4). Durch diese Definitionen aber wird bestimmt, daß gleichartige Größen, mit denen allein gerechnet

Handelt es sich um diesen ganz elementaren Fehler, so
wird auch verständlich, warum Platon am Schluß des Abschnittes sagt: „Dies ist eines von den Dingen, die nicht
zu wissen eine Schande, die zu wissen aber noch nichts besonders Schönes ist."
Jedenfalls gewinnen wir einen Gedanken, der sich deutlich gegen das Vorhergehende absondert.
Auch in dem dritten Abschnitt tritt ein neuer, noch
nicht genügend beachteter Gedanke hervor. Es gibt, sagt
Platon 820e, noch andere verwandte Gebiete, auf denen
wieder viele ähnliche Fehler gemacht werden, nämlich τὰ
τῶν μετρητῶν καὶ ἀμέτρων πρὸς ἄλληλα ᾗτινι φύσει γέγονε.
Ich übersetzte „die Lehre davon, wie sich rationale und irrationale Größen ihrer Natur nach zueinander verhalten". Daß
man diesen Inhalt der Worte verkannt hat[1]), liegt an dem
vorangestellten πρὸς ἄλληλα, das in Wahrheit in den indirekten Fragesatz hineingehört; ganz analog sagt Platon

werden kann, solche sind „ἃ πολλαπλασιαζόμενα δύναται ὑπερέχειν
ἀλλήλων". Der Wert der Proportionslehre und dieser Definitionen
beruht vor allem darauf, daß sie die Ausdehnung des früher nur für
Zahlen geltenden Proportionsbegriffes auch auf die irrationalen Größen
ermöglichten. Aber der oben ausgeführte Gedanke ist doch mit Recht
von einigen Eukliderklärern hervorgehoben worden (vgl. De Morgan zitiert bei Heath, the thirteen books of Eukl. El. II S. 116; Simon, Eukl.
u. d. sechs plan. Bücher, S. 110). Damit war die Grundlage für einen
Unterricht gegeben, der den oben getadelten Fehler ein für allemal
unmöglich machte. Es ist immerhin denkbar, daß Platon die Proportionslehre des Eudoxos in den elementaren Mathematikunterricht
aufnehmen wollte. Sicher beweisen läßt es sich nicht, aber die Möglichkeit wird man nicht ganz bestreiten können.
[1]) Alle bisherigen Erklärer fassen μετρητὰ καὶ ἄμετρα πρὸς
ἄλληλα zusammen, was sich sprachlich kaum rechtfertigen läßt, so-
wenig wie ᾗτινι φύσει γέγονε ohne Zusatz. Bei Ritter (S. 228) sieht
man, daß er Schwierigkeiten hat, zu erklären, worin das in diesem
Paragraphen hinzugefügte Neue bestehen sollte. Vogt sieht in
ᾗτινι φύσει γέγονε (S. 139) die philosophische Frage nach dem Wesen
der Irrationalität. Für diese Frage würde der Vergleich mit dem
Brettspiel nicht zutreffen. Vogt hat vielleicht in das Wort φύσις zu-
viel hineingelegt; es ist hier gebraucht wie 819b ὡς πεφύκασι γίγνεσθαι. Doch vgl. unten S. 179 Anm. 1.

kurz vorher, 817e 8 *τρίτον δὲ τῆς τῶν ἄστρων περιόδου*
(näml. *μάθημα*) *πρὸς ἄλληλα ὡς πέφυκεν πορεύεσθαι*. An
unserer Stelle entspricht dem *πρὸς ἄλληλα ὡς πέφυκεν πορεύεσθαι* ein *πρὸς ἄλληλα ἥτινι φύσει γέγονε*. Was aber damit gemeint sei, sieht man aus dem die ganze Theorie des
Irrationalen behandelnden zehnten Buche des Euklid; denn
die zweite Hälfte dieses Buches bringt das sehr vollständige
und bis in die Einzelheiten fein ausgearbeitete System der
ἄλογοι γραμμαί, deren verschiedene Klassen und Unterabteilungen so gefunden werden, daß durch eine Art von
Kombinationsrechnung die verschiedenen möglichen Beziehungen rationaler Strecken zu irrationalen ermittelt werden.
Dieses System wurde von Theaetet begründet, ist nach diesem
Mathematiker zu Platons Zeit von Hermotimos weiter aus-
gearbeitet worden[1]) und erhielt seine endgültige Form durch
Euklid.

Bezieht man Platons Worte auf diese Lehre, so erklären
sich auch einige früher unverständliche Einzelheiten. So
erhält z. B. *διαγιγνώσκειν* (820c 5) seinen besonderen Sinn,
wenn es sich um das Herauserkennen und Unterscheiden
der verschiedenen Klassen handelt. So wird der Vergleich
mit dem Brettspiel (820d *ἔοικεν ἥ τε πεττεία καὶ ταῦτα ἀλλήλων
τὰ μαθήματα οὐ πάμπολυ κεχωρίσθαι*) ganz deutlich; das
verschiedenartige Zusammenstellen von rationalen und irrationalen Geraden wird dem abwechslungsreichen Setzen der
Steine im Brettspiel ähnlich gefunden.

So erklärt sich schließlich, warum der Athener 820c
plötzlich aus seiner Rolle fällt: die drei Unterredner wollen
den Lehrplan der Volksschule für die Knaben[2]) festsetzen.
Wenn der Athener also die Lehre von den *μετρητά* und *ἄμετρα*
zu diesem Unterricht für geeignet hält, so sollte er sagen wie

---

[1]) Vgl. Proklos, in Eucl. S. 67, 20; Eudem im Papposkommentar
zum X B. Eukl. = Woepke S. 691; Heiberg, Mathem. zu Aristoteles
S. 24.
[2]) Bei Vogt, B. M. 3. F. X S. 140 sind die Stellen aus den *Νόμοι*
gesammelt, in denen sich zeigt, daß der Unterricht der *παῖδες* gemeint ist.

819 b, das wären παισὶν ἐξηυρημένα μαθήματα. Statt dessen hören wir: ταῦτα γὰρ δὴ σκοποῦντα διαγιγνώσκειν ἀναγκαῖον ... προβάλλοντά τε ἀλλήλοις ἀεί, διατριβὴν τῆς πεττείας πολὺ χαριεστέραν πρεσβυτῶν[1]) διατρίβοντα φιλονικεῖν ἐν ταῖς τούτων (d. h. τῶν πρεσβυτῶν) ἀξίαισι σχολαῖς ... ταῦτα τοίνυν ... φημὶ τοὺς νέους δεῖν μανθάνειν. „Dies ist eine Beschäftigung für alte Leute, die viel hübscher ist als Brettspiel, daß man in dem für die Alten angemessenen Zeitvertreib seinen Ehrgeiz sucht. — Das müssen denn also die Jungen lernen." Liest man das unbefangen hintereinander, so ist die Argumentation fast ein wenig komisch. Und doch, wie lebendig wirkt die kleine Entgleisung; man meint einen Augenblick den alten Platon von sich selbst und seinem eigenen Interesse an diesen Problemen sprechen zu hören; διατριβὴ τῶν πρεσβυτῶν nennt er sie, weil er selbst als alter Mann diese Fragen, deren erneute Behandlung durch Herotimos in seine späteste Zeit fällt, noch durchgedacht hat. Und er denkt darüber genau so, wie er gleich nachher von der Astronomie sagen wird: „Das, was ich meine, ist nicht leicht zu lernen, aber doch auch nicht ganz schwer, noch etwas, was sehr viel Zeit erfordert. Beweis: Obgleich ich das weder als junger Mensch, noch vor langem gehört habe[2]), könnte ich es euch beiden jetzt und nicht in langer Zeit auseinandersetzen. Und doch, wäre es schwer, so wäre ich alter Mann nicht imstande, es euch alten Leuten klar zu machen" (821e). Wie er im „Staat" ungeduldig drängt, an der eben entstehenden Stereometrie weiterzuarbeiten, wie er im Timaios seine Leser zwingen will, sich die mathematischen Kenntnisse zu verschaf-

---

[1]) H. Müller, Platons Werke 7, 2 S. 247 übersetzt „sich weit angenehmer beschäftigen als die Greise mit dem Brettspiel; das müßte heißen: τῆς πεττείας τῆς τῶν πρεσβυτῶν.

[2]) Daß es sich hier um eine kürzlich gefundene Theorie der Gestirnbewegungen handelt, zeigen die Worte deutlich. Die Frage, welches die Lehre sei, ist bis jetzt nicht entschieden; doch erfahre ich durch Werner Wilhelm Jaeger, daß er in der von ihm vorbereiteten Geschichte der älteren Akademie und seiner Ausgabe der Akademikerfragmente dieses Problem von neuem behandeln wird. Auf seine Interpretation von Νομ. 822ff. darf also schon jetzt verwiesen werden.

fen, die er aus dem kurz vorher publizierten Werke des Theaetet
selbst erworben hat, so will er hier die neuesten[1]) Resultate
der Wissenschaft sofort der ganzen Jugend mitteilen.

---

[1]) Daß Platon eine neue Lehre gleich verbreiten will, halte
ich für sicher. Doch soll nicht bestritten werden, daß sich gegen die
oben gegebene Erklärung ein wichtiger Einwand machen läßt. Wenn
Platon die Lehre von den ἄλογοι γραμμαί in den Elementarunterricht
aufnahm, so stellte er an die Intelligenz seiner jungen Volksschüler
eine allzu hohe Anforderung. Es ist wahr, auch in der Arithmetik
bevorzugt er Aufgaben, die Gewandtheit im kombinatorischen Rechnen
erfordern, aber sie sind einfach. Es ist ferner richtig, daß jenes astronomische System, das nach Platon alle kennen lernen sollen, da es
,,zwar nicht leicht, aber auch nicht durchaus schwer'' ist, nach Philippos von Opus (Epinomis 990c) an die Lehrer hohe Anforderungen
stellt. ἐπὶ δὲ ταῦτα (nämlich das Verständnis dieser Theorie der
Gestirnumläufe) παρασκευάζοντας φύσεις οἵας δυνατὸν [εἶναι del. Wila-
mowitz] χρεὼν πολλὰ προδιδάσκοντας (Wil.; προδιδάσκοντα codd.) καὶ
ἐθίζοντας (Wil.; codd. ἐθίζοντα) [ἀεί del. Stallbaum, prob. Wil.] διαπο-
νήσασθαι παῖδα ὄντα καὶ νεανίσκον. Wilamowitz, der mir diese
vorläufige Textkonstitution mitteilt, übersetzt: qui vero na-
turas discendi compotes ad talia praeparare voluerint, eos opus
est multa antea docendo et assuefaciendo laborare, dum (discipulus)
puer et adulescens est. Platon hat also gemeint, dies schwierige System durch vereinfachte Darstellung dem Elementarunterricht an-
passen zu können. Er kann auch geglaubt haben, daß man die komplizierte Lehre von den ἄλογοι γραμμαί in ihren Grundzügen in den
Volksschulunterricht einzuführen vermöchte. Die Arbeiten des
Theaetet waren noch nicht in die Στοιχεῖα der Akademie aufgenommen (vgl. Heiberg, Mathemat. zu Aristoteles S. 24); vielleicht
hat gerade diese Tatsache bewirkt, daß Platon die Schwierigkeit
einer populären Darstellung unterschätzte.

Wenn ich nun auch die Deutung auf die Lehre von den ἄλογοι
für möglich halte, so soll eine andere Erklärung nicht abgewiesen
werden. Auch wenn man 820c übersetzt: ,,Die Lehre davon, wie rationale und irrationale Größen ihrer Natur nach sich zueinander verhalten,'' ist es möglich, in diesen Worten die Frage nach dem Wesen
des Irrationalen, nach dem charakteristischen Unterschiede von Zahlen
und stetigen Größen zu sehen (so Vogt, B. M. 3, F. X S. 139). Aktuell
war auch diese Frage für Platon. An die Theorie des Xenokrates
von den Atomlinien müssen sich lebhafte Debatten über die Natur
der geometrischen und der Zahlengrößen geknüpft haben, deren
Niederschlag wir in der Schrift des Theophrast ,,über die Atomlinien''

12*

Er schreibt unter dem unmittelbaren Eindruck großer,
neuer Entdeckungen, die ja so oft das Gefühl hervorrufen:
Das ist so einfach, daß man es jedem Kinde klar machen
könnte. Und wie bezeichnend ist es für den großen Mann,
daß er glaubt, was er selbst noch „als so alter Mann"
gelernt habe, sei für alle verständlich. Daneben sieht man
auch, wie tief in ihm der Gedanke wurzelt, daß die mathematischen Grundtatsachen, wenn sie nur methodisch gelehrt
werden, jedem klar werden müßten. Hier fühlt man, daß die
Erfahrungen seiner eigenen Lehrtätigkeit mitsprechen, ebenso wie in seiner Abneigung gegen die πολυμαϑία und πολυπειρία
seiner Landsleute (810e Schluß; 819a) und dem eigentlich
auch über den Rahmen des Gespräches hinausweisenden[1])
Wunsche, lieber mit den gänzlich unwissenden und unver-
verbildeten Mitgliedern der kretischen Kolonie Mathematik
zu treiben, als mit den ἠμμένοι μὲν αὐτῶν τῶν μαϑημάτων,

---

finden. Diese Debatten werden noch in die Spätzeit Platons zu setzen
sein. Auch Philippos in der Epinomis spricht von diesem Unterschiede
(990d) und nennt die Geometrie τῶν οὐκ ὄντων δὲ ὁμοίων ἀλλήλοις
φύσει ἀριϑμῶν ὁμοίωσις πρὸς τὴν τῶν ἐπιπέδων μοῖραν γεγονυῖα διαφανής·
ὃ δὴ ϑαῦμα οὐκ ἀνϑρώπινον ἀλλὰ γεγονὸς ϑεῖον. In diesen Diskussionen
bildete sich die klare Vorstellung vom Wesen des Kontinuierlichen,
die bis in die Zeit des Proklos lebendig geblieben ist. Wir wissen nichts
über Platons Stellung in der Frage, doch scheint es nach dem Timaios
nicht, daß er für Xenokrates Partei ergriffen habe. Jemandem eine
klare Vorstellung von dem großen Unterschied zwischen den dem
Verstand zugänglichen Zahlen und dem durch Rechnung und λόγος
nicht zu Bewältigenden der geometrischen Größen zu geben —
das würde wohl auch die Volksschule haben leisten können, obwohl
das Problem in seiner ganzen Tiefe wirklich ϑαῦμα οὐκ ἀνϑρώπινον
ἀλλὰ ϑεῖον ist: aber bis zum ϑαυμάζειν wollte Platon sicher „alle
Freien" führen.

Die Deutung Vogts entspricht der oben aufgestellten Forderung,
daß in dem dritten Abschnitt ein neuer Gedanke enthalten sein müsse;
sie erklärt auch Platons lebhaftes Interesse; aber der Vergleich mit
dem Brettspiel bleibt dann unverständlich.

[1]) Dieser Gedanke ist deutlich aus 819a herauszulesen: „ich
fürchte wohl auch eure Unwissenheit, mehr aber die πολυμαϑία μετὰ
κακῆς ἀγωγῆς.

κακῶς δὲ ἠμμένοι. Es ist derselbe Platon, der im Menon
aus dem gänzlich ahnungslosen jungen Sklaven den pythagoreischen Lehrsatz herausfragen läßt und der hier eine so
weitgehende mathematische Volksbildung erträumt.
Der Abschnitt über Mathematik nimmt eine Sonder-
stellung in den Gesetzen ein. Wir erinnern uns, daß der
Athener zu Anfang sich sträubte, über den Unterricht in
der Mathematik Gesetze zu geben und wegen der Schwierigkeit die Gesetzgebung darüber auf einen anderen Zeit-
punkt verschieben wollte (818e), daß er aber dann, ohne
Gründe anzugeben, warum, doch nachgab und die mathematischen Lehrgegenstände besprach. 820e am Schluß
dieses Kapitels sagt der *Ἀθηναῖος ξένος*: „Dieses also soll
nach unseren Bestimmungen zu den notwendigen Kenntnissen gehören, damit diese Stelle in den Gesetzen nicht leer
bleibe. Es soll als solches bestimmt sein, aber als ein Pfand,
das aus der anderen Verfassung (durch Gesetze, die später
gegeben werden können) eingelöst werden darf, wenn es uns,
den Gesetzgebern oder euch, die ihr für euch selbst die Gesetze gebt, durchaus nicht gefällt."
Die Schwierigkeit, gewisse Dinge durch Gesetze zu regeln,
wird auch an anderen Stellen betont; hier aber wird mit un-
gewöhnlicher Deutlichkeit auf das Provisorische der Bestimmungen hingewiesen. Man könnte dies als ein Kunstmittel
betrachten, wie Platon es auch sonst gelegentlich verwendet,
um Dinge, die ihm besonders am Herzen liegen, der Aufmerksamkeit des Lesers zu empfehlen; so hatte er in der oben
besprochenen Stelle des Staates (S. 146 ff.) die Stereometrie
zuerst übergangen, um sie desto eindringlicher durch die
Selbstkorrektur hervorzuheben. Aber hier ist das Provisorische der Gesetzgebung wohl darum so stark betont, weil erst
der höhere Unterricht (*ἀκριβεστέρα παιδεία* 965b), als dessen
Vorbereitung die hier geschilderte mathematische Belehrung
(818d) erscheint, die wirkliche Festsetzung eines Studien-
planes gestaltet. Man muß danach annehmen, daß Platon
selbst an der Durchführbarkeit seines Planes Zweifel aufge-
stiegen sind, und daß er genauere Abgrenzungen und Schei-

dungen zwischen dem elementaren und dem höheren Unterricht für nötig hielt und sicher vorgenommen hätte, wenn er sein Werk bis zu der am „Ende" versprochenen Gesetzgebung für den höheren Unterricht hätte fortführen können. Daß eine genauere Bestimmung nötig war, zeigt die Tatsache, daß Philipp in der Epinomis für den höheren Unterricht dasselbe Pensum vorschreibt wie Platon hier für die παῖδες. Man kann seine Worte über das Pfand, das später eingelöst werden solle, nur so deuten, daß er die Absicht hatte, die hier gegebenen Vorschriften im Zusammenhange mit dem gesamten Unterrichtsplan einer Revision zu unterwerfen[1]. Fortlassen aber mochte er die provisorischen Bestimmungen nicht, weil ihm so viel daran lag, Vorschriften über den Unterricht in der Mathematik und der Astronomie an den Anfang seiner Bestimmungen zu stellen, „da diese Wissenschaften vor allen anderen den Vorrang haben".

Wenn wir so lange bei der Interpretation dieser Stelle verweilt haben, so ist das, meine ich, durch ihren Inhalt gerechtfertigt. Über die Stellung Platons zur Mathematik erfahren wir aus ihr mehr als durch eine Sammlung der von Platon gekannten oder angeblich neugefundenen mathematischen Wahrheiten. Die Worte der Νόμοι ergänzen die oben besprochene Stelle aus dem Staat. Dort war Platon der Organisator der produktiven wissenschaftlichen Arbeit[2], der ἐπιστάτης ἄνευ οὗ οὐκ ἂν εὕροιεν, der mahnt, ungeduldig drängt, ein eben erst erschlossenes Forschungsgebiet

---

[1]) Es wäre zum Beispiel denkbar, daß Platon, der an unserer Stelle an seine „Einheitsschule" zu denken scheint (817e τοῖς ἐλευθέροις) den Plan schon erwogen hat, auch den Elementarunterricht der wenigen höher Begabten vom gesamten Volksunterricht abzusondern. Das würde dann vielleicht auch eine andere Auswahl der Unterrichtsgegenstände bedingen.

[2]) Hermann Usener hat in seinem Aufsatz „Über die Organisation der wissenschaftlichen Arbeit" (jetzt Vorträge und Aufsätze S. 67 ff.) ein in den Hauptzügen völlig zutreffendes Bild von Platons Stellung zur mathematischen Forschung seiner Zeit gezeichnet. Einzelbeobachtung kann nur bestätigen, wie sicher dort die großen Richtlinien gezogen sind.

weiter auszubauen. Dort war sein Interesse auf die Bildung der höchsten Gesellschaftsklasse allein gerichtet und der Unterrichtsplan, den er dort entwirft, ist gewissermaßen ein Abbild seiner eigenen Schöpfung, der Akademie. In den Gesetzen ist sein Blick weiter geworden; wie der alte Faust will er den Tausenden eine segensreiche Tätigkeit schaffen. Der „Staat", der für Götter und Göttersöhne bestimmt war, liegt hinter ihm als ein unerreichbares Ideal; nun will er die Wirklichkeit erfassen. Aber trotz aller Resignation, die über dem wundervollen Werke seines hohen Alters liegt, bricht doch noch die alte Natur des Philosophen durch; in der Leidenschaft, mit der er die Unkenntnis der großen Menge als menschenunwürdig bezeichnet, in der Frische, mit der er die neueste Forschung allen seinen Bürgern zugänglich machen will, in der Schroffheit, mit der er das Unmögliche oder doch schwer Erreichbare fordert, erkennt man den Verfasser des Staates wieder. Auch an seiner Stellung zur Wissenschaft hat sich nichts geändert. Nicht einen Geheimbund von Mystikern, die dem Aberglauben der Zahl verfallen sind, will er gründen: die klare Gesetzmäßigkeit der Natur soll allen zum Bewußtsein kommen. Mathematik sollen sie treiben, damit sie „wacher" werden, und nicht das Forschen nach den großen astronomischen Gesetzen, sondern über die höchsten Götter, die Gestirne und ihre Bahnen, eine falsche Meinung zu haben ist Gottlosigkeit[1]). So zeigt das späteste Werk Platons dieselbe Haltung der Mathematik gegenüber wie der Staat und der Timaios[2]). Platons Interesse ist offen für die Einzelforschung und für die großen Gedankenzusammenhänge: freilich sind ihm Naturwissenschaften und Mathematik nicht Selbstzweck. Ihm, dem das Vollbild eines Zusammenwirkens aller Erkenntnisse vor der Seele stand, konnte eine Einzelwissenschaft allein nie Genüge tun. Aber

---

[1]) S. unten S. 207.

[2]) Τὸν μέγιστον θεὸν καὶ ὅλον τὸν κόσμον φαμὲν οὔτε ζητεῖν δεῖν οὔτε πολυπραγμονεῖν τὰς αἰτίας ἐρευνῶντας — οὐ γὰρ οὐδ' ὅσιον εἶναι — τὸ δὲ ἔοικεν πᾶν τούτου τοὐναντίον γιγνόμενον ὀρθῶς ἂν γίγνεσθαι (Ges. 821a).

die Entwicklung geht bei ihm doch so, daß sein Interesse mit
den Jahren immer mehr auf die Erkenntnis des Wirklichen
gerichtet ist, wie seine Liebe zum Kleinen und Einzelnen
und sein Verständnis für das Leben der Vielen immer mehr
gewachsen ist. Dafür ist auch diese Stelle der Gesetze ein
Zeugnis.

Kapitel III.

Die regulären Körper und die Elementenlehre in Platons Timaios.

Die Elementenlehre in Platons Timaios hat von seiten der Mathematik- und Philosophiehistoriker eine für Platon nicht sonderlich günstige Beurteilung erfahren. Sie galt seit je als pythagoreisch, und die Urteile scheiden sich nur darin, daß die einen eine absolute, die anderen eine bedingte Abhängigkeit Platons von seiner Vorlage annahmen. Im ganzen aber stand und steht die Timaiosinterpretation im Zeichen der Verse des Sillographen Timon, die Proklos gleichsam zum Motto seines Timaioskommentars gemacht hat:

Πολλῶν ἀργυρίων ὀλίγην ἠλλάξαο βίβλον,
ἔνθεν ἀπαρχόμενος τιμαιογραφεῖν ἐδιδάχθης.

So behandeln die Mathematiker — ich habe die charakteristischen Worte Cantors[1]) oben zitiert — Platons Timaios nur als Quelle für die sogenannte „Pythagoreische" Elementenlehre und Geometrie, nicht anders, als hätten sie einen Kompilator der Kaiserzeit, der seine Vorlage getreulich abschreibt, vor sich. Auch Boeckh hat diese Auffassung durch seine große Autorität gestützt, wenn er im „Philolaos" S. 162 von Platons Elementenlehre sagt: „es scheint dem Platon davon nichts weiter zu gehören als die Art, wie er die Vierheit der Elemente durch die Notwendigkeit, die beiden Extreme durch zwei mittlere Proportionen zu verbinden, begründet hat."

Nicht viel anders, wenigstens über den Wert von Platons Lehre, urteilt Diels (Elementum S. 21): „Die Elementenlehre

---

1) S. oben S. 127.

gehörte nie zu den Kernpunkten seiner Philosophie. Sie ist erst spät und offenbar unter pythagoreischem Einfluß bearbeitet worden. Zu einer festen Ansicht ist der ruhelose Forscher hier noch weniger als sonst gelangt. Findet sich doch in der Sammlung der akademischen Schulausdrücke, die Aristoteles und den Späteren vorlag, sogar die Ansicht, es gäbe nur drei Elemente, wie Heraklit und Ion vorzeiten gelehrt; oder er stieg wohl auch, wie Philolaos und dann Aristoteles, Philipp, Speusipp und Xenokrates, zur Fünfzahl auf."

Zeller (Phil. d. Gr. II, 1⁴ S. 801, Anm. 6), der Platons Betrachtungen ebenfalls auf Philolaos zurückführt, nimmt eine etwas größere Selbständigkeit an; er hat erkannt, daß die Lehre von der Umwandelung der Elemente, da sie mit der Zurückführung der Materie auf den bloßen Raum zusammenhänge, von Platon selbst stamme.

Eine Wandlung in der Beurteilung von Platons Leistung hätte eigentlich von der neuen Beobachtung Ingeborg Hammer-Jensens ausgehen sollen, daß Platons Elementenlehre in Wahrheit auf Demokrits Atomistik basiert sei; aber die Verfasserin dieser für die Timaiosinterpretation so bedeutungsvollen Arbeit hatte ihr Interesse mehr auf Demokrit gerichtet als auf Platon, und so fand sie, daß Platon die großen und einfachen Gedanken des Abderiten durch pythagoreische Schnörkel nur entstellt habe (Arch. f. Gesch. d. Phil. N. F. XXIII S. 93; S. 211).

Auch nach einer anderen Seite hin ist die Lehre von den Elementen und ihrer Bildung aus den regulären Körpern in der Philosophiegeschichte beachtet worden. Sie war einer der wesentlichsten Gründe, die man anführte, um die platonische Zurückführung der Materie auf den bloßen Raum zu verteidigen, natürlich auch, um die „pythagoreische" „Vermathematisierung" der Natur an einem Musterbeispiele vorzuführen.

Die vorausgehende Auseinandersetzung hat gezeigt, daß, wenn Platon die Elemente aus den fünf regulären Körpern bildet, er von der pythagoreischen Elementenlehre unabhängig

ist, denn eine solche Lehre hat es nie gegeben, und die regulären
Körper in ihrer Fünfzahl sind erst zu seiner Zeit entdeckt
worden. — Wir werden also den Versuch machen, die Theorie
Platons abgesehen von ihrer demokritischen Grundlage als das
selbständige Werk des großen Philosophen anzusehen. Es wird
die Anschauung, die man von dieser Lehre hat, ein wenig
ändern, wenn man sie ohne den Gedanken an pythagoreischen
Mystizismus und Symbolismus betrachtet. Es werden sich
dabei eine Reihe von Vorwürfen, die man dagegen erhoben
hat, als unbegründet erweisen. Es wird sich vielleicht zeigen,
daß diese Lehre des großen Forschers, der sich hier freilich
auf einem ihm ungewohnten und neuen Boden bewegt, etwas
mehr verdient als das wohlwollende Mitleid, mit dem die
aufgeklärten Modernen das Werk des Naturwissenschaft
treibenden „Dichter-Denkers" nachsichtig[1]) entschuldigen.
Es soll also betrachtet werden, welches die Denkmotive waren,
die Platon zu seiner Abweichung von der Lehre Demokrits
— denn er weicht von ihr ab[2]) — führten und sodann die
Frage behandelt werden, ob aus der Elementenlehre sich
Schlüsse ziehen lassen, die die Annahme begründen, Platon
hätte sich die Materie als bloßen Raum gedacht.

Die Kritik der Demokritischen Elementenlehre.

Daß Platon im Timaios die Physik des großen Abderiten
ausgiebig benutzt hat, ist, nachdem Andeutungen auf diese
Tatsachen schon gelegentlich — namentlich von Archer-Hind[3])

---

[1]) So beurteilt Gomperz, Gr. Denker II[2] S. 481, 489 den
Timaios.

[2]) Das hat Ingeborg Hammer-Jensen bereits beobachtet:
„Demokrit und Platon" S. 212.

[3]) Die Platoninterpretation von Archer-Hind in seiner Ausgabe
des Timaios (London 1888), die in jeder Weise durch unbefangene
Beurteilung dem großen Philosophen gerechter wird als die in Deutschland verbreiteten Erklärungen, hat auch dies Resultat vorweg genommen. Ich selbst habe diese wertvolle Ausgabe, da ich sie erst
spät benutzt habe, vielleicht nicht genügend herangezogen.

und Natorp[1]) — ausgesprochen worden sind, von I. Hammer-Jensen in ihrem Aufsatz „Demokrit und Platon" unwiderleglich bewiesen worden. I. Hammer-Jensen hat auch erkannt, daß Platon in seiner Elementenlehre von der demokritischen Vorlage nicht unbeträchtlich abweicht. So sagt sie S. 212: „Demokrits Auffassung von der Form der Grundstoffpartikeln konnte Platon nicht beistimmen; sie besaß ja keine Schönheit und Ordnung, keine Möglichkeit hübscher Zahlenverhältnisse. Mit seiner Liebe zu Zahlen und Zahlenverhältnissen, die er von den Pythagoreern übernommen hatte und mit seinem mangelhaften Verständniss für die Grenze zwischen exakten Wissenschaften und Philosophie nahm er sich daher vor, die Lehre Demokrits zu verbessern." Aber die eben zitierten Worte, denen man noch die Bemerkungen über die Wärmelehre Platons und der Atomisten (S. 226/27) hinzufügen kann, zeigen, daß sie diese Abweichungen lediglich auf ein mangelndes Verständnis Platons für die Ideen Demokrits geschoben hat.

Es wird demnach gut sein, zu fragen, was Platon zu seiner Änderung der demokritischen Atomtheorie bewog.

Daß er mit voller Absicht eine eigene Meinung aufstellt und eine andere bekämpft, geht aus den einleitenden Worten hervor, die er den von Demokrit beeinflußten Abschnitten seines Werkes vorangeschickt hat (48b ff.): „Das Wesen, (φύσιν) das vor der Entstehung des Kosmos (οὐρανός) Feuer, Wasser, Luft und Erde hatten, muß man an sich betrachten, und die Zustände, in denen sie sich damals befanden (τὰ πρὸ τούτου πάϑη); denn bis jetzt hat noch niemand gezeigt, daß sie geworden sind und wie sie entstanden (γένεσιν αὐτῶν), sondern, als ob man wüßte, was Feuer und jedes einzelne von ihnen sei, nennen wir sie Elemente (Buchstaben) des Alls, indem wir sie als Prinzipien setzen. Und doch sollte man bei einigem Nachdenken selbst das Bild der Silbe nicht anwenden, da es nicht ausreicht."

Dieser Tadel richtet sich gegen sämtliche vor Platon

---

[1]) Platons Ideenlehre S. 356.

vorgetragene Elementenlehren, die der Ionier ebenso wie die
des Empedokles. Das geht aus den weiteren Äußerungen
hervor (49b): „Von jedem einzelnen von diesen (d. h. Feuer,
Wasser, Erde, Luft) zu sagen, welches man mit Recht eher
Wasser nennen dürfe als Feuer und auf welches von ihnen
man eher eine beliebige dieser Bezeichnungen anwenden
dürfe als alle zusammen oder jede einzeln, ist schwer."
Hier wendet er sich im ersten Teile des Satzes ὁποῖον ὄντως
ὕδωρ χρὴ λέγειν μᾶλλον ἢ πῦρ gegen die Urstofflehre
der Ionier, speziell gegen Heraklit; denn diese Theorie
behauptete ja von jeder einzelnen irdischen Erscheinung,
sie wäre im Grunde Feuer (oder mit Thales „Wasser").
Der zweite Satz dagegen wendet sich gegen die Lehre des
Empedokles: „Du sagst, dieser Stein hier sei Erde; ich werde
dir beweisen, daß ich ihn ebensogut Wasser, Feuer, Luft
nennen könnte (πάντα). Oder auch ich könnte sagen: er ist
Luft (καθ᾽ ἕκαστα)." Das wird bewiesen durch die Lehre
vom Kreislauf der Elemente (49b/c). Dann fährt er fort:
„Diese einzelnen Dinge erscheinen nun niemals als dieselben.
Sollte man sich da nicht vor sich selbst schämen, von einem
von ihnen (ποῖον) mit Sicherheit (παγίως), zu behaupten
daß es (τοῦτο) irgendeines (ὁτιοῦν) wäre und nicht ein
anderes. Das zu versichern ist nicht möglich, sondern es
ist bei weitem am zuverlässigsten, wenn man über diese
Dinge seine Stimme abgeben soll, folgendes zu sagen: Immer[1])
müssen wir an dem, was wir zu anderer Zeit anders (ἄλλοτε
ἄλλῃ), erscheinen sehen, wie das Feuer, nicht die Substanz (das τοῦτο), sondern die Qualität (τὸ τοιοῦτον) jedesmal Feuer nennen; auch an dem Wasser nicht die Substanz
(τὸ τοῦτο), sondern immer den Zustand und auch an keinem
anderen von ihnen, als hätte es jene Sicherheit, wie wir sie
von irgendeinem Dinge (τι) aussagen wollen (δηλοῦν ἡγούμεθα),
wenn wir das deiktische Pronomen ‚dieses' und ‚jenes' an-

---

[1]) ἀεί mit δ καθορῶμεν oder mit ἄλλῃ γιγνόμενον zu verbinden verbietet die Wortstellung (Wilamowitz). Walther Kranz macht mich
darauf aufmerksam, daß es — ebenso wie das ἀεί etwas weiter
unten (49 d 7) — zu προσαγορεύειν gehört.

wenden (δεικνύντες τῷ ῥήματι τῷ τόδε καὶ τοῦτο προσχρώμενοι).
Denn es entzieht sich der Benennung „dies" und „jenes"[1])
und duldet sie nicht, so wenig wie sonst irgendeine Bezeichnung, die es als bleibend charakterisiert, sondern die einzelnen Dinge soll man nicht „diese" (Substanzen) nennen,
dagegen den Aggregatzustand, der sich selbst gleich (ὅμοιον)
an der einzelnen Erscheinung und in allen zusammen (ἑκάστου
πέρι καὶ συμπάντων) abwechselnd auftritt (περιφερόμενον) soll
man immer so nennen, (nämlich „Zustand" τοιοῦτον) und
dementsprechend (καὶ δή) auch das Feuer in seiner Gesamt-
erscheinung (τὸ διὰ παντός) einen Zustand nennen, und jedes
(Feuer), das ein Werden hat (καὶ ἅπαν ὅσονπερ ἂν ἔχῃ
γένεσιν).   ·

Die Schwierigkeit liegt darin, daß nicht zu erkennen
ist, was in diesen Sätzen Objekt und was Prädikat ist.
Diese Schwierigkeit aber hat bewirkt, daß eine wichtige
Unterscheidung, die Platon macht und um derentwillen wir
diese Stelle hier betrachten, von den Übersetzern nicht beachtet wurde.   Platon will die Erscheinung in ihrer Gesamtheit, das sich selbst stets Gleichbleibende in den vielen Dingen,
und das mit ihm gleichbenannte Einzelding beides Feuer
nennen.   Das verkennen H. Martin und Archer-Hind.   Es
handelt sich um die Sätze ἀλλὰ ταῦτα μὲν ἕκαστα μὴ λέγειν,
τὸ δὲ τοιοῦτον ἀεὶ περιφερόμενον ὅμοιον ἑκάστου πέρι καὶ
συμπάντων οὕτω καλεῖν, καὶ δὴ καὶ πῦρ τὸ διὰ παντὸς τοιοῦτον
καὶ ἅπαν ὅσονπερ ἂν ἔχῃ γένεσιν.

H. Martin übersetzt: „Il ne faut jamais nommer à part,
comme une chose distincte, aucun de ces objets; mais, en parlant de chacun d'eux et de tous ensemble, il faut appliquer le
nom à l'apparence toujours la même qui passe dě l'un a l'autre.
Nous donnerons donc de nom de feu a l'apparence du feu répan-
due dans toutes sortes d'objets, et nous suivrons la même
règle pour toutes les choses qui ont un commencement."
Archer-Hind gibt die Stelle so wieder: „The word ‚this' we

---

[1]) Das hier überlieferte τὴν τῷδε ist unverständlich; wie könnte
τῷδε ein Subjekt bezeichnen. S. darüber unten S. 204.

must not use of any of them; but ‚such‘, applying in the
same sense to all their mutations, we must predicate of each
and all: fire we must call that which universally has that
appearance; and so must we name all things such as come
into being.“ Bei beiden Übersetzungen kommt der Gegensatz von ἕκαστον und σύμπαντα, mehr aber noch der von
πῦρ τὸ διὰ παντός und πᾶν ὅσονπερ ἂν ἔχῃ γένεσιν nicht
zum Ausdruck. Das ὅμοιον ἀεὶ περιφερόμενον hat kein
Werden, sondern ist „ewig sich selbst gleich“. Archer-
Hind hat den Widerspruch selbst gefühlt und liest daher
ὁμοίως und meint, περιφερόμενον sei „keeping pace with all
their mutations“. Dies scheint mir ein Irrtum. Platon unter-
scheidet hinterher (49 a) die drei γένη: 1. Materie, 2. Form,
3. geformten Stoff (die Dinge der Welt des Werdens = γενέσεις), und diese Worte sind die Einleitung zu einer Partie,
in der auf das entschiedenste die Existenz eines πῦρ αὐτὸ
ἐφ᾽ ἑαυτοῦ (51b) betont wird. Von diesem sagt er aus, es sei τὸ
κατὰ ταὐτὰ εἶδος ἔχον, ἀγέννητον καὶ ἀνώλεθρον, οὔτ᾽ εἰς ἑαυτὸ
εἰσδεχόμενον ἄλλο ἄλλοθεν οὔτε αὐτὸ εἰς ἄλλο ποι ἰόν, ἀόρα-
τον δὲ καὶ ἄλλως ἀναίσθητον. τοῦτο ὃ δὴ νόησις εἴληχεν ἐπι-
σκοπεῖν. Davon scheidet er τὸ ὁμώνυμον ὅμοιόν τε ἐκείνῳ δεύτερον, γιγνόμενόν τε ἔν τινι τόπῳ καὶ πάλιν ἐκεῖθεν ἀπολλύ-
μενον, δόξῃ μετ᾽ αἰσθήσεως περιληπτόν (52a). — Auch an
unserer Stelle unterscheidet er die Einzelerscheinung „Feuer“
und das „Feuer im All“. Was ist das? Ist es identisch
mit dem πῦρ αὐτὸ ἐφ᾽ ἑαυτοῦ? Um dies zu erklären, müssen
wir den „Philebos“ zu Hilfe rufen, der unsere Stelle, wie ich
meine, zitiert (29b/c) Φέρε δή, περὶ ἑκάστου τῶν παρ᾽ ἡμῖν
λαβὲ τὸ τοιόνδε . . . ὅτι μικρόν τε τούτων (πῦρ, ὕδωρ, πνεῦμα)
ἕκαστον παρ᾽ ἡμῖν ἔνεστι καὶ φαῦλον καὶ οὐδαμῇ οὐδαμῶς εἰλι-
κρινὲς ὄν καὶ τὴν δύναμιν οὐκ ἀξίαν τῆς φύσεως ἔχον . . . οἷον
πῦρ ἔστι μέν που παρ᾽ ἡμῖν, ἔστι δὲ ἐν τῷ παντί . . . Οὐκοῦν
σμικρὸν μέν τι τὸ παρ᾽ ἡμῖν καὶ ἀσθενὲς καὶ φαῦλον, τὸ δὲ ἐν
τῷ παντὶ πλήθει τε θαυμαστὸν καὶ κάλλει καὶ πάσῃ δυνάμει
τῇ περὶ τὸ πῦρ οὔσῃ . . . τρέφεται καὶ γίγνεται ἐκ τούτου . . .
τὸ τοῦ παντὸς πῦρ ὑπὸ τοῦ παρ᾽ ἡμῖν πυρὸς ἢ τοὐναντίον ὑπ᾽
ἐκείνου τό τ᾽ ἐμὸν καὶ τὸ σὸν καὶ τὸ τῶν ἄλλων ζῴων ἅπαντ᾽

ἴσχει ταῦτα. Man sieht deutlich, daß hier τὸ ἐν τῷ παντὶ πῦρ dieselbe Rolle spielt wie in unserem Dialoge τὸ πῦρ αὐτὸ ἐφ᾽ ἑαυτοῦ. Nun ist aber τὸ πᾶν im Timaios der wirkliche Kosmos, von dem die Erde ein Teil ist (vgl. Tim. 40c, wo gesagt wird, die Erde bewege sich περὶ τὸν διὰ παντὸς πόλον τεταμένον.) Platon ist zu der Anschauung gekommen, daß die „Natur", wie wir sagen, ein gesetzmäßig geordnetes Ganzes ist, und eines ihrer Gesetze, nämlich das für die Konstitution des „Feuers", „Wassers" usw., will er hier suchen. Die Stelle ist darum von so hoher Bedeutung, weil sich hier nicht verkennen läßt, daß in dem πῦρ αὐτὸ ἐφ᾽ ἑαυτοῦ wirklich das Gesetz gesucht wird. Man hat behauptet, Platon läge der Begriff des Naturgesetzes fern; ich meine, an unseren Stellen im Timaios, wie im Philebos liege der Beweis für das Gegenteil vor[1]). Platon gewann den Begriff des Naturgesetzes, indem er im Timaios[2]) die Hypothese aufstellte, wenn es wirkliche Wissenschaft geben soll, so muß es Ideen geben, d. h. so muß die uns umgebende Welt ein gesetzmäßig geordnetes Ganze sein. Denn was hier mit der „Idee des Feuers" gemeint ist, ist das Gesetz für das Eintreten des Aggregatzustandes (so wird ja das Feuer, Wasser, Luft und Erde gefaßt). Im Philebos (30a) fügte er die weitere Betrachtung hinzu, die jedem, der sie einmal innerlich ganz erfaßt hat, zu einem wirklichen Erlebnis werden kann: Τὸ παρ᾽ ἡμῖν σῶμα ἆρ᾽ οὐ ψυχὴν φήσομεν ἔχειν; .. Πόθεν, ὦ φίλε Πρώταρχε, λαβόν, εἴπερ μὴ τό γε τοῦ παντὸς σῶμα ἔμψυχον ὂν ἐτύγχανε, ταῦτά γε ἔχον τούτῳ καὶ ἔτι πάντῃ καλλίονα; (vgl. dazu: σοφία καὶ νοῦς ἄνευ ψυχῆς οὐκ ἄν ποτε γενοίσθην 30c). Hier wird die Frage gestellt, woher haben wir unseren νοῦς? und die Antwort gegeben: wir haben ihn aus dem „All". Das All ist gesetzmäßig geordnet. Wir sind Teile eines Ganzen; wenn wir nach Vernunft und Gesetzmäßigkeit im Denken

---

[1]) Hier ist einmal mit Händen zu greifen, daß die Idee keine „Substanz" ist, bezeichnet er sie doch 49e 5 ausdrücklich als τοιοῦτον; Aristoteles aber macht aus dem Feuer einen Stoff, aus der Idee ein Ding.
[2]) Tim. 51d.

und auch im Handeln[1]) streben, so liegt dies Verlangen in
unserer Seele, weil sie ein Teil des Universums ist und nach
denselben Gesetzen regiert wird wie das All.

Den polemischen Charakter dieser ganzen Betrachtung
kann man nicht bestreiten. Es fragt sich nur, gegen wen
sie gerichtet ist. Wer waren die Philosophen, die das Feuer
mit dem hier speziell exemplifiziert wird, als ein $\tau\acute{o}\delta\varepsilon$, als
eine Substanz bezeichneten? Es könnte Empedokles gemeint
sein, nach dem die Elemente nicht, wie es doch in der Lehre
des Heraklit angedeutet war, ineinander verwandelt werden
können; sie sind doch bei ihm gewissermaßen „chemische
Elemente" in unserem Sinne, unwandelbare Substanzen.
Insofern also könnte man sich bei dieser Erkenntnis beruhigen.
Nun wissen wir aber jetzt, daß Platon Demokrit benutzt hat
und in eigentümlicher Weise von dessen Lehre abweicht.
Sollte er hier etwa Demokrit bekämpft haben? Daß er in
demselben Abschnitt, der von der Elementenlehre handelt
(55d), Demokrit einmal mit einem der in den platonischen
Altersschriften besonders häufigen Wortwitze ($\mathring{\alpha}\pi\varepsilon\acute{\iota}\varrho o\upsilon\varsigma$—
$\mathring{\alpha}\pi\varepsilon\acute{\iota}\varrho o\upsilon$ $\tau\iota\nu\acute{o}\varsigma$) angegriffen hat, spricht für unsere Ansicht.
Wir können diese Vermutung aber beinahe zur Gewißheit
erheben, wenn wir auf 48 c zurückblicken. Dort wird gesagt,
wir machen einen Fehler, wenn wir von Feuer, Wasser, Erde
usw., reden als wüßte man, was sie sind; und ferner: wir nennen
sie Buchstaben und setzen sie als Prinzipien des Alls, während
sie doch nicht einmal Silben sind. Hier haben wir in dem
Worte und in dem Vergleich der Elemente mit den Buchstaben
einen sicheren Anhalt dafür, daß Demokrit gemeint ist.
Diels, Elementum S. 13, hat gezeigt, daß das Buchstaben-
gleichnis (Arist. de gen. et corr. S. 315 b 6 = D. V. 54 A 9 und
Met. 985 b 4 = D. V. 54 A 6) von den Atomisten erfunden und
angewandt wurde, „um an der unendlichen Kombinations-
fähigkeit der Buchstaben die unendliche Mannigfaltigkeit
der Atomverbindungen zu demonstrieren". Da also diese

---

[1]) Der Gedanke, daß auch die Gesetze der Ethik mit denen
des Kosmos übereinstimmen, findet sich schon im Gorgias (508 a).

Polemik wirklich dem Demokrit gilt, so sind wir damit über
die Motive, die Platon zu seiner Abweichung von der Elementenlehre der Atomisten führten, durch ihn selbst unterrichtet. Sie sind sehr anderer Art als die, von denen
I. Hammer-Jensen spricht; von ästhetischer Spielerei ist dabei, soweit ich sehe, nicht die Rede, sondern von sehr ernsten
sachlichen Einwänden.

Zu diesen kommt noch einer hinzu, der in den Partien
ausgesprochen ist, die am Schlusse seiner Einleitung in die
neue Kosmogonie stehen (51 c ff.). Es ist die Stelle, die wir
oben (S. 191) zitierten. Platon ist dort zum Begriff der Materie,
der Form an sich und des geformten Stoffes gelangt τὸ ἐν ᾧ
γίγνεται, τὸ δὲ ὅϑεν ἀφομοιούμενον φύεται τὰ γιγνόμενα, τὸ γιγνόμενον 50 c/d). Dann wird gezeigt, daß die vier Elemente in Wahrheit nur Zustände der Materie sind (51 b): „Als Feuer erscheint
jedesmal der in feurigem Zustande befindliche Teil von ihr (der
Materie), als Wasser der flüssige Teil, als Erde und Luft erscheint sie, soweit sie die Abbilder dieser ⟨Ideen⟩ in sich aufnimmt. Die logische Definition von ihnen verlangt aber
eigentlich folgende Untersuchung: Gibt es ein ‚Feuer an sich‘
und alle jene Dinge, von denen wir sagen, sie seien an sich,
jedes in seiner Gesondertheit, oder existiert allein das, was
wir sehen und was wir sonst mit den Sinneswahrnehmungen
erfassen und hat eine dementsprechende (nämlich relative)
Wahrheit ? Irren wir dagegen jedesmal, wenn wir behaupten,
es gäbe eine Form von jedem Ding, die mit dem Intellekt
zu begreifen sei ? Wäre das nichts anderes als nur Geschwätz ?
Nun ist es aber doch nicht richtig, wenn wir meinen, man
könnte für jetzt den Urteilsspruch und die Entscheidung darüber beiseite lassen und behaupten, das wäre so; andererseits
aber dürfen wir auch nicht in diese lange Abhandlung als
Nebenuntersuchung eine andere ebenso lange Betrachtung
einfügen. Dagegen, wenn eine umfassende Definition in
kurzen Worten sich fände, so wäre es das, was der Moment
erfordert. So gebe ich denn meinen Richterspruch ab; er
lautet: Wenn Wissen und richtige Meinung zwei Dinge sind,
dann gibt es Ideen, die ‚für sich‘ sind, die von uns nicht mit

den Sinnen zu erfassen sind, sondern einzig mit dem Intellekt.[1]"
Es folgt darauf der Beweis für die Existenz der Ideen in
demselben erregten und feierlichen Tone, mit dem der Philosoph begonnen hat, die Grundlagen seiner Philosophie zu
verteidigen. Den Eindruck einer Apologie empfängt man
durchaus, und mir scheint die Beziehung dieser Stelle auf
Demokrit die mir früher unverständliche Tatsache zu erklären,
warum hier bei Gelegenheit der Elemententheorie mit solcher
Leidenschaft und Bestimmtheit die Grundlagen der Ideenlehre betont werden.

Fassen wir noch einmal zusammen, was Platon bekämpft:
1. Die Elemente sind als Buchstaben aufgefaßt, während
sie doch in Wahrheit viel kompliziertere Verbindungen sind
(48b). 2. Die Zustandmäßigkeit der Elemente ist nicht erkannt (49b) und die Elemente sind nach der bekämpften
Theorie nicht imstande, sich ineinander zu wandeln (48b,
49ff.). Sie sind ein τόδε und sollten doch ein τοιοῦτον
sein. 3. Es gäbe nach der bekämpften Theorie kein πῦρ
αὐτὸ ἐφ' ἑαυτοῦ, sondern nur die relative Wahrheit der Sinnes-

---

[1] Der Text in der folgenden Betrachtung scheint mir an einer
Stelle (51e) einer minimalen Änderung zu bedürfen. Platon hat die
Alternative gestellt: Sind νοῦς und δόξα ἀληθής zwei Dinge, so
gibt es Ideen; sind sie aber, wie es einigen scheint, identisch, so gibt
es keine andere Wahrheit als die, die in der Wahrnehmung liegt. Es folgt
darauf δύο δὴ λεκτέον ἐκείνω, διότι χωρὶς γεγόνατον ἀνομοίως τε ἔχετον.
Dieses δή, das bedeuten würde „wir müssen also sagen, sie seien zwei"
würde folgenden Gedankengang ergeben: Ich frage, ob es Ideen gebe;
das hängt davon ab, ob man einen Unterschied annimmt zwischen
„Wissen" und „richtiger Meinung" oder nicht. Ich nehme also
an, die beiden seien zwei, weil sie verschieden sind. Dieses δή
stört den hypothetischen Gedankengang und nimmt den Beweis
in dogmatischer Weise vorweg. Und selbst dann wäre es nur möglich, wenn der positive Satz vorangestanden hätte: „es gibt Ideen".
Dieser Fehler wird beseitigt, wenn man für δὴ δέ schreibt, besser
jetzt mit Wilamowitz ⟨δὲ⟩ δή, „da hier auf zugestandene Sätze kurz
verwiesen wird". δέ steht hier wie häufig im Schlußverfahren für
das schulmäßige ἀλλὰ μήν. „Nun sind sie aber zwei, da sie verschieden sind." Das übersetzt auch Archer-Hind: „Now we must
declare them to be two"; aber δή hat nicht diese Bedeutung.

wahrnehmungen (51 b ff.). Die Vorwürfe, die ich hier kurz
formuliere, decken sich mit den Berichten des Aristoteles
und Theophrast und anderer Zeugen über die Atomistik.
Was den ersten angeht, so sagt uns Simplikios (zur Physik
d. Arist. ed. Diels I S. 35, 22) folgendes: Leukipp und Demokrit hätten ebenso wie Timaios die vier Elemente als Grundstoffe der Körper aufgenommen, diese selbst aber wieder
auf ursprünglichere und einfachere αἰτίαι zurückgeführt.
Das heißt nichts anderes als, daß auch Simplikios findet,
sie hätten die sog. Elemente „Feuer, Wasser" usw. nicht
als „Buchstaben", sondern zum mindesten als „Silben"
gefaßt. Dem zweiten Einwand mag man das Zeugnis des
Aristoteles an die Seite stellen (de caelo 303 a 25): ἀδύνατον
γὰρ ἀτόμων ὄντων τῶν στοιχείων μεγέθει καὶ μικρότητι δια-
φέρειν ἀέρα καὶ γῆν καὶ ὕδωρ. οὐ γὰρ οἷόν τε ἐξ ἀλλήλων
γίγνεσθαι.

Schwererwiegend als die beiden ersten Einwände ist
aber der immer wieder begegnende dritte: die Atomisten
verwechselten φύσις und πάθη; sie erklärten nicht dieselben
Eigenschaften der Dinge aus denselben Qualitäten und Verhältnissen der Atome. Aristoteles hat zwar an Demokrit
gerühmt, er sei der erste Physiker, der nach den Wesen der
Dinge gefragt habe; doch sagt er (Met. 1078b 20 = D. V.
55 A 36.)[1]: τῶν μὲν γὰρ φυσικῶν ἐπὶ μικρὸν Δημόκριτος
ἥψατο μόνον καὶ ὡρίσατό πως τὸ θερμὸν καὶ τὸ ψυχρόν ...
ἐκεῖνος ... εὐλόγως ἐζήτει τὸ τί ἐστιν. Dazu bemerkt Alexander
(zur Met. S. 746, 35), das limitierende πως bedeute, daß er in
den Einzelerklärungen häufig inkonsequent gewesen sei. So
wird ihm ununterbrochen vorgehalten, daß er θερμόν und
ψυχρόν nur als πρὸς ἡμᾶς bezeichne und dann doch wieder
dem Feuer, indem er es aus Atomen von Kugelform bestehen
lasse, eine φύσις gebe. So sagt Theophrast in de sens. (D. V.
55 A 135, 68): ἄτοπον δ' ἂν φανείη πρῶτον μὲν τὸ μὴ πάντων
ὁμοίως ἀποδοῦναι τὰς ἀρχάς, ἀλλὰ βαρὺ μὲν καὶ κοῦφον, καὶ
μαλακὸν καὶ σκληρὸν καὶ μεγέθει καὶ σμικρότητι καὶ τῷ μανῷ

---

[1] Vgl. auch de part. animal. 642a 25; Phys. 194a 20.

καὶ τῷ πυκνῷ, θερμὸν δὲ καὶ ψυχρὸν καὶ τὰ ἄλλα διορίσαι τοῖς σχήμασι· ἔπειτα βαρέος μὲν καὶ κούφου καὶ σκληροῦ καὶ μαλακοῦ καθ᾽ ἑαυτὰ ποιεῖν φύσεις, ... θερμὸν δὲ καὶ ψυχρὸν καὶ τὰ ἄλλα πρὸς τὴν αἴσθησιν καὶ ταῦτα πολλάκις λέγοντα διότι τοῦ θερμοῦ τὸ σχῆμα σφαιροειδές. So wirft Aristoteles dem Demokrit vor, daß er das Warme (Feuer) durch die Form unterscheide, sein Gegenteil aber das Kalte nicht durch die Form bestimme (de caelo 307 b 5—9). Theophrast wendet gegen ihn ein, daß das Warme und das Kalte bei ihm doch eine φύσις haben müßten, wenn sie Prinzipien sind (D. V. 55 A 135, 71) ἔτι δὲ τὸ θερμόν τε καὶ ψυχρόν, ἅπερ ἀρχὰς τιθέασιν, εἰκὸς ἔχειν τινὰ φύσιν. Man sieht, die Einwände, die hier gegen Demokrit vorgebracht werden, sind dieselben wie bei Platon. Sie betonen, daß die demokritische Lehre von den vier Elementen[1]) mit seiner eigenen Atomistik im Widerspruche stehe.

Die Frage erhebt sich nun, ob die Kritik Platons berechtigt ist. Dazu ist es nötig, einen Blick auf die Stellung der Atomisten zu den „vier Elementen" zu werfen.

Die Elementenlehre der Alten hatte sich in zwei verschiedenen Bahnen bewegt; sie war bei den Ioniern eine Lehre von der Verwandlung der Stoffe ineinander gewesen, dann aber endete sie in der Lehre des Empedokles von den vier Grundstoffen, die unveränderliche chemische Elemente in unserem Sinne sind. Die Atomisten hatten eigentlich in ihrem System für keine der beiden Auffassungen Raum; sie hatten die Möglichkeit, die qualitative Verschiedenheit der Stoffe durch die Verschiedenheit der Atomformen und ihrer Zusammensetzungen zu erklären; andererseits konnten sie die Veränderung der Aggregatzustände durch Lageänderung der Atome erklären. Trotzdem aber spielen die Elemente Feuer, Wasser, Erde, Luft bei ihnen eine beträchtliche Rolle. Daß dies ein Widerspruch sei, hat Zeller empfunden, wenn er sagt (I, 2⁵ S. 866): „Für Elemente im eigentlichen Sinn konnte er natürlich diese Stoffe (Feuer, Wasser,

---

Erde, Luft) nicht halten, denn das ursprünglichste sind
ihm die Atome. Ebensowenig konnte er sie, wie dies später
Platon tat, trotz ihrer Zusammensetzung aus Atomen, wenigstens als die Grundstoffe aller übrigen sichtbaren Körper
betrachten, denn aus den unzähligen Gestalten der Atome
hätten sich nicht bloß vier sichtbare Elemente ergeben können.
Nachdem jedoch ein anderer die vier Grundstoffe aufgestellt
hatte, mochte er ihnen immerhin seine besondere Aufmerksamkeit zuwenden, und ihre Eigenschaften aus ihren atomistischen Bestandteilen verständlich zu machen versuchen."
Deshalb hat Zeller auch das oben zitierte Zeugnis (s. oben
S. 197) des Simplikios, Demokrit fasse ebenso wie Platon
und der Ps. Timaios die Elemente als Grundstoffe, führe
sie aber auf eine noch ἀρχοειδεστέραν καὶ ἁπλουστέραν αἰτίαν
zurück, nämlich die Atome, für „ungenau" erklärt. Aus
demselben Grunde hat Diels (V. II 1³ S. 45 Anm. zu Z. 27)
in der Notiz des Theophrast, daß die Atomisten θερμὸν καὶ
ψυχρὸν ²) ἀρχὰς τιθέασιν und ihnen doch keine φύσις oder
οὐσία gäben, die Worte ἅπερ ἀρχὰς τιθέασι mit der zweifeln-
den Bemerkung erklären wollen: „Leute wie Parmenides"³).
Daß dies dem Sinne der Stelle nach unmöglich ist, wo den
Atomisten die Widersprüche ihrer eigenen Lehre vorgehalten
werden, ist klar. Wir haben also festzustellen, daß Simplikios' Zeugnis mit dem des Theophrast übereinstimmt.
Daß beide recht haben, zeigt Aristoteles, der in de caelo
303 a 12 sagt, daß das Feuer durch die Kugelgestalt der Atome
bestimmt sei, Erde, Luft und Wasser aber durch die Größe
der Atome sich voneinander unterscheiden.

Was diese befremdlichen Aussagen bedeuten, können wir
nun aber erklären. Sie beziehen sich nicht auf die atomistische
Lehre von den Wahrnehmungen, über die Theophrast berichtet,
und sie befinden sich, wie Theophrast und wohl auch Platon

---

²) Diese gelten immer für „Feuer" und „Wasser"; auch bei
Aristoteles; ebenso bei Platon, z. B. Phaidon 96 b.

³) Natürlich haben die Atomisten nicht nur Feuer und Wasser
als Prinzipien gesetzt, sondern Theophrast setzt voraus, daß die beiden
Prinzipien sind, weil sie ja zu den vier Elementen gehören.

richtig erkannt haben, im Widerspruch zu ihr. Die Zuteilung der Kugelatome an das Feuer setzt einen Stoff „Feuer" voraus; die Unterscheidung der vier Elemente nach vier Größenklassen zeigt dasselbe auch für die übrigen drei Elemente. Diese Angaben stimmen aber überein mit dem, was wir über die Kosmogonie der Atomisten wissen, die wir nun betrachten wollen. In ihr ist in der Tat in einer mit dem atomistischen System an sich unvereinbaren Weise nur von den vier Elementen die Rede. Gerade die Kosmogonie, die I. Hammer-Jensen[1]) durch Vergleich der bei Diogenes IX 30 (D. V. 54 A 1) erhaltenen, der epikureischen Kosmogonie (D.V. 54 A 24) und Platons Timaios rekonstruiert, lehrt das auf das deutlichste. Nachdem eine Menge ungleichartiger Atome an einem Orte zusammengeströmt ist, befindet sich die ganze Masse infolge ihrer Anhomogenität in dauernder schüttelnder Bewegung. Durch dieses Schütteln werden die Elemente gesondert, so daß die leichtesten Atome (Feueratome) nach oben steigen und eine äußerste Kugelschale bilden; dann folgen die zweitkleinsten, dann die dritten, schließlich die den Mittelpunkt bildenden Erdatome (Tim. 53a; D. V. 54 A 1, 31 und 54 A 24, 2). Als diese gesonderten Massen in Ruhe waren (D. V. 54 A 24, 2; D. V. 54 A 1, 31), da trat eine zweite Kraft in Wirkung, die Oberflächenspannung, wie sie I. Hammer-Jensen nennt; jedenfalls eine zentripetale Kraft, die von neuem die Bewegung beginnen ließ. Jetzt wurden die leichten Feuerteilchen der äußersten Kugelschicht zwischen die größeren gedrängt (Tim. 58a, Diog. Laert. IX 32 = D. V. 54 A 1 Z. 21). Dadurch entstand wieder Ungleichheit, dadurch wieder die durch die Anziehung der gleichen Massenteilchen hervorgerufene Bewegung, die bis ins Unendliche fortdauert. Diese Kosmogonie hat eine auffällige Ähnlichkeit mit der des Empedokles, worauf schon W. Kranz (Empedokles und die Atomistik, Hermes 47 [1912] S. 18ff.) aufmerksam gemacht hat. Auch bei Empedokles gibt es einen δῖνος (Kranz S. 40), auch dort zwei Kräfte, eine zentripetale und

---

[1]) Arch. f. Gesch. d. Phil. N. F. XVI S. 214ff.; S. 221.

eine zentrifugale ($\varphi\iota\lambda\ell\alpha$ und $\nu\varepsilon\tilde{\iota}\varkappa o\varsigma$), auch dort die Sonderung der Elemente in kugelschalenartiger Anordnung (D. V. 21 B 26 Z. 12), auch dort ein Durcheinandertreiben der kleinsten Teile der Elemente; auch dort das Gesetz „Gleiches zu Gleichem" (Kranz, S. 37/38). Bei Empedokles nun sind die Elemente unveränderliche Grundstoffe. Bei ihm ist also auch die Sonderung der vier Stoffe am Platze. So können wir denn durch den Einfluß des Empedokles die Rolle erklären, die die „vier Elemente" bei den Atomisten spielen. Wir können verstehen, warum sie den Charakter von unveränderlichen Stoffen haben, der mit der sonstigen atomistischen Lehre nicht im Einklang steht. So begreifen wir die Sonderung nach vier Größenklassen, die ja identisch ist mit der Teilung nach vier Gewichtsklassen. Daß aber diese ganze Kosmogonie wirklich unter empedokleischem Einflusse[1]) entstanden ist (Aristoteles de caelo 305 b 1 nennt Demokrit und Empedokles darum auch mit Recht beide zusammen), das lehrt die neue von Epikur unbeeinflußte Weltentstehungslehre der Atomisten, die K. Reinhardt[2]) in Diodor I 7 entdeckt hat. Daß diese Kosmogonie atomistisch ist, hat Reinhardt mit Sicherheit aus der Komposition des Ganzen und aus einzelnen Zügen erwiesen; es ist auch an den vielen technischen Ausdrücken der Atomisten z. B. $\sigma\nu\nu\delta\varrho\alpha\mu\varepsilon\tilde{\iota}\nu$, $\dot{\varepsilon}\nu\alpha\pi o\lambda\eta\varphi\vartheta\tilde{\eta}\nu\alpha\iota$, $\delta\ell\nu\eta$, $\sigma\nu\sigma\tau\varrho\dot{\varepsilon}\varphi\varepsilon\sigma\vartheta\alpha\iota$, $\dot{\nu}\mu\dot{\varepsilon}\nu\varepsilon\varsigma$ zu erkennen. Diese Kosmogonie nun macht von den Atomen so wenig Gebrauch, daß Reinhardt meint: „Die Atomtheorie ... scheint absichtlich ausgelassen, und das hat die Züge des übrigens unverkennbaren Abbildes verwirrt" (S. 499). Aber gerade daß man in einer atomistischen Schilderung der Welt-

---

[1]) Man sieht zugleich, wie wesentlich die $\Phi\iota\lambda\ell\alpha$- und $N\varepsilon\tilde{\iota}\varkappa o\varsigma$-Lehre des Empedokles verbessert ist durch die Theorie von dem Widerspiel der beiden Kräfte, der den $\delta\tilde{\iota}\nu o\varsigma$ bewirkenden Anziehung der gleichen Atome und der Oberflächenspannung: $\pi\iota\lambda\dot{\eta}\sigma\varepsilon\omega\varsigma$ $\sigma\dot{\nu}\nu o\delta o\varsigma$ (Tim. 58 b).

[2]) K. Reinhardt, „Hekataios von Abdera und Demokrit" Hermes 47 (1912) S. 492 ff. Er hat erkannt, „Diodors Einleitung ist unabhängig von Epikur und eine wichtige Quelle für die Erkenntnis Demokrits" S. 500.

bildung die Atome auslassen konnte und trotzdem das Abbild unverkennbar bleibt, ist bezeichnend genug. Diese Kosmogonie, die übrigens, wie es scheint, die Rekonstruktion von I. Hammer-Jensen bestätigt, hat folgende Züge, die uns hier interessieren.

Im Anfang war Himmel und Erde gemischt; dann sonderten sich die Elementarkörper, (σώματα) und es bildete sich der jetzige Kosmos, in dem die Luft und das Feuer wegen ihrer Leichtigkeit nach oben stiegen, Schlamm und Wasser gemischt aber nach unten. Also auch hier finden wir die vier Grundstoffe. Damit aber die Ähnlichkeit mit Empedokles und die Abhängigkeit von seiner Lehre vollständig erwiesen werde, muß man die Beschreibung der lebenden Wesen betrachten[1]), von denen es bei Diodor (I 7, 5) heißt: „es entstanden alle Arten von Lebewesen. Von diesen gingen die, die die meiste Wärme in sich hatten (τὰ μὲν πλείστης ϑερμασίας κεκοινωνηκότα), in die höher geltgenen Räume und wurden geflügelte Tiere; die aber, die erdartige Zusammensetzung hatten (γεώδους ἀντεχόμενα συγκρίσεως), die wurden zu den Kriechtieren und zu den anderen, die auf der Erde leben, gerechnet; die aber am meisten an dem feuchten Elemente teilhatten (τὰ δὲ φύσεως ὑγρᾶς μάλιστα μετειληφότα), die fanden sich zusammen an dem ihrer Natur verwandten Orte (πρὸς τὸν ὁμογενῆ τόπον συνδραμεῖν) und wurden Wassertiere genannt (πλωτά).

Hier ist nun die Stofftheorie so unverkennbar und die Abhängigkeit von Empedokles so offensichtlich, daß es kaum nötig sein wird, auf D. V. 21 A 72 hinzuweisen. Der Vergleich der drei vorepikureischen Kosmogonien mit der des Aëtios zeigt deutlich, daß die Weltentstehungslehre des Empe-

---

[1]) Auch die Entstehung der Lebewesen aus dem Schlamme scheint von Empedokles zu stammen; merkwürdig ist der wörtliche Anklang der Schilderung bei Diodor an Platons Phaidon 96b: ἐπειδὰν τὸ ϑερμὸν καὶ τὸ ψυχρὸν σηπηδόνα τινὰ λάβῃ, τότε δὴ τὰ ζῷα τρέφεται. — γενέσϑαι περὶ αὐτὰ σηπηδόνας κτλ (I 7, 3). Diels (V. S. 21 A 76) hat die Phaidonstelle auf Empedokles bezogen; wohl mit Recht.

dokles von Demokrit ohne wesentliche Änderung, indes mit
Abstreifung der ihr anhaftenden mythischen Elemente, übernommen wurde. Ingeborg Hammer-Jensen hat also unrecht[1]),
wenn sie S. 212 meint: „Aus den Aussagen Platons über die
Elemente geht deutlich hervor, was wir schon aus vielen Aussagen der F r ü h e r e n verstehen können, daß die drei Elemente, Erde, Wasser, Luft unseren drei Aggregatzuständen
fest, fließend, luftförmig entsprechen." Bei Platon — wie
wir sahen — sind die Elemente freilich die Aggregatzustände;
aber bei Demokrit sind sie es nicht, und gerade dagegen richtet
sich der scharfe Tadel Platons in den von uns betrachteten
Einleitungskapiteln zur Kosmogonie (Tim. 48e, 49b ff.).
Wir können den Beweis, daß Demokrit die vier Elemente
nicht als Aggregatzustände erfaßt hat, aber noch auf andere
Weise stützen. Über das Wasser sind uns zufällig mehrere
Nachrichten überliefert: 1. In der Kosmogonie umfaßt es
die Atome der dritten Größenklasse. 2. Bei Plutarch adv.
Col. 8 (S. 1111 a = D. V. 55 A 57 heißt es: „Wenn die Atome
sich einander nähern oder zusammenstoßen oder sich ver-
flechten, so entsteht aus diesem Aggregate (ἄϑροισμα) die
Erscheinung (φαίνεσϑαι) bald des Wassers, bald des Menschen,
bald der Pflanze." 3. Theophr., de sens. 65 (D. V. 55 A 135, 65)
sagt von dem süßen Geschmack (der auf dem Eindringen
eines Saftes beruht), „er bestehe aus runden Atomen nicht
zu großer Art; deshalb fließe er langsam ganz durch den
Körper und die anderen (Atome) bringe er aus ihrer Lage
(ταράττει, ὅτι διαδύνων πλανᾷ τὰ ἄλλα καὶ ὑγραίνει)."
　　Also das F l ü s s i g w e r d e n wird auf eine Bewegung der
Atome zurückgeführt (ebenso Aristoteles de gen. 327a 15).

---

[1]) Ebenso ist die Darstellung S. 214 wenigstens für Demokrit
falsch. Bei Demokrit ist die „Bewegung der Grundstoffe" nicht „Übergang von einem Aggregatzustand zum andern". Auch ist es nicht richtig,
zu sagen (S. 224): „Es macht keinen Unterschied hinsichtlich aller
dieser Erklärungen, ob Platon von einer Verwandlung der Elementar-
partikelchen spricht oder Demokrit eine Ausscheidung vornimmt."
Wir werden sehen, daß der fundamentale Unterschied beider Elementenlehren eben darauf beruht.

Man sieht deutlich: der Zustand „flüssig" ist etwas anderes für Demokrit als der Stoff „Wasser" und das Element Wasser in der Kosmogonie. Ich habe mit Absicht das Beispiel des Wassers benutzt, um zu zeigen, daß Feuer, Wasser, Erde, Luft bei Demokrit nicht Aggregatzustände sind und daß die vier Elemente bei ihm als fremde Bestandteile, unvereinbar mit seiner sonstigen Lehre aus Empedokles entnommen sind. Ich hätte auch das Feuer wählen können, an dem Platon selbst exemplifiziert, weil sich dort derselbe Widerspruch ergibt. Aber da hätte man mit Ingeborg Hammer-Jensen einwenden können, es sei gerade der eigentümliche Vorzug der Atomistik, daß sie zwischen der Wärme — sozusagen als Energie — und dem Stoffe Feuer scheide. So sagt sie von der Wärmelehre Demokrits: „Die Atomisten hatten hier etwas ganz Neues gebracht. Zuerst hatten sie zwischen Feuer und Wärme unterschieden. Sie lehrten, daß die Atome, welche trennen und zerstreuen, Wärmeempfindung, die, welche sammeln und zusammenpressen, Kälteempfindung hervorrufen. Daß auch die Atome die mit Haken und Zacken versehen sind, Wärmeempfindung hervorrufen, indem sie Ausdehnung verursachen und leere Räume schaffen und so dasselbe Resultat wie die runden Feueratome mit ihrer Kleinheit und ihrer rasenden Schnelligkeit erzielen;" (S. 226) von Platon aber: „Er faßt wie sonst das Altertum und das ganze Mittelalter die Wärme als einen Stoff auf und identifiziert diesen mit den Pyramiden des Feuers. Die Wärme und ihre Wirkungen werden somit an die Anwesenheit von Feuerpartikeln geknüpft," (S. 227). In Wahrheit findet sich hier nur dieselbe Differenz zwischen der Kosmogonie der Atomisten einerseits und der Lehre von den Sinneswahrnehmungen andererseits, über die Theophrast berichtet (s. oben S. 197).

Und was die Stellung Platons zu dem Problem anlangt, so meine ich, I. Hammer-Jensen werde ihr nicht gerecht. Das Proömium zu seiner Kosmogonie bestreitet gerade mit aller Schärfe die Stofftheorie. Feuer, Wasser, Erde, Luft in der demokritischen Kosmogonie waren Stoffe.

Das Feuer war, wenn es Kugelform hatte, eine unwandelbare Substanz; es bekam nach Demokrit eine οὐσία, eine φύσις. Es war, wie es im Timaios 49e heißt, ein τόδε. Und nun meine ich auch im Timaios selbst, eben an unserer Stelle, den Beweis gefunden zu haben, daß Platon wirklich den Demokrit gerade in diesem Punkte angreift. In der oben (S. 190) übersetzten Stelle stand ein Wort, das wir für korrupt erklären mußten: φεύγει γὰρ οὐχ ὑπομένον τὴν τοῦ τόδε καὶ τοῦτο καὶ τ ῷ δ ε ... φάσιν. Denken wir nun daran, daß Demokrit seine Atome im Gegensatz zum leeren Raume ein Seiendes, τὸ δέν, nannte (D. V. 55B, 156) und daß das Feuer durch seine Kugelgestalt zu einem solchen δέν wurde, so ergibt sich für das unverständliche τῷδε durch geringe Änderung[1]) φεύγει γὰρ οὐχ ὑπομένον τὴν τοῦ τόδε καὶ τοῦτο καὶ τὴν τοῦ δὲν καὶ πᾶσαν ὅση μόνιμα ὡς ὄντα αὐτὰ ἐνδείκνυται φάσις.

Man könnte gegen diese Vermutung einwenden, daß δέν bei Demokrit das Seiende im allgemeinen, die Materie im Gegensatz zum Raume bezeichnen solle. Aber ein Fragment des Aristoteles bei Simplikios belehrt uns darüber, daß Demokrit jedes einzelne Atom ein δέν nannte (D. V. 55A 37): „Aristoteles sagt in seinem Buche ‚Περὶ Δημοκρίτου': προσαγορεύει δὲ (Demokrit) τὸν μὲν τόπον ... τῷ τε κενῷ καὶ τῷ οὐδενί ... τῶν δὲ οὐσιῶν ἑκάστην τῷ τε δενὶ καὶ τῷ ναστῷ καὶ τῷ ὄντι." Aber auch ohne diese Konjektur, die

---

[1]) Daß das seltene und nur einmal in der Demokritüberlieferung wirklich erhaltene (D. V. 55B, 156) Wort zerstört ist, wird man nicht befremdlich finden, namentlich, da im Altertum die Meinung herrschte, Platon berücksichtige den Demokrit nicht. Es trifft sich zufällig, daß für dasselbe Wort in der oben zitierten Stelle bei Simplikios aus Aristoteles „de Democrito" in den Handschriften stand τῷ τε δέ, woraus Diels nach Heib. (D. V. II³ S. 22 Z. 14) τῷ τε δενί schrieb. Diels (II³ S. 91 zu Zeile 10) zitiert für die Bedeutung des Wortes aus Philoponos, de op. mundi, die Erklärung (S. 68, 16 ed. Reichardt): „δὲν ἦν" τουτέστι „ἦν τὶ".

Es ist mir jetzt bei der Korrektur zweifelhaft, ob Platon den technischen Ausdruck ohne Erklärung verwandt hätte. Vielleicht ist τὴν τῷδε nur Variante zu τόδε und einfach zu streichen.

indes unsere Annahme wesentlich stützen würde, haben wir
bewiesen, daß Platons Kritik der Elementenlehre der Atomisten gilt und daß sie berechtigt ist. Platon tadelt an
Demokrit die Verkennung der Tatsache, daß die Elemente
Agregatzustände seien. Aus seiner Auffassung der Elemente
als Stoffe ergeben sich die Fehler, gegen die Platon die oben
(S. 195) kurz zusammengefaßten Angriffe richtet. Wenn
Feuer, Wasser, Erde, Luft Zustände waren und keine Stoffe,
so waren sie keine „Elemente", keine „Buchstaben des Alls",
wie sie es nach Demokrit sein müßten, der ja sein Feuer,
indem er ihm die Kugelform gab, gerade zu einem solchen
στοιχεῖον gemacht hat. Man mußte, um mit Platon zu reden,
sie loslösen von dem, „auf dem sie sitzen" (ἐφ᾽ ᾧ γέγονεν,
Tim. 52 c)[1]). Waren sie Zustände, so konnte von ihrer
quantitativen Erhaltung, die die Aussonderungstheorie der
Atomisten voraussetzt, nicht die Rede sein. Waren sie Zustände, so mußte auch ein immer gleichbleibendes Gesetz für
ihre φύσις gefunden werden. Dagegen hatte Demokrit gefehlt,
wenn er das Element Feuer in der Kosmogonie anders behandelte als die Wahrnehmungserscheinung „Wärme", die er nur
nach der Wirkung auf unsere Sinne beurteilt wissen will und
von der er doch wieder aussagt, daß sie objektiv Ausdehnung
bewirke[2]). Dasselbe gilt natürlich auch von dem Wasser.

---

[1]) Diese Worte hat Archer-Hind in seltsamer Weise mißverstanden. Er übersetzt τὸ ἐφ᾽ ᾧ γέγονεν als Prädikat „since it is
not the original-upon-which-it-is-modelled of itself", weil es nicht
sein eigenes Original ist. Aber 1. ist ἐφ᾽ ᾧ γέγονεν nicht „nach dem
es modelliert ist" und 2. kann er οὐδὲ nicht übersetzen. Es muß
heißen: „nicht einmal das, worauf es sitzt, gehört zu ihm", nämlich
die Materie gehört nicht zu der speziellen Form, die die irdische
Einzelerscheinung ausmacht.

[2]) Der Bericht des Theophrast (de sens. 65) über das Wesen der
Wärme und der Wärmeempfindung ist unklar. Er sagt, daß am meisten
warm die Körper seien, die die meisten leeren Räume in sich hätten.
Andererseits aber finden sich eine Reihe von Einzelerklärungen
des Erwärmungsvorganges, in denen sämtlich die Feuerpartikeln
ihre Rolle spielen. So z. B. in der Erklärung des Blitzes (D. D. S. 369,
12 ff.), für das Glühendwerden des Eisens (Theophr. de sens. 75).
Doch hier könnte man noch an den Feuerstoff denken. Wenn aber der

Die φύσις des „Warmen" hatte Demokrit geleugnet; darum tritt Platon so erregt für sein πῦρ αὐτὸ ἐφ' ἑαυτοῦ ein; die φύσις des ὑγρόν (ψυχρόν) hatte Demokrit bestritten, wenn er für das Wasser als Element eine andere Erklärung gab als für den Aggregatzustand des Flüssigen.

Diese Kritik wird man als objektiv berechtigt anerkennen müssen. Aus ihr aber tritt zugleich mit Deutlichkeit die eigene positive Leistung Platons hervor. Er ist es, der den Abschluß der Elemententheorie der ionischen Naturforschung macht, indem er mit großer begrifflicher Klarheit die Materie von der Form sondert. Durch diese Scheidung kommt er zu dem, was den ersten Stofftheorien der Ionier als Ahnung zugrunde lag: er faßt die Elemente als Erscheinungsformen, als Aggregatzustände eines einzigen unwandelbaren und qualitätslosen Grundstoffes. Das ist die große Leistung Platons, die der Geschichte der Physik angehört. Er war sich der Wichtigkeit dieses Schrittes wohl bewußt und hat mit Worten von nicht mißzuverstehender Deutlichkeit die Priorität dieses Gedankens für sich in Anspruch genommen (Tim. 48b). Wer ihm die streitig macht, soll wissen, daß er Platon einer Unwahrheit bezichtigt.

Die Korrektur der Demokritischen Elementenlehre.

(Das Gesetz über die Lagerung der Atome im Raum.)

Die Frage, die wir nun behandeln müssen, nachdem wir Platons Kritik verfolgt haben, wird lauten, ob die Abweichung von Demokrit in der Richtung dieser Kritik liegt, und ob er

---

Mensch sich erhitzt und dann rot wird, so wird dieser Vorgang ebenfalls auf die Anwesenheit von Feuerpartikeln geschoben. Es ist also nicht ganz unmöglich, daß Demokrit sich auch den Erwärmungsvorgang, wie ihn Theophrast (65) schildert, nicht nur durch die Lockerung der Atome, sondern vielleicht durch ein Zusammenströmen der Feuerpartikeln an diesen leeren Stellen innerhalb des Körpers verursacht dachte. Dann wäre das Lob, das I. Hammer-Jensen der Wärmelehre der Atomisten spendet, unverdient. (Siehe oben S. 203.)

den Fehler, den er an seinem Vorgänger tadelte, verbessert
hat. Es wird sich damit zeigen, wie weit Platon in der Formulierung seiner Elementenlehre seiner Liebe zu „Schönheit und Ordnung" und zu „hübschen Zahlenverhältnissen"
nachgegeben hat, wie weit in der „pythagorisierenden Konstruktion des Weltbaues — — — vielmehr ästhetische als
logische Prinzipien geltend gemacht werden"[1]). Eine wichtige
Unterstützung für die unbefangene Betrachtung wird uns
dabei die negative Erkenntnis sein, daß die Elementenlehre,
soweit die Verwendung der regulären Körper in Betracht
kommt, Platons eigene Schöpfung ist und mit den Pythagoreern nichts zu tun hat. Es bleibt uns also für die Erklärung des Ursprungs dieser Lehre neben der Atomistik des
Demokrit noch die Verwendung der Hilfsmittel, die die junge,
eben unter Platons Augen im Entstehen begriffene Stereometrie dem Physiker bot.

An das starke mathematische Interesse Platons werden
wir denn auch gleich in der Einleitung gemahnt. Nachdem
gesagt ist, daß der Gott[2]) (53b) den Elementen ihre Form
gegeben habe, sie konstruiert habe (εἴδεσι καὶ ἀριϑμοῖς),
wird ausdrücklich betont, daß die Zuhörer die Vorbildung
besitzen, die ihnen ermöglicht, den Darstellungsmethoden[3])
zu folgen, durch die das Gesagte bewiesen werden soll (53c).

Das war eine Mahnung an die Leser: „Lest das Werk
des Theaetet über die regulären Körper; hier werden nämlich
Fachkenntnisse vorausgesetzt." Da es nun ein Elementarbuch der Stereometrie noch nicht gab[4]), so bekommen wir
auch eine kurze Einleitung in die neue Wissenschaft; es er-

---

[1]) Natorp, Platons Ideenlehre S. 357.
[2]) Ich möchte schon hier darauf aufmerksam machen, daß Gott
die Formen der Elemente schafft; was er im folgenden beschreibt,
ist also πῦρ αὐτὸ ἐφ᾽ ἑαυτοῦ usw. Darum sind die regulären Körper
rein mathematische Figuren und haben mit der Materie nichts zu
tun.
[3]) Proklos (in Eucl. S. 20, 10) hat bemerkt, daß Platon unter
κατὰ παίδευσιν ὁδοί mathematische Vorbildung verstehe.
[4]) Vgl. Heiberg: Abhandl. zur Gesch. d. Math. 18, S. 24/25;
ders. bei Norden-Gercke Einleit. II² S. 419. S. auch oben S. 159.

innert ein wenig an Eukl. XI, def. 1 u. 2, wenn er 53c beginnt
τὸ . . . τοῦ σώματος εἶδος πᾶν καὶ βάϑος ἔχει (στερεόν ἐστι
τὸ μῆκος καὶ πλάτος καὶ βάϑος ἔχον) τὸ δὲ βάϑος αὖ πᾶσα
ἀνάγκη τὴν ἐπίπεδον περιειληφέναι φύσιν (στερεοῦ δὲ πέρας
ἐπιφάνεια).

Dann folgt die Teilung der ebenen Figuren in Dreiecke,
die des Dreiecks in zwei rechtwinklige Dreiecke, von denen
er dann bei der Bildung der regulären Körper Gebrauch
machen wird. Diese Dreiecke nennt er „Prinzipien" des
Feuers und der anderen Elemente (στοιχεῖα [55b]). Und
dann setzt er auch auseinander, warum er die regulären
Körper als Formen der Elemente verwenden will: δεῖ δὴ
λέγειν ποῖα κάλλιστα σώματα γένοιτ᾽ ἂν τέτταρα, ἀνόμοια μὲν
ἑαυτοῖς, δυνατὰ δὲ ἐξ ἀλλήλων αὐτῶν ἄττα διαλυόμενα γί-
γνεσϑαι.

Sie sind imstande, einer in den andern überzugehen. Das
ist das erste, was wir über sie hören. Erinnern wir uns nun
an die Kritik: es ist klar, daß hier dem Mangel der demokritischen Lehre abgeholfen werden soll. Es wird ein Bild gesucht,
an dem der Übergang der Elemente ineinander mit Hilfe
der Atomtheorie klargemacht werden kann. Also nicht die
ästhetische Rücksicht auf die Schönheit der Formen war es,
die Platon bewog, von Demokrits Auffassung von der Gestalt der Grundstoffpartikeln abzuweichen, sondern der
Wunsch, für eine neu erkannte Tatsache eine mathematisch
eindeutige Erklärung zu geben. Darum wählte er die Form
der regulären Körper: erstens, weil nach seiner Auffassung
aus dem Tetraeder ein Oktaeder und ein Ikosaeder werden
kann, denn alle drei bestehen ja aus gleichseitigen Dreiecken;
zweitens, weil diese Körper κάλλιστα sind, ebenso wie
das gleichseitige Dreieck κάλλιστον ist. Sie sind das nicht
im Sinne des ästhetischen Vergnügens[1]), das sie hervorrufen,

---

[1]) Es soll nicht geleugnet werden, daß Platon an der Regel-
mäßigkeit der Figuren, die ja zum Teil erst neu entdeckt waren,
die größte Freude gehabt haben wird, wie man ihm überhaupt an
dieser Stelle das Vergnügen an der mathematischen Entdeckung seines
Freundes Theaetet anmerkt; aber mit pythagoreischem Mystizismus
hat das nichts zu tun.

sondern im Sinne des „Philebos", dem καλόν = μέτριον
ist. Sie sind jedes ein mathematisches Exemplar und bedürfen keiner weiteren Bestimmung. Auch das sagt Platon
selbst für den, der es hören will: τόδε γὰρ οὐδενὶ συγχω-
ρησόμεθα, καλλίω τούτων ὁρώμενα σώματα εἶναί που κα θ᾽ ἕν
γένος ἕκαστον ὄν.

Dasselbe gilt von den beiden Dreiecken, dem gleichschenklig-rechtwinkligen und dem Dreieck, dessen Katheten $\frac{a}{2}$ und

$\frac{a}{2}\sqrt{3}$ sind (τριπλῆν κατὰ δύναμιν ἔχον τῆς ἐλάττονος τὴν μείζω
πλευρὰν ἀεί). Auch dies hat mit Symbolismus nichts zu
schaffen, sondern ist nur eine praktische wissenschaftliche
Formensprache, dieselbe, deren sich van 't Hoff zur Darstellung seiner Theorie, die ja auch das Tetraeder verwendet,
bedient hat.

Das erste Resultat also, das der Vergleich der Kritik
mit der Korrektur ergibt, ist, daß die Abweichung von Demokrit in der Tat den Fehler beseitigt, den Platon an der Lehre
der Atomisten gefunden hatte: die Form ist den Feuerpartikeln usw. nicht mehr angewachsen, wie bei Demokrit,
sondern, da sie auf der Zusammensetzung von Teilen beruht,
so ist sie veränderlich. Auch diese mathematische Darstellung
gibt Platon mit einem gewissen Entdeckerstolz als etwas
Neues (53c): νῦν δ᾽ οὖν τὴν διάταξιν αὐτῶν (πυρός, ὕδατος usw.)
ἐπιχειρητέον ἑκάστων καὶ γένεσιν[1]) ἀήθει λόγῳ πρὸς ὑμᾶς
δηλοῦν und (54a) „wenn einer dies widerlegen kann und findet,
daß es falsch ist, so soll's mir recht sein, so gönne ich ihm
den Sieg" (ἀλλὰ τῷ τοῦτο ἐλέγξαντι καὶ ἀνευρόντι μὴ οὕτως
ἔχον κεῖται φίλια τὰ ἄθλα). Das klingt ziemlich selbstbewußt.
Und er hatte auch in gewisser Weise Grund, mit seiner Arbeit
zufrieden zu sein, die die allerneusten Resultate der Stereometrie, das eben erst erschienene Werk des Theaetet, gleich
für seine Theorie verwendete.

Auch hier zeigt sich nun wieder in der Darstellung seine

---

[1]) Dies γένεσιν klingt an 48b an: νῦν γὰρ οὐδείς πω γένεσιν αὐτῶν
μεμήνυκεν. S. oben S. 188.

Freude an dem von ihm im Staat (527c ff.) so sehnlich er-
hofften Fortschritte der Mathematik. In der Beschreibung
der regulären Körper, von denen das Oktaeder und Ikosaeder
durch Theaetet erst entdeckt waren, wird gleich zuerst auf
den schönen Beweis des Theaetet dafür, daß es nur fünf reguläre Polyeder geben könne, angespielt. 54e wird gesagt,
daß der „konvexe Winkel" (στερεὰ γωνία) des Tetraeders,
der durch Addition der drei Seiten gebildet wird, 180⁰ beträgt. Das kann sich nur auf den Beweis Euklid XIII (Schluß)
beziehen; denn nirgends in der den Alten zugänglichen Mathematik war sonst Gelegenheit, in dieser befremdlichen Weise
durch Addition die Seiten einer körperlichen Ecke zu dem
Begriffe eines Winkels zusammenzufassen. Der Beweis
Theaetets aber, der sich auf den Satz stützte: „Die Summe der
Seiten einer körperlichen Ecke beträgt weniger als vier Rechte",
machte in der Tat von der hier bei Platon verwendeten
Addition der Seiten (3 . 60⁰ [Tetraeder]; 4 . 60⁰ [Oktaeder];
5 . 60⁰ [Ikosaeder]) Gebrauch. Es war die Freude an der
mathematischen Entdeckung, die Platon zu dieser exakten
Angabe bewog. Aus demselben Grunde findet sich bei ihm
auch eine Art von Definition des regulären Körpers. Er
sagt von dem Tetraeder, es sei „der erste der Körper, die die
ihnen umschriebene Kugel[1]) in kongruente Teile teilen".
Das gehörte so wenig zur Sache wie die Aufzählung der Ecken-
zahl und die Verwendung des Dodekaeders. Wird doch
dieses nur darum angeführt, weil es der fünfte reguläre Körper
ist. Man sieht also deutlich aus seiner Behandlung des Gegen-
standes, daß ihn die mathematische Entdeckung, speziell
auch die Einschreibung der regulären Körper in die Kugel,
an sich interessierte. Ihm war der Wunsch erfüllt worden,
den er im Staate ausgesprochen hatte. Die neue Wissenschaft war aus dem Zustande des γελοίως ἔχειν τῇ ζητήσει
erlöst worden, und Platon wünschte so viel Leser wie mög-

---

[1]) Die Einschreibung in die Kugel zu erwähnen, war kein Grund
vorhanden. Die Körper sind nämlich nicht, wie I. Hammer-Jensen
es meint (S. 213), in dieselbe Kugel einbeschrieben, sondern sie bestehen alle aus gleich großen gleichseitigen Dreiecken (Tim. 56b).

lich dazu zu bringen, μετέχειν τῶν κατὰ παίδευσιν ὁδῶν δι᾽ ὧν ἐνδείκνυσθαι τὰ λεγόμενα ἀνάγκη.

Das ist das zweite Resultat unserer Betrachtung: auch die Form, in die Platon seine Darstellung des physikalischen Gesetzes kleidet, ist von keiner mystischen Tradition beeinflußt. Er benutzt nur die Hilfsmittel der damals modernsten Wissenschaft.

Die dritte Frage, die wir nun zu stellen haben, ist, wie Platon sich die Verwandlung der regulären Körper und der Elemente ineinander vorstellt. Und hierbei sind eine Reihe von wirklichen Schwierigkeiten vorhanden, über die in alter und neuer Zeit viel gestritten worden ist. Es gibt drei Auffassungen dieses Umwandlungsprozesses. Die erste und allgemein verbreitete geht auf Aristoteles (z. B. de caelo 299 a/b) zurück und hat durch die maßgebende Darstellung Zellers (II, I[4] S. 800ff.) eine Art kanonische Geltung erhalten. „Indem er", sagt Zeller, „„nun aber diese Körper selbst nicht aus körperlichen Atomen, sondern aus Flächen und in letzter Beziehung aus Dreiecken einer bestimmten Art zusammensetzt und indem er sie ebenso bei dem Übergange der Elemente ineinander in Dreiecke wieder auflöst, zeigt er deutlich, daß er denselben nicht einen Raum erfüllenden Stoff, sondern den Raum selbst zugrunde legt." Seite 804: „— — ein Stoff, der die körperlichen Figuren annimmt, ist nicht vorhanden."

Die zweite Theorie ist von Archer-Hind aufgestellt. Er behauptet, die geometrische Form sei nur der Ausdruck des Gesetzes: wo Materie in der Form des Tetraeders z. B. auftrete, da sei Feuer vorhanden; die Verwandlung gehe so vor sich, daß die ganze Masse des von ihm als solide angenommenen Körpers gewissermaßen umgeschmolzen werde; sobald sie darauf die Form des Ikosaeders angenommen habe, sei die Materie in flüssigem Zustande: wobei dann an den Außenflächen die Summe der Dreiecke fünfmal so groß seien wie die bei dem Feuer. Auf diese Weise seien die Dreiecke mathematische Flächen, dagegen die Körperformen selbst solide Atome (Anm. z. 56d, S. 202 ff.).

Die dritte Auffassung[1]), auf die ich später noch eingehen werde, stammt von Henri Martin (Ét. sur le Timée de Platon II, note LXVII S. 239/44). Er behauptet nach dem Vorgange von Simplikios (in Phys. I. S. 35, 22), die platonischen Dreiecke, aus denen Tetraeder, Oktaeder, Ikosaeder konstruiert seien, seien in Wahrheit keine mathematischen Flächen, sondern ganz dünne Körper, die sich zu den im Inneren hohlen Figuren zusammenschlössen. Demnach wäre Platons Würfel, um es deutlicher zu machen, eine Art Kartenhaus. (S. 241) „si l'on suppose ces feuilles réunies, de manière à présenter l'apparence extérieure des quatre corps solides dont il parle, mais à laisser l'intérieur complètement vide, toutes les transformations indiquées s'expliquent parfaitement" und (S. 242): „Nous considérerons donc les triangles et les carrés de Platon comme des feuilles minces de matière corporelle."

Gegen die Aristotelische Deutung spricht zunächst die völlige Absurdität der Auffassung, aus mathematischen Figuren die Körper der Wirklichkeit zu bilden; es ist wirklich unmöglich, wie Archer-Hind sagt, zu glauben: „that the most accomplished mathematician of his time was not fully alive to a truth which as Aristotele himself admits ἐπιπολῆς ἐστιν ἰδεῖν." Wir können aber auch aus Platon selbst den Beweis liefern, daß diese Auffassung unmöglich ist. Aristoteles sagt, Platons „Körper" könnten keine Schwere haben, denn die Elemente, aus denen sie bestehen, die ἐπίπεδα — die er als mathematische Figuren faßt, — hätten keine Schwere; οὐδὲ ἐκ μὴ ἐχόντων βάρος ἔσται βάρος (de caelo 299a 25 und 299b 15). Nun hat er aber selbst gesehen (299b 31), daß diese sog. ἐπίπεδα bei Platon Schwere haben; „ἔτι δὲ εἰ μὲν πλήθει βαρύτερα τὰ σώματα [τὰ] τῶν ἐπιπέδων, ὥσπερ ἐν τῷ Τιμαίῳ διώρισται, δῆλον ὡς ἕξει καὶ ἡ γραμμὴ καὶ

---

[1]) Eine vierte Erklärung rührt von Gomperz her (g. D. II² S. 491). Er nimmt an, die Dreiecke seien Hülsen, in deren Innerem die Materie wie eine Art Brei eingeschlossen sei, der bei der Verwandlung herausfließt. Das ist darum unmöglich, weil der Inhalt von einem Oktaeder nie dem von zwei Tetraedern gleich würde, wie es doch Tim. 56e gefordert wird.

ἡ στιγμὴ βάρος." — Das überlieferte τά scheint mir den Sinn
zu entstellen, der sein muß, „wenn die Körper durch die
größere Zahl der Flächen schwerer sind, so müssen auch die
(mathematische) Linie und der Punkt Schwere haben"[1]).
Das bezieht sich auf Tim. 56b, wo es von dem Feuer heißt:
„es ist das leichteste (der Elemente), da es aus den wenig-
sten von den gleichen Teilen besteht". Man sieht hieraus,
daß die μέρη — es sind die Dreiecke — Schwere haben
müssen. Daraus folgt für Aristoteles, Platon habe den
mathematischen Dreiecken Schwere beigelegt. Da man ihm
diese Absurdität nicht zutrauen kann, so wird man mit Henri
Martin schließen, daß dann die platonischen Dreiecke eben
keine mathematischen Figuren, sondern Körper sind.

Dieselbe Stelle des Timaios läßt sich aber auch gegen
Archer-Hinds Auffassung vorbringen, daß die Feuerpyra-
mide und die übrigen Körper solide Atome, die ἐπίπεδα
aber mathematische Figuren seien. Archer-Hind scheint
das selbst gefühlt zu haben, denn er übersetzt das ἐλαφρότατον (56b) mit „not light but nimble, mobile". Das wäre aber
eine Tautologie, da Platon in dem Satze vorher gesagt hat
τὸ μὲν ἔχον τὰς ὀλιγίστας βάσεις εὐκινητότατον ἀνάγκη
und mit ἔτι τε ἐλαφρότατον sicher einen neuen Gedanken
hinzufügt. Wenn aber Schwere und Leichtigkeit von der
Zahl der gleichen Teile abhängt — wie das auch Aristoteles
aufgefaßt hat —, so haben die Teile Schwere, sind also Körper
und nicht Flächen, wie das Archer-Hind will. Dasselbe läßt
sich noch an einer anderen Stelle sehen. 56d heißt es von
der Erde, die, da sie aus andersartigen elementaren Dreiecken zusammengesetzt ist, den Umwandlungsprozeß nicht
mitmachen kann[2]): „Wenn Erde mit Feuer zusammenkommt
und sie von seiner Spitzigkeit aufgelöst worden ist, sei

---

[1]) Ich sehe während der Korrektur, daß Baeumker, Probl. d.
Materie, S. 165 Anm. 3 denselben Vorschlag macht, daneben aber
den besseren, τῷ an Stelle von τά zu schreiben.

[2]) Schon die Tatsache, daß die Erde von dem Umwandlungs-
prozesse ausgeschlossen wird, spricht gegen die Theorie von Archer-
Hind. Wenn die Körper ganz umgeschmolzen werden, so könnten
sich natürlich aus dem Tetraeder oder Oktaeder auch Würfel formieren.

es, daß sie im Feuer sich löst oder in einem Aggregat
(ὄγκῳ) von Luft oder von Wasser, so wird sie so lange
mitgeführt (φέροιτ' ἄν), bis ihre eigenen Teile sich irgendwie
wieder zusammenfinden und nachdem sie zusammengefügt
sind, wieder zu Erde werden." Das heißt mit anderen Worten:
das spitze Feueratom bohrt sich in die Ecke des Würfels
hinein, sprengt die sechs Quadrate auseinander, die nun
einzeln (διαλυθεῖσα ... γῇ) mit dem Feuer, dem Wasser oder
der Luft mitgeführt werden, bis irgendwie (πῃ) die Bedin-
gungen dafür gegeben sind, daß wieder sechs solche Quadrate
(eigentlich 24 gleichschenklig-rechtwinklige Dreiecke) sich
zu einer Würfelformation zusammenfinden. Hier, scheint
es mir, reicht die Theorie von Archer-Hind nicht aus; es
wird ganz deutlich von einer physikalischen Sonderexistenz
dieser μέρη geredet, genau wie 56b. Man wird ja wohl nicht
annehmen, daß Platon mathematische Figuren im Wasser
oder in der Luft herumschwimmen läßt. Es kommt noch ein
anderes hinzu: warum hätte Platon diesen ganzen Übergangs-
prozeß erfunden, wenn seine Dreiecke nicht wirkliche στοιχεῖα sind, aus denen die Körper entstehen. Archer-Hind
meint, es sei nicht richtig, daß zwei von den früheren Feuerpartikeln sich verbinden, um eine Luftpartikel hervorzu-
bringen, sondern „the matter in its new condition assumes
a shape in which the radical form, the rectangular scalene,
appears twice as many times as in the former". Aber dies ganz
äußerliche Abzählen der Dreiecksflächen ist nicht geeignet,
die Umwandlung zu erklären und widerspricht den Worten
Platons (56d): „Wenn Wasser durch das Feuer in Teile zerlegt wird (ὕδωρ ὑπὸ πυρὸς μερισθέν) oder auch durch die
Luft, dann entsteht nach der Zusammensetzung (συνιστάντα)
ein Feuerkörper und zwei Luftkörper." Hier ist es ganz
deutlich, daß es sich nicht darum handelt, daß aus dem
Ikosaeder mit seinen 20 Dreiecken Materie entstehe, die so
geformt sei, daß man äußerlich an ihr einmal vier und zweimal
acht Dreiecke abzählen könne. Ganz klar aber wird es aus
dem folgenden Satze: τὰ δὲ ἀέρος τμήματα ἐξ ἑνὸς μέρους
διαλυθέντος δύ' ἂν γενοίσθην σώματα πυρός.

Die τμήματα (Schnitte: man denke an ἀτόμους) eines aufgelösten Luftteiles werden zwei Feuerkörperchen. Es ist also nicht zu leugnen, daß die Dreiecke, aus denen Platons Körper „bestehen", selbst Körper sind, genau wie das Henri Martin angenommen hat.

Wie kam Platon dazu, Körper aus Körpern zusammenzusetzen, und was bezweckte er damit? Um diese Frage zu beantworten, wird es gut sein, sich der Stellen zu erinnern, die der Einführung der Elementenlehre vorausgehen. 53 a/b war der Weltentstehungsprozeß nach Demokrit bis zu dem Punkte geschildert, wo die vier Elemente sich sonderten[1]); wobei Platon vorsichtigerweise von den empedokleischen Elementen, die in dieser Phase des Weltprozesses noch keine Form haben — auch bei Demokrit nicht — [2]), sagt: ἴχνη μὲν ἔχοντα ἑαυτῶν ἄττα, παντάπασίν γε μὲν διακείμενα ὥσπερ εἰκὸς ἔχειν ἅπαν ὅταν ἀπῇ τινος θεός.

Dann tritt Gott ein und formt die Elemente εἴδεσι καὶ ἀριθμοῖς, und es wird hinzugefügt (53 b), er hätte sie konstruiert (συνιστάναι αὐτὰ) ὡς κάλλιστα ἄριστά τε ἐξ οὐχ οὕτως ἐχόντων, und dies wird 56 c wieder aufgenommen: „καὶ δὴ καὶ τὸ τῶν ἀναλογιῶν περί τε τὰ πλήθη καὶ τὰς κινήσεις καὶ τὰς ἄλλας δυνάμεις πανταχῇ τὸν θεόν, ὅπηπερ ἡ τῆς ἀνάγκης ἑκοῦσα πεισθεῖσά τε φύσις ὑπεῖκεν, ταύτῃ πάντῃ δι' ἀκριβείας ἀποτελεσθεισῶν ὑπ' αὐτοῦ συνηρμόσθαι ταῦτα ἀνὰ λόγον" (δεῖ διανοεῖσθει). Nun waren aber vorher die Materie und die Form als Prinzipien eingeführt worden. Es soll also geschildert werden, wie aus der Mischung dieser beiden Elemente die Dinge der Welt des Werdens entstehen. Aus der Mischung von τὸ ὅθεν ἀφομοιούμενον φύεται τὸ γιγνόμενον (50 d) und dem Stoff ἐν ᾧ γίγνεται τὸ γιγνόμενον wird die Welt der γενέσεις gebildet. 47 e: μεμειγμένη γὰρ οὖν ἡ τοῦδε τοῦ κό-

---

[1]) Also bevor die zentripetale Kraft (die 58 a in Wirkung tritt) ihr Spiel beginnt; 53 a nach εἶχεν ἀλόγως καὶ ἀμέτρως beginnt der platonische Einschub, und erst 58 a wird mit ὧδε οὖν πάλιν ἐροῦμεν die demokritische Kosmogonie fortgesetzt.

[2]) Er hat also die Inkonsequenz der demokritischen Lehre bemerkt. Siehe übrigens auch unten S. 226.

σμου γένεσις ἐξ ἀνάγκης καὶ νοῦ συστάσεως ἐγεννήθη· νοῦ δὲ
ἀνάγκης ἄρχοντος τῷ πείθειν αὐτὴν τῶν γιγνομένων τὰ πλεῖστα
ἐπὶ τὸ βέλτιστον ἄγειν ταύτῃ κατὰ ταῦτά τε δι' ἀνάγκης ἡττω-
μένης ὑπὸ πειθοῦς ἔμφρονος οὕτω κατ' ἀρχὰς συνίστατο τόδε
τὸ πᾶν.

Wir werden uns also nicht wundern, wenn wir bei der
Bildung der Elemente auch mit diesen beiden widerstreben-
den Faktoren zu rechnen haben. 53c ff. wird zunächst die
reine mathematische Form geschildert; ich sagte schon,
daß uns gewissermaßen ein Exzerpt aus dem geometrischen
Buche des Theaetet vorgeführt wird. Es sind die εἴδη und
ἀριθμοί, durch die der Gott die Materie — soweit sie sich
durch den νοῦς überreden lassen will — in die Erscheinung
treten läßt. Wie dabei das Verhältnis des Gottes zur Materie
und zur Form gedacht ist, das lernen wir durch ein Beispiel
an dem das Wesen des Stoffes erläutert wurde, kennen.
50b ist von einem Goldarbeiter die Rede, der in Gold alle
Arten von Formen herstellt: Dreiecke und andere Figuren,
die er immer wieder umgestaltet, und von denen man nur
sagen darf, sie seien „Gold in Dreiecksform". Nun ist kein
Zweifel, daß die Dreiecke, die der Goldarbeiter formt, Prismen
sind: die reine mathematische Form der ebenen Figur wird
zu einem Körper, wenn sie in der Materie „abgebildet" wird.
Ganz genau so verhält es sich mit den Elementen. Gegen
die πλανωμένη αἰτία kann der Gott nicht an; er schafft die
reine mathematische Form; die Materie aber läßt sich nur so
weit vom νοῦς überreden, daß sie dem mathematischen Gesetze folgt, das εἴδεσι καὶ ἀριθμοῖς Ordnung schafft.
Wenn nun ein mathematischer Körper aus Dreiecken „besteht", so müssen die Dreiecke, wenn sie in der Materie
„nachgebildet" werden, sich zu Körpern formen. Also nicht
die irdischen Körper werden aus mathematischen Flächen
gebildet, sondern die mathematischen Figuren werden in
der Welt der Sinne zu Körpern.

Hier liegt nun die eigentliche Schwierigkeit, die von
Aristoteles angedeutet wird, den meisten modernen Erklärern

aber entgangen zu sein scheint[1]). Es läßt sich nicht bestreiten, daß bei Platon hier eine falsche mathematische Vorstellung zugrunde liegt. Platon sagt zwar ganz richtig im Anfange von den mathematischen Körpern, sie seien von Flächen
begrenzt (53c). Aber bei der Schilderung des Tetraeders
sehen wir, daß er offenbar geglaubt hat, ein stereometrischer
Körper werde aus vier Dreiecken zusammengesetzt (54d
*τρίγωνα δὲ ἰσόπλευρα ξυνιστάμενα τέτταρα κατὰ σύντρεις
ἐπιπέδους γωνίας μίαν στερεὰν γωνίαν ποιεῖ*)[2]). Das ergibt
die Vorstellung, die nachher von Platon weiter ausgeführt wird, als seien die Flächen, die doch in Wahrheit
nur Grenzen des Körpers gegenüber dem umgebenden Raum
sind, auch nach innen seine Grenzen: als wäre die Oberfläche
des Körpers eine unsichtbare, unstoffliche, unendlich dünne
Haut, um es kraß auszudrücken, als hätte ein mathematischer
Körper im Innern ein Loch. Es scheint, daß die Vorstellung,
z. B. die Kugel sei innen hohl, auch sonst bei den Griechen
herrschte; so ist das ganze „Philolaische Weltsystem" mit
seinen konzentrischen Kugeln in Wahrheit aus lauter hohlen
Kugeln zusammengesetzt. Wir sahen bei Philolaos die Auffassung, als sei die Form der Kugel gewissermaßen eine solche
Haut, die sich um den eigentlichen Körper herumlegt und ihn
zwingt, eine Kugel zu bleiben. Woher diese Vorstellung
stammt, kann man sich gut erklären; es ist dieselbe Vorstellung, von der Spuren noch bei Euklid begegnen, wenn der Kreis
nicht als eine ebene Figur gefaßt wird, sondern als die Linie

---

[1]) Aristoteles bemerkt in seiner Kritik der platonischen Lehre,
daß die Dreiecke Platons, statt Figuren zu bilden, auch alle so über-
einander gelegt werden könnten, daß sie sich deckten. Er hat also den
Fehler bemerkt (de caelo 299b 28f.).

[2]) Heath; Eukl. Bd. III S. 267 hat darauf aufmerksam gemacht,
daß die Definition XI 11 bei Euklid dies selbe *συνίστασθαι* verwendet,
indes wird bei Euklid gesagt, eine körperliche Ecke wäre von mehr
als zwei Flächen begrenzt, die in einem Punkte zusammengefügt werden (vgl. auch die Definition der Pyramide XI, 12) Immerhin konnte der Ausdruck, den Theaetet und Eudoxos verwendet
haben mögen, zu der Vorstellung verleiten, als sei ein stereometrischer
Körper innen hohl.

der Peripherie (so noch bei Eukl. III 10). Beides ging von
der Anschauung sei es der gezeichneten Figur, sei es des plas-
tischen Modelles, aus. Wenn man nun daran denkt, daß die
Stereometrie damals noch eine junge Wissenschaft war und
daß die Definitionen (vgl. S. 217 Anm. 2) zu der Vorstellung
verleiten konnten, ein Körper „bestehe" aus begrenzenden
Flächen, so wird man Platons Fehler begreiflich finden. Dies
um so mehr, als der eigentliche Vorgang des Überganges der
Elemente ineinander dadurch, wie wir gleich sehen werden,
gar nicht unwahrscheinlicher gemacht wird. Für die Auffassung, die man von Platons Timaios erhält, ist es aber nicht
unwichtig, daß Platon hier nicht „die Natur vermathemati-
siert"[1]), sondern daß er sogar in seiner mathematischen Vorstellung etwas mehr, als man dem abstrakten Denker zutrauen
sollte, von dem sinnlichen Anblick des Modelles der mathematischen Figuren abhängt. Diese falsche stereometrische
Auffassung, wie ich schon sagte, wird schwerlich von den
Mathematikern der Akademie geteilt worden sein (vgl. S. 217
Anm. 2), und es ist nicht anzunehmen, daß Theaetet mit den
mathematischen Verwandlungskünsten seines Freundes —
die freilich leicht erscheinen, wenn man mit Ton oder irgendeinem Klebstoff hölzerne oder Pappdreiecke aneinanderfügt —
sehr einverstanden gewesen wäre.

Haben wir dies festgestellt, so ergibt sich aber auch, daß
Platon, von dieser Auffassung der stereometrischen Figur
ausgehend, darauf verfiel, seine Tetraeder, Oktaeder usw.
aus Körpern „bestehen" zu lassen. Es ergibt sich dann weiter,
daß seine Elementardreiecke (Prismen) wirkliche solide Atome
sind und nicht „des feuilles minces de matière corporelle",
so wenig wie die 50b geschilderten goldenen Dreiecke des
Goldarbeiters aus hautähnlich fein gewalztem Golde bestanden haben werden. Damit fällt der Einwand, den Archer-
Hind gegen Martins Auffassung vorbringt. Er meint, es
sei unmöglich, daß diese aus Blättchen gebildeten Körper
den ungeheuren Druck der zentripetalen Kraft (58a)

---

[1]) Gomperz Gr. D. II² S. 489.

hätten aushalten können. — Daß „Platon sadly misuses technical terms, he denominates planes what are really solid bodies" ist freilich in gewisser Weise wahr; aber das tut er auch an der Stelle, an der man diesen Mißbrauch nicht bestreiten kann, nämlich da, wo er von den goldenen Dreiecken redet. Eine einzige Schwierigkeit bleibt übrig, daß nämlich Platon, der das Leere leugnet, dieses Leere in der Konstitution seiner Atome zuläßt. Es ist aber auch 58b von dem Leeren die Rede, und Platon war in dieser Beziehung nicht konsequent.

Erst diese Betrachtung ergibt den wahren Sinn der Korrektur, die Platon an der Lehre Demokrits vornahm. Platons Dreiecke entsprechen den demokritischen Atomen; das sahen wir bereits, als wir nachwiesen, daß sie eine Art von selbständiger physikalischer Existenz besitzen (S. 214). Das zeigt sich auch darin, daß sie sich durch Größe und Kleinheit unterscheiden; 57c wird gesagt, daß in jeder der Arten ($εἴδη$) der Elemente (d. h. Feuer, Wasser, Erde, Luft) Gattungen ($ἕτερα$ $γένη$) entstehen, und daran seien die Urdreiecke schuld, die nicht ein (gleichseitiges) Dreieck erzeugen, sondern größere und kleinere, und zwar so viel verschiedene, als es Gattungen in den Arten gibt (vgl. auch 58d $ἕτερα$ $ἀνώνυμα$ $εἴδη$ $γεγονότα$ $διὰ$ $τὴν$ $τῶν$ $τριγώνων$ $ἀνισότητα$). Platon bemerkt auch ausdrücklich, daß die Möglichkeit unendlicher Variationen gegeben ist (57d $συμμειγνύμενα$ $αὐτά$ $τε$ $πρὸς$ $ἑαυτὰ$ $καὶ$ $πρὸς$ $ἄλληλα$ $τὴν$ $ποικιλίαν$ $ἄπειρα$). Er hat also die demokritische Forderung, die unendliche Verschiedenheit der Erscheinungen zu erklären, erfüllt. Und zwar hat er sie besser erfüllt als Demokrit, indem er einerseits den Gedanken der unveränderlichen Elemente des Empedokles, d. h. unserer chemischen Elemente, aufnimmt[1]), von diesen aber eine beschränkte, jedoch größere Zahl als Empedokles annimmt.

---

[1]) Wir können sagen, die platonischen Dreiecke entsprächen den chemischen Elementen in unseren Sinne; denn sie allein sind bei Platon unveränderlich; das ist ein Mangel im Sinne der modernen Wissenschaft, derselbe, den E. Mach, „Prinz. d. Wärmel.", auch der modernen Atomistik vorgeworfen hat (S. 429). Aber es erleichtert die Anschauung.

Während Demokrit mit seinen unendlich vielen Grundformen, von denen sämtliche (πανσπερμία) in jedem Körper vorhanden sein sollen, mit der Mathematik in Konflikt kam, hat Platon hier eine Verbesserung angebracht. Es ist richtig, daß er in der Einzelausführung nachher doch vielfach wieder in die empedokleische Stofftheorie zurückverfällt. Wenn aber die Dreiecke Platons den Atomen des Demokrit entsprechen, wie verhalten sich dazu die Tetraeder, Oktaeder usw.? Hier müssen wir nun auf Demokrit zurückblicken und uns erinnern, wie er die vier Elemente behandelte. Die Aggregatzustände ließ er durch Umlagerung der Atome entstehen (vgl. Arist. d. gen. et corr. 327a, 16; Theophr. de sens. 65). Andererseits gab er dem Feuer die Kugelform und den die Wärmeempfinduung hervorrufenden Atomen die Ecken und Zacken (Theophr. a. a. O. 65), weil sie durch Trennung der Atome Wärme hervorrufen und weil sie sich schnell bewegen [2]).

Diese beiden Bestimmungen erfüllen die platonischen Körperformen. Die Änderung des Aggregatzustandes bewirkt Platon ebenfalls durch Umlagerung der Atome. Z. B. aus dem Feuerzustand entsteht der gasförmige Zustand, indem die vier Dreiecke des Tetraeders auseinanderfallen und sich zur Form eines Oktaeders, das aus zweimal vier Dreiecken besteht, umlagern. Zugleich aber wird auch die schneidende und auseinandertreibende Kraft der Feueratome durch die spitze Tetraederform ebenso erklärt, wie die Schnelligkeit

---

[2]) Die Kugelform scheint übrigens Demokrit als die äußerste Grenze des γωνιοειδές betrachtet zu haben. Aristoteles sagt darüber (de caelo S. 307a 17). Δημοκρίτῳ καὶ ἡ σφαῖρα ὡς γωνία τις οὖσα τέμνει ⟨καὶ⟩ ὡς εὐκίνητον und vorher (306 b 32) οἱ μὲν (d. h. Demokrit) ἐποίησαν αὐτὸ (d. h. τὸ πῦρ) σφαῖραν, οἱ δὲ πυραμίδα (Platon) . . . διόπερ τὸ μὲν ὅλον ἐστὶ γωνία (die Kugel des Demokrit), τὸ δὲ ὀξυγωνιώτατον (die Pyramide des Platon). Dies scheint mit Demokrits infinitesimalen Betrachtungen zusammenzuhängen; wenn er die Sätze über das Volumen der Pyramide und des Kegels, die ihm Archimedes in der Einleitung zu seiner „Methodos" zuschreibt, gefunden hat, so muß er den Kreis als ein Unendlicheck, also auch die Kugel als einen Körper mit unendlich vielen Ecken betrachtet haben.

ihrer Bewegung durch die geringe Zahl der Grundflächen (vgl. Tim. 56a/e; 61c). Es kommt hinzu, daß Platon auch die dritte demokritische Bestimmung über die Unterschiede der vier Elemente durch vier Größenklassen beibehalten hat, indem er das Feuer aus Pyramiden, die Luft aus Oktaedern, das Wasser aus Ikosaedern bestehen läßt, von denen das Tetraeder der kleinste, das Ikosaeder der größte Körper ist; mit dieser Bestimmung hängt zugleich — dies hat I. Hammer-Jensen S. 213 bemerkt — der Unterschied der Gewichte zusammen[1]).

Die Abhängigkeit von Demokrit läßt sich also in der Anordnung seiner Körperkomplexe nicht leugnen; zugleich aber sieht man überall klar, warum er geändert hat. Die neuentdeckten regulären Körper gaben ihm ein anschauliches und praktisches Bild, um den Übergang von chemisch gleichartigen Stoffen (diese werden durch die Dreiecke von gleicher Größe bezeichnet) in einen anderen physikalischen Zustand zu erklären. Daß er sich nicht mit der demokritischen Angabe der Umlagerung — ohne weitere Bestimmung — begnügte, sondern für ein durchgängiges und immer gleiches Gesetz der Erscheinungen[2]) eine eindeutige mathematische Formulierung suchte, ist freilich ein Ausdruck seiner „Liebe zur Ordnung". Es ist aber die Liebe zur Ordnung, die seit je die Menschheit dazu getrieben hat, aus der komplizierten Vielheit und Ruhelosigkeit der Erscheinungen nach dem ruhenden Pole des einheitlichen wissenschaftlichen Gesetzes zu streben. Das zweite und ebenso Große aber, was Platon geleistet hat, war, daß er über den Begriff des Atoms hinaus zu dem des Moleküls[3]) gelangte. Damit war in die verwirrende Mannigfaltigkeit der demokritischen Atome und ihrer Anordnung Einheit und Übersicht gekommen. Es war nicht mehr nötig, „unendlich viele" verschiedene Formen in jedem Körper zu vereinen, was für die chemische Bestimmung der

---

[1]) Die Erde rechnet nicht mit; s. unten S. 229ff.

[2]) Das meinte er mit τὸ πῦρ αὐτὸ ἐφ᾽ ἑαυτοῦ.

[3]) Diesen Sinn seiner Darstellung erfaßt man erst ganz, wenn man die Dreiecke als das ansieht, was sie bei ihm sind, als Atome.

Qualitäten höchst komplizierte und umständliche Rechnungen, erfordert hätte. Aus den Variationen der einfachen, nur verschieden großen Grundformen war es möglich, die ganze Vielheit der Erscheinungen in einem Bilde (das will der εἰκὼς λόγος besagen) klarzumachen. Es ist nicht zu bestreiten, daß Platon ein nicht so kompliziertes, aber in seiner Art ganz ähnliches Problem wie das der Isomerie mit ähnlichen Darstellungsmitteln erklärte wie die moderne Chemie. Gewiß, das Bild, das er anwandte, war ihm ursprünglich durch eine inkorrekte mathematische Vorstellung gegeben (s. S. 217). Aber für die Ausführung war es durchaus brauchbar; denn die Vorstellung, daß sich die Atome zu Molekülen von Tetraederform usw. zusammenstellten, ist durchaus dieselbe, die auch van 't Hoff[1]) benutzt hat. Auch die Tetraeder van 't Hoffs sind — wie würde sich Aristoteles darüber entsetzen! — rein mathematische Figuren. Das Bild Platons ist also durchaus nicht absurd und der Einwand des Aristoteles, daß seine Dreiecke auch alle aufeinander fallen müßten — er ließe sich gegen van t'Hoffs Theorie in anderer Form ebenso wiederholen —, ist nichtig. Das Gesetz lautet eben: wo Materienteilchen sich zu Tetraederform usw. zusammenstellen, ist Feuerzustand vorhanden; dies ist bei Platon die „Idee des Feuers", das πῦρ αὐτὸ ἐφ’ ἑαυτοῦ. Die Idee ist das Gesetz, nach dem die Atome der Materie in einer mathematisch bestimmbaren Anordnung im Raume gelagert sind.

Wir fassen zusammen: Platon hat Demokrits Elementenlehre geändert, weil sie inkonsequent war; er ist durch seine Kritik der demokritischen Lehre zu der Erkenntnis gekommen daß die sogenannten Elemente nicht Stoffe, sondern Aggregatzustände eines Grundstoffes sind. Er hat für diese Aggregatzustände ein allgemeines Gesetz formuliert, das das Eintreten eines der Aggregatzustände annimmt, sobald die Atome in einer bestimmten von ihm möglichst einfach und anschau-

---

[1]) I. H. van 't Hoff, Die Lagerung der Atome im Raum. 3. Aufl. Braunschweig 1908. S. 3 ff.

lich gewählten Form gelagert sind. Dadurch, daß er zugleich die (körperlichen) Atome zu Molekülen zusammenordnet, hat er den gedanklichen Fortschritt, der in der Elementenlehre des Empedokles lag, mitverwendet. Er hat ein Bild geschaffen, das die Berechnung der Mischungsverhältnisse der Stoffe wesentlich erleichtert hätte, wäre es nur in seiner Bedeutung erkannt worden.

Die platonische Materie und die Elemente.

Die Lehre von den Elementen im Timaios ist der eigentliche Grund gewesen, um dessentwillen man Platon die Ansicht zugeschrieben hat, er halte die Materie für den bloßen Raum. Es ist nun nicht die Absicht, in ausführlicher Diskussion alle Fragen zu erörtern, die von den Verfechtern dieser Theorie aufgeworfen worden sind; es sollen hier nur einige Punkte betrachtet werden, die mit den bereits gewonnenen Resultaten in Zusammenhang stehen und vielleicht zur Erklärung einiger Schwierigkeiten beitragen können. Auch hier wird die Erkenntnis I. Hammer-Jensens, daß Demokrits Physik zugrunde liege, von Nutzen sein.

I. Hammer-Jensen hat mit Recht betont, daß die Atomisten einen qualitätslosen Stoff, der in unendlich viele Atome zerspalten ist, zugrunde legen. In dieser Betrachtung waren sie weiter in der Abstraktion gegangen, als alle übrigen Philosophen, die Elemente annahmen. Zugleich aber sahen wir, daß ihre Kosmogonie doch noch an der alten empedokleischen Stofflehre haftete. Platon nahm den Gedanken des qualitätslosen Stoffes auf und beseitigte die Inkonsequenzen in Demokrits System, indem er die Elemente als Aggregatzustände, als Formen der zugrunde liegenden Materie bezeichnete. Es war die Kritik an seinem Vorgänger, die ihn zwang, seine Materie einzuführen. Er war dazu veranlaßt durch die Erkenntnis von der γένεσις der Elemente — eine Erkenntnis, die Platon ausdrücklich für sich in Anspruch nimmt (48b/c) — darum also führte er das neue χαλεπὸν καὶ ἀμυδρὸν εἶδος als drittes Prinzip ein; 49a wird die γενέσεως ὑποδοχὴ οἷον τιϑήνη ausdrücklich in Verbindung mit den Elementen als Prinzip aufgestellt: δεῖ δὲ ἐναργέστερον εἰπεῖν περὶ αὐτῶν, χαλεπὸν δὲ ἄλλως καὶ διότι προαπορηϑῆναι περὶ πυρὸς καὶ τῶν μετὰ πυρὸς ἀναγκαῖον τούτου χάριν. Aus der Betrachtung der Elemente als Aggregatzustände, als veränderlicher Formen eines zugrunde liegenden τόδε, eines Stoffes, erwächst ihm der Begriff der ὑποδοχή, für den er noch keine Namen hat und den er sich in mühsamem Ringen erkämpft. Daß hier ein realer Stoff gemeint ist, geht schon aus der Entwicklungsreihe, in die diese Betrachtung Platons Neuschöpfung einordnet, hervor; die γενέσεως τιϑήνη ist ja an Stelle der Elemente (Grundstoffe) getreten, aus denen die Früheren die Welt bildeten. Es wird aber noch klarer an dem Bilde, dessen Platon sich bedient, um den neuen Begriff deutlich zu machen. Es ist das schon erwähnte Beispiel vom Goldarbeiter, der die Dreiecke in Gold formt (Tim. 50b): wenn irgendwo, so ist hier der Begriff des Stoffes als eines „Arbeitsmateriales", das Verhältnis des formenden Künstlers zur Idee und seinem Stoff so klar dargestellt, daß nur ein im voraus befangenes Urteil die Beziehung leugnen konnte[1]), wie es Cl. Baeumker tut. Man wird dem Sinne dieses anschaulichen Gleichnisses so wenig wie dem der homerischen Vergleiche gerecht, wenn man nur nach dem tertium comparationis sucht. Es ist doch nicht Zufall, daß dieser Goldarbeiter gerade Dreiecke formt[2]) und daß nach Anwendung dieses Bildes mit den Worten ὁ αὐτὸς δὴ λόγος καὶ περὶ τῆς τὰ πάντα δεχομένης φύσεως die drei Prinzipien, die Materie, die Form und der geformte Stoff (die γενέσεις), eingeführt werden. Zu allem Überfluß wird aber das Wesen dieses Grundstoffes noch einmal (51a) mit Beziehung auf die Elemente auseinandergesetzt: διὸ δὴ τὴν τοῦ γεγονότος ὁρα-

---

[1]) „Problem der Materie", S. 159: „Die Vergleiche ... haben keinen anderen Zweck als zu zeigen, daß die zu untersuchende Grundlage des körperlichen Seins nur dann ihre Funktion, alle Formen aufzunehmen, erfüllen könne, wenn sie nicht schon vor der Aufnahme keine derartige Form besitze."

[2]) S. oben S. 218/19.

τοῦ καὶ πάντως αἰσϑητοῦ μητέρα καὶ ὑποδοχὴν μήτε γῆν μήτε
ἀέρα μήτε πῦρ μήτε ὕδωρ λέγωμεν μήτε ὅσα ἐκ τούτων (d. h.
mit dem Namen irgendeines irdischen Dinges) μήτε ἐξ ὧν
ταῦτα γέγονεν (dies bezieht sich auf die eigentlichen nachher
[54e] geschilderten στοιχεῖα, d. h. die Dreiecke) ἀλλ᾽ ἀ-
όρατον εἶδος usw. Noch deutlicher ist der unmittelbar folgende
Satz: καϑ᾽ ὅσον ἐκ τῶν προειρημένων δυνατὸν ἐφικνεῖσϑαι
τῆς φύσεως αὐτοῦ, τῇδε ἄν τις ὀρϑότατα λέγοι· πῦρ μὲν ἑκάσ-
τοτε αὐτοῦ τὸ πεπυρωμένον μέρος φαίνεσϑαι, τὸ δὲ ὑγρανϑὲν
ὕδωρ, γῆν τε καὶ ἀέρα καϑ᾽ ὅσον ἂν μιμήματα τούτων δέχηται.

Die Einführung der Materie ist also von der Kritik der
Elementenlehre gar nicht zu trennen, und diese wiederum
setzt einen Stoff voraus, nicht den bloßen Raum. Außerdem
hing mit der Kritik wieder die Einführung der Kosmogonie
des Demokrit (52d ff.) eng zusammen, und in der Kosmogonie
findet sich derselbe Urstoff, von dem die einleitenden Partien
reden. Daß die Weltentstehungslehre einen wirklichen Stoff
voraussetzt, konnte nicht geleugnet werden, und so mußten
sich Zeller und Baeumker mit der Annahme einer „sekundären
Materie von mythischem Charakter" helfen, die sie von der
τοῦ γεγονότος ὁρατοῦ . . . μήτηρ καὶ ὑποδοχή unterscheiden.
Dagegen ist folgendes zu sagen: Die Materie in 52d, die die
Zustände von Feuer, Wasser, Luft und Erde annimmt, mit
ihren unruhigen, nicht im Gleichgewicht befindlichen Kräften,
die geschüttelt wird und in dauernder Bewegung ist, heißt
γενέσεως τιϑήνη, genau so wie die, von der 49a die Rede ist;
Platon hat also zwischen der „mythischen" Materie und dem
sogenannten Prinzip des Raumes keinen Unterschied gemacht,
und das, was 52d in der Schüttelbewegung sich befindet,
kann nicht der Raum sein. Auch wird von dieser Materie
ausgesagt, daß sie Schwere habe (53a).

Nun aber kommt eine Stelle, die hauptsächlich dazu veranlaßt hat, von dem „mythischen Charakter" der Materie
zu reden. 53b heißt es: „ὅτε δὲ ἐπεχειρεῖτο κοσμεῖσϑαι τὸ
πᾶν, πῦρ πρῶτον καὶ ὕδωρ καὶ γῆν καὶ ἀέρα, ἴχνη μὲν ἔχοντα
αὐτῶν ἄττα παντάπασί γε μὴν διακείμενα ὥσπερ εἰκὸς ἔχειν

ἅπαν ὅταν ἀπῇ τινος ϑεός, οὕτω δὴ τότε πεφυκότα ταῦτα πρῶτον διεσχηματίσατο εἴδεσί τε καὶ ἀριϑμοῖς.
Baeumker sagt darüber (S. 148): Ein weiterer Beweis für den mythischen Charakter jener ungeordneten vorweltlichen Materie liegt in der Unmöglichkeit, den Ursprung der Spuren von Formelementen, welche sie nach Platon bereits einschließen soll, aus den p'atonischen Prämissen abzuleiten.
Hier kann uns nun die Erkenntnis der Tatsache, daß Demokrits Kosmogonie benutzt ist, weiter helfen, wie sie schon die von Baeumker als mit Platons Lehre (S. 145; vgl. Zeller S. 732) unvereinbar bezeichnete Bewegung der Materie erklärt[1]). Wir erinnern uns, daß die Elemente Demokrits bei der Weltbildung sich nur durch Schwere und Leichtigkeit in vier Klassen scheiden ließen. daß aber von den verschiedenen Atomformen in der Kosmogonie kein Gebrauch gemacht wurde. Von den beiden Kräften, dem Wirbel, der die Elemente nach ihrer Schwere in die vier Kugelschichten sondert, und der Oberflächenspannung trat die zweite erst nach jener Sonderung der Elemente in Wirkung (58a). Wenn Platon die Kosmogonie des Demokrit übernehmen wollte, so mußte er wohl oder übel diesen Sonderungsprozeß der Elemente (53b) mitaufnehmen. Dieser aber ist nur möglich mit unveränderlichen Grundstoffpartikeln. Bei Platon aber sind die Elemente nicht unveränderlich, nachdem sie einmal Form erhalten haben. Deshalb mußte Platon, bevor seine Elemente in der 54d dargestellten Weise von Gott zu Molekülen geordnet sind, diesen Prozeß vor sich gehen lassen, denn bei ihm wäre es (vgl. 56c ff.) niemals zu einer vollständigen Sonderung der Elemente gekommen; deshalb haben die Elemente seiner Kosmogonie nur „einige Spuren" ihrer Gestaltung, und der ganze Weltentstehungsprozeß geht bei ihm vor sich, bevor der Kosmos seine mathematische Ordnung erhalten hat. Er hatte auch noch einen anderen

---

[1]) Bei Platon sei die Seele das πρῶτον κινοῦν; also sei eine Materie, die, bevor sie geordnet sei, bereits Bewegung habe, mit den platonischen Lehren nicht vereinbar. Da Demokrit benutzt ist, können wir diese Tatsache erklären.

Grund, diese Weltbildung πρὸ τῆς τοῦ οὐρανοῦ γενέσεως sich abspielen zu lassen. Seine eigne Kosmogonie war, da es nur einen Kosmos bei ihm gibt und dieser in Wahrheit ewig ist, nur eine scheinbare; Xenokrates[1]) hat schon richtig bemerkt, daß es sich damit verhalte wie mit den Zeichnungen der Mathematiker, die auch von einem Werden reden und eigentlich das Sein meinen. Die demokritische Kosmogonie aber, die viele Welten und Weltperioden kennt, ist eine wirkliche Weltbildung; auch dies war ein Grund, warum Platon, wenn er Demokrits Kosmogonie übernahm, die Weltentstehung zeitlich unbestimmt lassen mußte[2]). Außerdem hängt die Kritik der demokritischen Lehre eng mit der Kosmogonie zusammen; Platon hatte richtig erkannt, daß die vier Elemente eigentlich mit dem Atomismus unvereinbar sind und nur vier gleichartige Massen voraussetzen. Auch darum läßt er den Elementen nur ἴχνη ἑαυτῶν ἄττα.

Ich möchte noch einen Beweis dafür anführen, daß Platon die 52d folgende beschriebene Materie für eine immer wirkende Realität hält. 88d heißt es: ὅταν μέν τις ἡσυχίαν ἄγον τὸ σῶμα παραδιδῷ ταῖς κινήσεσιν, κρατηθὲν διώλετο, ἐὰν δὲ ἥν τε τροφὸν καὶ τιθήνην τοῦ παντὸς προσείπομεν μιμῆταί τις, καὶ τὸ σῶμα μάλιστα μὲν μηδέποτε ἡσυχίαν ἄγειν ἐᾷ, κινῇ δὲ καὶ σεισμοὺς ἀεί τινας ἐμποιῶν αὐτῷ διὰ παντὸς τὰς ἐντὸς καὶ ἐκτὸς ἀμύνηται κατὰ φύσιν κινήσεις, καὶ μετρίως σείων τά τε περὶ τὸ σῶμα πλανώμενα παθήματα καὶ μέρη κατὰ συγγε- νείας εἰς τάξιν κατακοσμῇ πρὸς ἄλληλα, κατὰ τὸν πρόσθεν λόγον, ὃν περὶ τοῦ παντὸς ἐλέγομεν, οὐκ ἐχθρὸν παρ᾽ ἐχθρὸν τιθέμενον ἐάσει πολέμους ἐντίκτειν τῷ σώματι καὶ νόσους, ἀλλὰ φίλον παρὰ φίλον τεθὲν ὑγίειαν ἀπεργαζόμενον παρέξει. Hier wird also in der jetzt bestehenden Welt dasselbe Gesetz der Materie und ihrer Bewegung vorausgesetzt wie zu Anfang in der sogenannten „mythischen" Schilderung[3]).

---

[1]) Heinze, Xenokrates, Fragment 54, S. 179: διδασκαλίας χάριν.

[2]) Auch hieran hat Baeumker mit Recht Anstoß genommen S. 150.

[3]) Der Gedanke ist übrigens, wie es scheint, ursprünglich von Demokrit. Der Mensch wird als Mikrokosmos betrachtet; für die

Das Entscheidende aber ist die Erwägung, daß Baeumker und Zeller selbst gezwungen sind, zuzugeben: „die Grundlage des sinnlichen Daseins wird . . . in manchen Stellen des Timaios so be:chrieben, daß uns diese Beschreibung für sich genommen auf die Vorstellung eines materiellen Substrates führen würde" (S. 728). Da sie nun die Materie der Kosmogonie unvereinbar mit den platonischen Prinzipien finden, so kommen sie zu dem Resultate, daß man in ihr nicht „eine ernst gemeinte Beschreibung des gemeinsamen Substrates aller elementaren Formen" sehen könne (Zeller S. 728). Diese Darstellung zerreißt den Zusammenhang der Kritik der Elementenlehre mit der Kosmogonie und Baeumker (S. 151) zerstört auch den Zusammenhang mit der Konstruktion der Elemente, die nach der von uns dargestellten Betrachtung gerade aus der Kritik des Demokrit und im Anschluß an die Kosmogonie der Atomisten erfolgte. Er sagt: „Solange Platon rein mythisch redet, verwendet er im Anschluß an die alte Kosmogonie dieselbe (die sogenannte sekundäre Materie, das Chaos) zeitweilig, um sie, sobald er tiefer eindringt, durch eine mehr wissenschaftliche Vorstellung zu ersetzen, die aus den Prinzipien seines eigenen Systems sich ergibt."

Daß dies nicht richtig ist, haben wir bereits in der Betrachtung der Formation der Elemente gesehen. Die Platonischen Atomdreiecke haben Schwere (56 b); die Moleküle haben Bewegung (ebenda), sie werden mit denselben Eigenschaften ausgestattet wie die Atome des Demokrit; sie werden bei der Fortsetzung der demokritischen Kosmogonie mit ausdrücklicher Betonung der Fortsetzung (58 a) angewandt. Es ist also überall ein fester Zusammenhang zwischen den drei Abschnitten: der Kritik der Elementenlehre, der Kosmogonie und der Bildung der Elemente aus den regulären

---

Erhaltung seiner Gesundheit wird verlangt, daß er denselben Gesetzen sich unterwerfen solle, die im All, dem Makrokosmos, herrschen. Die Lehre ist bei Diog. Laertios (VIII 8, 90) einem Arzte Eudoxos von Knidos, den der große Eudoxos in seiner γῆς περίοδος erwähnte, zugeschrieben. (εὑρίσκομεν δὲ καὶ ἄλλον ἰατρὸν Κνίδιον ῥπερὶ οὗ φησιν Εὔδοξος ἐν γῆς περιόδῳ ὡς εἴη παραγγέλλων ἀεὶ συνεχὲς κινεῖν τὰ ἄρϑρα πάσῃ γυμνασίᾳ. Platon wird das von dem Mathematiker haben

Körpern. Den Haupteinwand der Vertreter der Raumtheorie glauben wir durch die Schilderung der Elementenbildung (s. oben S. 217ff.) beseitigt zu haben. Es bleibt nur noch ein Einwurf Zellers übrig, den man nicht übergehen darf (II, 1⁴ S. 803); er macht gegen die Auffassung, daß Platons Materie ein qualitätsloser Grundstoff sei, geltend: „wenn Platon für seine Konstruktion (der Elemente) einen Stoff im gewöhnlichen Sinne voraussetzte, so könnte er fürs erste nicht so, wie er dies tut, von der Auflösung der Elementarkörper in Dreiecke und ihrer Bildung aus Dreiecken reden; und er müßte sich jenen Stoff — zweitens — entweder als eine qualitativ gleichförmige und quantitativ ununterbrochene Masse denken, aus welcher die Elemente dadurch entstehen, daß gewisse Teile dieser Masse vorübergehend die Form der Elementarkörperchen (Würfel, Tetraeder usf.) annehmen; dann wäre aber nicht der geringste Grund abzusehen, warum nicht jedes Element aus jedem sollte werden können. Oder er müßte annehmen, daß jene Masse bei der Bildung der Elemente für immer in die körperlichen Elementarformen gefaßt worden sei, dann wäre aber kein Übergang eines Elements in ein anderes möglich, sondern es müßte von ihnen allen gelten, was von den empedokleischen Elementen und den demokritischen Atomen, nach Platon dagegen nur von der Erde gilt, daß sie andern zwar beigemischt, aber nicht in sie verwandelt werden können."

Da ich über die Umwandlung der mathematischen Figuren eigentlich schon gesprochen habe, so wollen wir zunächst betrachten, wie es sich mit der Unverwandelbarkeit der Erde verhält. Daß sie eine höchst seltsame und unerklärliche Abweichung von dem einheitlichen Systeme bedeutet, läßt sich nicht leugnen, und Aristoteles hat sich denn auch nicht entgehen lassen, auf diesen offenkundigen Fehler hinzuweisen (de caelo 306a 17). Andererseits hat schon im Altertum Platons treuer Verteidiger Simplikios[1]) den Gedanken aus-

---

[1]) Vgl. auch oben B 7 Attikos: ὁ μὲν Πλάτων πάντα τὰ σώματα ἅτε ἐκ μιᾶς ὁμοίας ὕλης θεωρούμενα βούλεται τρέπεσθαι μεταβάλλειν τε εἰς ἄλληλα.

gesprochen, daß Platon wahrscheinlich alle Elemente ineinander übergehen lasse (ἴσως δὲ καὶ τὴν γῆν [in Phys. ed. Diels I S. 35, 25]). Wir wollen versuchen, das vorsichtige ἴσως des Simplikios zu stützen.

49c war die Kritik der Elementenlehre des Demokrit ausdrücklich auf die Lehre vom Kreislauf sämtlicher vier Elemente begründet worden. 51a wird von der γενέσεως τιθήνη ausdrücklich gesagt, sie nehme die Formen des Flüssigen und Feurigen der Erde und der Luft an. 53e in der mathematischen Darstellung der Elemente werden die vier regulären Körper eingeführt δυνατὰ ἐξ ἀλλήλων αὐτῶν ἄττα διαλυόμενα γίγνεσθαι, hier war das ἄττα, einige, also nicht alle, ein fataler Zusatz, wie wir gleich sehen werden. Denn 54c folgt daraus die böse Konsequenz: „Was wir vorher (49c) unklar sagten, müssen wir jetzt enger umgrenzen: es stellte sich damals heraus, daß die vier Klassen (γένη) alle sich ineinander wandeln könnten; das war ein falscher Eindruck (οὐκ ὀρθῶς φανταζόμενα)." Und die Begründung? Nicht etwa, wie man aus dem oben (49c) mit Absicht so gewählten Beispiel schließen könnte, weil das Wasser nicht zur Erde wird, sondern die ungelösten kleinsten Erdteilchen mit sich führt[1]). Nein: der Grund ist γίγνεται μὲν γὰρ ἐκ τῶν τριγώνων ὧν προῃρήμεθα γένη τέτταρα, τρία μὲν ἐξ ἑνὸς τοῦ τὰς πλευρὰς ἀνίσους ἔχοντος (aus dem rechtwinkligen Dreieck, von denen sechs zusammen ein gleichseitiges bilden; also Tetraeder, Oktaeder, Ikosaeder). τὸ δὲ τέταρτον ἓν μόνον ἐκ τοῦ ἰσοσκελοῦς τριγώνου συναρμοσθέν (nämlich der Würfel, dessen Quadrate aus vier gleichschenklig-rechtwinkligen Dreiecken gebildet sind). „Also sind, so heißt es weiter, nicht alle imstande, sich ineinander aufzulösen und aus vielen kleinen wenige große zu werden und umgekehrt, sondern nur drei von ihnen." Man sieht aus diesen Sätzen deutlich, daß Platon gar nicht die Absicht hatte, die Erde von dem Übergangsprozesse auszuschließen; mit

---

[1]) Aristoteles, der alle vier Elemente sich ineinander verwandeln läßt, hat das viel geeignetere Beispiel Luft, Wasser, Eis, Feuer (de gen. et corr. 330b, 30).

einer Art von Stoßseufzer gesteht er ein, daß sein mathematisches Bild nicht ausreicht, und er wäre sicher sehr zufrieden gewesen, wenn ihm jemand noch einen vierten regulären Körper, der aus gleichseitigen Dreiecken bestanden hätte, hätte verschaffen können; aber leider hatte Theaetet seinen von Platon selbst zitierten Beweis gefunden, der diese Hoffnung unmöglich machte. Daß diese Auffassung richtig ist, sehen wir daran, daß er den Satz (49c), der die Lehre vom Übergange sämtlicher Elemente ineinander aussprach, hatte stehen lassen. Vor allem: warum hätte er sonst so ausdrücklich auf den angeblichen Irrtum hingewiesen und dabei betont: die Erde könne sich nicht umwandeln — weil doch aus den Quadraten keine gleichseitigen Dreiecke werden wollten. Damit man aber diese Deutung nicht für Phantasie halte, wollen wir noch eine Stelle betrachten, aus der Platons Absicht klar hervorgeht. 56a heißt es vom Würfel: γῆ μὲν τοῦτο (κυβικὸν εἶδος) ἀπονέμοντες τὸν εἰκότα λόγον διασώζομεν, aber 56b ἔστω δὴ κατὰ τὸν ὀρθὸν λόγον καὶ κατὰ τὸν εἰκότα τὸ μὲν πυραμίδος στερεὸν γεγονὸς εἶδος πυρὸς στοιχεῖον καὶ σπέρμα· τὸ δὲ δεύτερον κατὰ γένεσιν εἴπωμεν ἀέρος, τὸ δὲ τρίτον ὕδατος.

Es ist kein Zweifel, er war mit der Würfelform der Erde gar nicht zufrieden, während er das Bild der drei anderen Körper „richtig" fand; die unbequeme Ausnahme der Erde zerstörte die Lehre vom Kreislauf; sie zerstörte ihm auch die ἀναλογίαι, von denen im Hinblick auf 32b in 56c wieder die Rede ist, und sie schuf ihm in der späteren Ausführung der Lehre im einzelnen manche Unbequemlichkeit[1]). Haben wir nun eingesehen, daß Platon offenbar das Streben hatte, ein Bild zu finden, das die Umwandlung aller Elemente ineinander darstellte, so ergibt sich auch die Erklärung für die höchst seltsame Zerlegung der Grundflächen seiner Elementarkörper in die kleinsten Dreiecke. Früher, als man die Lehre für pythagoreisch hielt, glaubte man, sie sei aus dem Wunsche hervor-

---

[1]) So müssen z. B. 59b die Metalle zur Klasse der Flüssigkeiten gehören.

gegangen, das Dodekaeder als Elementarform zu verwenden
und ebenfalls auf die gleiche Dreieckform zurückzuführem[1]),
wie entweder den Würfel oder die drei anderen Körper. Da
nach dem Beweise für die Nichtexistenz der pythagoreischen
Elementenlehre diese Erklärung gegenstandlos geworden
ist, so werden wir uns an Platon selbst halten. Das Motiv
muß aber bei ihm tatsächlich ein ähnliches wie das von Cantor
vorausgesetzte gewesen sein. Nur hat er mit dem Dodekaeder
erst gar keinen Versuch gemacht, — er konnte nämlich etwas
mehr Mathematik als Stallbaum! — dagegen scheint er gehofft zu haben, auf irgendeine dem Quadrat und dem gleichseitigen Dreieck gemeinsame Form des rechtwinkligen Dreiecks zu stoßen; als es ihm aber nicht gelang, da ließ er die
mathematische Spielerei stehen wie andere auch und hat vielleicht gemeint, es sei den Lesern nicht schädlich, neben der
Stereometrie auch noch ein bißchen Planimetrie zu treiben.

Im übrigen zeigt die Ableitung der ebenen Figuren aus
der allgemeinsten Dreiecksform, aus der er erst allmählich
die ganz eindeutigen Spezialformen der beiden rechtwinkligen Dreiecke[2]) gewinnt, das Bestreben von der allgemeinsten Form des Dreiecks, (dem τρίγωνον αὐτό) auf die besonderen und bestimmten zu kommen. Ich glaube also,
alles dies gibt der Ahnung des Simplikios, daß Platon die Erde
eigentlich mit in die Umwandlung der Elemente aufnehmen
wollte, eine gewisse Bestätigung und nimmt dem Einwande
Zellers gegen die Lehre von der Materie als körperlichem
Grundstoff seine Kraft.

Auch den zweiten Einwand, der sich gegen die Umfor-
mung der Körper richtet, wird unsere Erklärung beseitigt
haben. Alle, die bisher die Elementenlehre Platons betrachteten, haben Platons Elementarpartikel behandelt als wären

---

[1]) Cantor, Gesch. d. Math. S. 177; Heath, Bd. II S. 97ff. zu
Eukl. IV 10.

[2]) Das eine war das gleichschenklig rechtwinklige, das andere
das rechtwinklige Dreieck mit der Hypotenuse $\frac{a}{3}\sqrt{3}$, den Katheten $\frac{a}{2}$

und $\frac{a}{6}\sqrt{3}$, wobei a die Seite des gleichseitigen Dreiecks ist.

sie einfache Körper. Das tat schon Aristoteles, wenn er den
für Platons Grundgedanken ganz verständnislosen Einwurf
macht, bei Platon erzeuge das Feuer Pyramiden und bei
Demokrit Kugeln (de caelo 307a 28). Über Demokrit sind
wir nicht ganz genau unterrichtet. Bei Platon aber ist die
Sache völlig klar: gewiß, die Pyramide erzeugt Pyramiden,
aber nur darum, weil Platons Pyramide nicht ein Körper ist,
sondern eine Zusammensetzung von Körpern, ein Molekül.
Wenn also das Feuer einen anderen Körper in Brand setzt,
so bewirkt es eine Umlagerung der Atome des brennenden
Körpers zur Pyramidenform. Man soll nicht vergessen, daß
Platon dem Demokrit vorgeworfen hatte, seine Elemente
gäben vor, στοιχεῖα zu sein; in Wahrheit aber seien Feuer,
Wasser, Erde, Luft noch kompliziertere Zusammensetzungen
als selbst die Silben (οὐδ' ἂν ὡς ἐν συλλαβῆς εἴδεσιν). Unsere
Erklärung von Platons Verwendung der regulären Körper
bestätigt das; bei Platon sind στοιχεῖα die kleinen rechtwinkligen Dreiecke; ,,Silben'' aber, um das Bild zu gebrauchen,
sind die gleichseitigen Dreiecke des Ikosaeders, Oktaeders,
Tetraeders[1]); Worte schließlich sind die ,,Zusammensetzungen''
(συστάσεις) des Tetraeders, Oktaeders, Ikosaeders selbst.
Darin lag der Wert dieser Konstruktion, daß sie eine einheitliche mathematische Darstellung für die ewig gleiche Erscheinung der Aggregatzustände darbot und doch die Umwandlung der Elemente ineinander gestattete, die bei den
demokritischen Atomen unmöglich war.

Wir stehen am Ende unserer Betrachtung, die uns von
der Verfolgung der vielfach entstellenden Tradition über den
Timaios zurück zum Originale geführt hat. Sie wird gezeigt
haben, daß man der großen Leistung Platons auf dem Gebiete der Physik erst dann gerecht wird, wenn man die
mannigfache Ausdeutung, die sein Werk im Altertum und
später gefunden hat, beiseite läßt, die Sage vom pythagoreischen Einfluß, von Symbolismus und Mystizismus verwirft
und unbefangen dem nachgeht, was Platon selbst sagt.

---

[1]) Natürlich auch die Quadrate des Würfels

Wenn die Deutung, die hier versucht wurde, irgendwie der Wahrheit näher gekommen ist, so war dies durch die beiden Vorarbeiten möglich, auf die hier noch einmal mit Dank verwiesen werden soll: die kritischen Untersuchungen von Vogt und Junge, die die mathematische Pythagorasfabel beseitigten, und die Erkenntnis I. Hammer-Jensens von dem entscheidenden Einfluß Demokrits auf Platon.

Beide Arbeiten führen zu der Einsicht, daß in Platons Timaios die leitenden Gedanken ganz anderer Art waren als der verworrene Mystizismus, den Platons Schüler in sein Werk hineingeträumt hatten. Es waren helle und klare Geister, mit denen wir den alten Platon in vertrautem Verkehre sehen. Es ist das Wunderbare an Platon, daß ihn bis ins Alter hinein die Kraft nicht verlassen hat, alles Große und Neue an sich zu ziehen. Demokrit und seine Atomistik, die Mathematik des Theaetet und Eudoxos, die Astronomie des Knidiers und die medizinische Wissenschaft von dessen Lehrer Philistion[1]), die Lehre von der Achsendrehung der Erde, die Herakleides verdankt wird, all das hat der nahezu Siebzigjährige nicht nur mit Verständnis neu aufgenommen, sondern es hat ihm noch die Anregung zu einer großen gedanklichen Leistung, wie sie die Elementenlehre ist, geboten.

Platons Gesichtskreis ist weiter als der des Aristoteles. Der modernen Naturwissenschaft ist seine Auffassung viel näher als die seines großen Schülers. Als die neue Physik geschaffen wurde, geschah das, indem man von dem — zum Teil freilich mißverstandenen — Aristoteles sich zu Platon zurückwandte. Auf Platon hat Galilei[2]) sich gestützt, als er seine eigene Methode schuf.

---

[1]) Fredrich, Hippokrat. Unters. S. 47.
[2]) Riehl, Plato, S. 19, 26, 34; Natorp, Pl. Ideenlehre S. 39.

Sachregister.

---

[1]) Einige moderne Autoren sind da angeführt, wo der Titel ihrer Arbeiten zum erstenmal genannt ist.

Stellenregister[1]).

---

[1]) Die S. 9—22 u. S. 52 angeführten Zeugnisse über die Elementenlehre der Pythagoreer und Platons sind nur aufgenommen, wenn sie noch anderweitig besprochen werden.

SE**V**ERUS
Verlag

Ebenfalls im SEVERUS Verlag erhältlich:

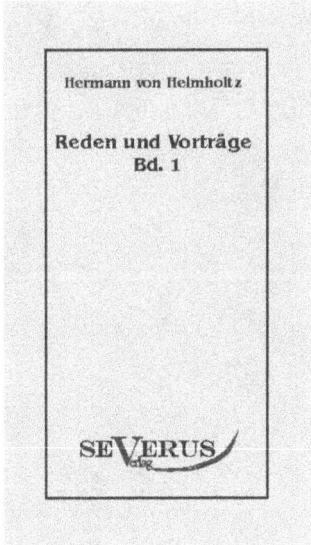

Hermann von Helmholtz
Reden und Vorträge, Bd. 1
Mit einem Vorwort von Sergei Bobrovskyi
SEVERUS 2010 / 408 S./ 29,50 Euro
ISBN 978-3-942382-14-4

Hermann von Helmholtz

Reden und Vorträge
Bd. 1

SE**V**ERUS
Verlag

Helmholtz – bis heute steht er mit seinem Namen für die gesamte Vielfalt der naturwissenschaftlichen Forschung.

Der vorliegende Band versammelt Vorträge zu verschiedenen Themen, gehalten zwischen 1853 und 1869.

www.severus-verlag.de

SEVERUS Verlag

Ebenfalls im SEVERUS Verlag erhältlich:

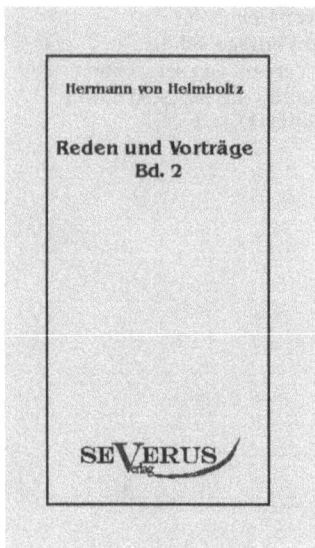

Hermann von Helmholtz
Reden und Vorträge Bd.2
SEVERUS 2010 / 396 S./ 29,50 Euro
ISBN 978-3-942382-16-8

Helmholtz - bis heute steht er mit seinem Namen für die gesamte Vielfalt der naturwissenschaftlichen Forschung.

Der vorliegende Band versammelt Vorträge zu verschiedenen Themen, gehalten zwischen 1870 und 1881.

www.severus-verlag.de

SEVERUS Verlag

Bisher im SEVERUS Verlag erschienen:

Achelis. Th. Die Entwicklung der Ehe * **Andreas-Salomé, Lou** Rainer Maria Rilke * **Arenz, Karl** Die Entdeckungsreisen in Nord- und Mittelafrika von Richardson, Overweg, Barth und Vogel * **Aretz, Gertrude (Hrsg)** Napoleon I - Briefe an Frauen * **Ashburn, P.M** The ranks of death. A Medical History of the Conquest of America * **Avenarius, Richard** Kritik der reinen Erfahrung * **Bernstorff, Graf Johann Heinrich** Erinnerungen und Briefe * **Binder, Julius** Grundlegung zur Rechtsphilosophie. Mit einem Extratext zur Rechtsphilosophie Hegels * **Bliedner, Arno** Schiller. Eine pädagogische Studie * **Brahm, Otto** Das deutsche Ritterdrama des achtzehnten Jahrhunderts: Studien über Joseph August von Törring, seine Vorgänger und Nachfolger * **Braun, Lily** Lebenssucher * **Braun, Ferdinand** Drahtlose Telegraphie durch Wasser und Luft * **Büdinger, Max** Don Carlos Haft und Tod insbesondere nach den Auffassungen seiner Familie * **Burkamp, Wilhelm** Wirklichkeit und Sinn. Die objektive Gewordenheit des Sinns in der sinnfreien Wirklichkeit * **Caemmerer, Rudolf Karl Fritz** Die Entwicklung der strategischen Wissenschaft im 19. Jahrhundert * **Cronau, Rudolf** Drei Jahrhunderte deutschen Lebens in Amerika. Eine Geschichte der Deutschen in den Vereinigten Staaten * **Cushing, Harvey** The life of Sir William Osler, Volume 1 * The life of Sir William Osler, Volume 2 * **Eckstein, Friedrich** Alte, unnennbare Tage. Erinnerungen aus siebzig Lehr- und Wanderjahren * **Eiselsberg, Anton Freiherr von** Lebensweg eines Chirurgen. * **Elsenhans, Theodor** Fries und Kant. Ein Beitrag zur Geschichte und zur systematischen Grundlegung der Erkenntnistheorie. * **Ferenczi, Sandor** Hysterie und Pathoneurosen * **Fourier, Jean Baptiste Joseph Baron** Die Auflösung der bestimmten Gleichungen * **Frimmel, Theodor von** Beethoven Studien I. Beethovens äußere Erscheinung * Beethoven Studien II. Bausteine zu einer Lebensgeschichte des Meisters * **Fülleborn, Friedrich** Über eine medizinische Studienreise nach Panama, Westindien und den Vereinigten Staaten * **Goldstein, Eugen** Canalstrahlen * **Griesser, Luitpold** Nietzsche und Wagner - neue Beiträge zur Geschichte und Psychologie ihrer Freundschaft * **Heller, August** Geschichte der Physik von Aristoteles bis auf die neueste Zeit. Bd. 1: Von Aristoteles bis Galilei * **Helmholtz, Hermann von** Reden und Vorträge, Bd. 1 * Reden und Vorträge, Bd. 2 * **Kalkoff, Paul** Ulrich von Hutten und die Reformation. Eine kritische Geschichte seiner wichtigsten Lebenszeit und der Entscheidungsjahre der Reformation (1517 - 1523), Reihe ReligioSus Band I * **Kerschensteiner, Georg** Theorie der Bildung * **Krömeke, Franz** Friedrich Wilhelm Sertürner - Entdecker des Morphiums * **Külz, Ludwig** Tropenarzt im afrikanischen Busch * **Leimbach, Karl Alexander** Untersuchungen über die verschiedenen Moralsysteme * **Liliencron, Rochus von /Müllenhoff, Karl** Zur Runenlehre. Zwei Abhandlungen * **Mach, Ernst** Die Principien der Wärmelehre * **Mausbach, Joseph** Die Ethik des heiligen Augustinus. Erster Band: Die sittliche Ordnung und ihre Grundlagen * **Müller, Conrad** Alexander von Humboldt und das Preußische Königshaus. Briefe aus den Jahren 1835-1857 * **Oettingen, Arthur von** Die Schule der Physik * **Ostwald, Wilhelm** Erfinder und Entdecker * **Peters, Carl** Die deutsche Emin-Pascha-Expedition * **Poetter, Friedrich Christoph** Logik * **Popken, Minna** Im Kampf um die Welt des Lichts. Lebenserinnerungen und Bekenntnisse einer Ärztin * **Rank, Otto** Psychoanalytische Beiträge zur Mythenforschung. Gesammelte Studien aus den Jahren 1912 bis 1914. * **Rubinstein, Susanna** Eine individualistischer Pessimist: Beitrag zur Würdigung Philipp Mainländers * Eine Trias von Willensmetaphysikern: Populär-philosophische Essays * **Scheidemann, Philipp** Memoiren eines Sozialdemokraten, Erster Band * Memoiren eines Sozialdemokraten, Zweiter Band * **Schweitzer, Christoph** Reise nach Java und Ceylon (1675-1682). Reisebeschreibungen von deutschen Beamten und Kriegsleuten im Dienst der niederländischen West- und Ostindischen Kompagnien 1602 - 1797. * **Stein, Heinrich von** Giordano Bruno. Gedanken über seine Lehre und sein Leben * **Thiersch, Hermann** Ludwig I von Bayern und die Georgia Augusta * **Tyndall, John** Die Wärme betrachtet als eine Art der Bewegung, Bd. 1 * Die Wärme betrachtet als eine Art der Bewegung, Bd. 2 * **Virchow, Rudolf** Vier Reden über Leben und Kranksein * **Wernher, Adolf** Die Bestattung der Toten in Bezug auf

SE**V**ERUS
Verlag

Hygiene, geschichtliche Entwicklung und gesetzliche Bestimmungen * **Weygandt, Wilhelm**
Abnorme Charaktere in der dramatischen Literatur. Shakespeare - Goethe - Ibsen - Gerhart
Hauptmann * **Wlassak, Moriz** Zum römischen Provinzialprozeß